出现频率最高的 100 种题型精解精练

——信息系统管理工程师

吴 敏 任立涛 周瑜龙 夏 良 主编

北京邮电大学出版社

·北京·

内 容 简 介

本书通过深入分析历年真题的特点,归纳整理出了全国计算机技术与软件专业技术资格(水平)考试"信息系统管理工程师科目"常考的 100 种题型,并依据官方教程章节顺序,将这 100 种题型分章进行解析与点评,便于考生更快地了解和掌握复习的重点,发现命题的规律,明确复习方向,节省宝贵的复习时间。

本书的最大特色:省时、高效、高命中率。书中将近些年软考试卷中的同一题型试题,归纳整理成 100 种高频题型(即 TOP1~TOP100),对每种题型进行了详细分析并给出参考解答。每个考点包括"真题分析""题型点睛""即学即练"三个板块。"真题解析"将历年真题进行分类解析;"题型点睛"浓缩该题型的要点,给出该题型的相关知识点和解题的一般方法或步骤,并加以讲解分析;"即学即练"设计了数道题目,让考生即学即练,即练即会,达到举一反三的目的。

本书以全国计算机技术与软件专业技术资格(水平)考试的考生为主要读者对象,特别适合临考前冲刺复习使用,同时可以作为各类信息系统管理工程师培训班的教材,以及大、中专院校师生的参考书。

图书在版编目(CIP)数据

出现频率最高的 100 种题型精解精练. 信息系统管理工程师 / 吴敏等主编. --北京:北京邮电大学出版社,2017.4

ISBN 978-7-5635-4486-8

Ⅰ. ①出… Ⅱ. ①吴… Ⅲ. ①软件设计—资格考试—习题集 Ⅳ. ①TP3-44

中国版本图书馆 CIP 数据核字(2015)第 198089 号

书　　名	出现频率最高的 100 种题型精解精练——信息系统管理工程师
作　　者	吴　敏　任立涛　周瑜龙　夏　良　主编
责任编辑	满志文
出版发行	北京邮电大学出版社
社　　址	北京市海淀区西土城路 10 号(邮编:100876)
发 行 部	电话:010-62282185　传真:010-62283578
E-mail	publish@bupt.edu.cn
经　　销	各地新华书店
印　　刷	涿州市星河印刷有限公司
开　　本	787 mm×1 092 mm　1/16
印　　张	16.25
字　　数	513 千字
版　　次	2017 年 4 月第 1 版　2017 年 4 月第 1 次印刷

ISBN 978-7-5635-4486-8　　　　　　　　　　　　　　　定价:48.00 元

前　　言

全国计算机技术与软件专业技术资格(水平)考试自实施起至今已经历了 20 多年,在社会上产生了很大的影响,其权威性得到社会各界的广泛认可。

本书通过深入分析历年真题的特点,归纳整理出了全国计算机技术与软件专业技术资格(水平)考试"信息系统管理工程师科目"常考的 100 种题型,并依据官方教程章节顺序,将这 100 种题型分章进行解析与点评,便于考生更快地了解和掌握复习的重点,发现命题的规律,明确复习方向,节省宝贵的复习时间。由于某些题型几乎是年年出现,所以本书可以令考生更高效地复习与掌握必考题型与知识点。这也正是本书的最大特色:省时、高效、高命中率。

书中将近些年软考试卷中的同一题型试题,归纳整理成 100 种高频题型(即 TOP1~ TOP100),对每种题型进行了详细分析并给出参考解答,便于考生复习该内容时可以了解:这种题型考过什么样的题目,常与哪些知识点联系起来出题,从哪个角度命题等。每种题型具体分为如下三个板块:

(1)真题分析。以近些年的真题为实例,分析解题思路,这实际就是进行破题,最终找出解题方法。分析以后给出详细的解答,旨在让考生掌握解题方法和技巧,以及这些方法和技巧在每个具体问题中的灵活运用,彻底明白这类题型的解法。

(2)题型点睛。浓缩该题型的要点,给出该题型的相关知识点和解题的一般方法或步骤,并加以讲解分析,便于考生理解与记忆。

(3)即学即练。给出部分试题,让考生学过"真题分析"和"题型点睛"后就进行做题练习,以便更快更好地掌握所练题型的相关知识点和解题的一般方法或步骤,以达到举一反三、触类旁通的功效。

本书还提供了 2 套全国计算机技术与软件专业技术资格(水平)考试(信息系统管理工程师考试)全真预测试题,并附有具体的参考解答,可以供考生在考前实战演练。为了让考生及时掌握自己的学习效果,书中最后还给出了"即学即练"中试题的具体解答,以便考生自查。

本书以全国计算机技术与软件专业技术资格(水平)考试的考试为主要读者对象,特别适合临考前冲刺复习使用,同时可以作为各类信息系统管理工程师培训班的教材,以及大、中专院校师生的参考书。

本书由吴敏、任立涛、周瑜龙、夏良担任主编,全书框架由何光明拟定。参与本书编写的还有张伟、蒋思意、陈莉萍、高云、王珊珊、石雅琴、许娟、王国全。

由于作者水平所限,书中难免存在错漏和不妥之处,敬请读者批评指正。联系邮箱: bjbaba@263.com。

编　者

目　　录

第1章 计算机硬件基础

TOP1 计算机的基本组成

☞ 真题分析

【真题1】内存按字节编址,地址从 90000 H 到 CFFFFH,若用存储容量为 16 K×8 bit 的存储器芯片构成该内存,至少需要_____片。

A. 2   B. 4   C. 8   D. 16

解析:本题考查计算机中的存储部件组成。内存按字节编址,地址从 90000H 到 CFFFFH 时,存储单元数为 CFFFFH—90000H-3FFFFH,即 2^{18} B。若存储芯片的容量为 16 K×8 bit＝16 KB,则所需的芯片数为 2^{18}B÷16 KB＝2^8 KB÷16 KB＝16。

答案:D

【真题2】在计算机中,数据总线宽度会影响_____。

A. 内存容量的大小   B. 系统的运算速度

C. 指令系统的指令数量   D. 寄存器的宽度

解析:本题考查计算机组成基础知识。CPU 与其他部件交换数据时,用数据总线传输数据。数据总线宽度是指同时传送的二进制位数,内存容量、指令系统中的指令数量和寄存器的位数与数据总线的宽度无关。数据总线宽度越大,单位时间内能进出 CPU 的数据就越多,系统的运算速度越快。

答案:B

【真题3】在计算机中,使用_____技术保存有关计算机系统配置的重要数据。

A. Cache   B. CMOS   C. RAM   D. CD-ROM

解析:本题考查计算机方面的基础知识。Cache 是高速缓冲存储器,常用于在高速设备和低速设备之间数据交换时进行速度缓冲。RAM 是随机访问存储器,即内存部件,是计算机工作时存放数据和指令的场所,断电后内容不保留。CMOS 是一块可读写的 RAM 芯片,集成在主板上,里面保存着重要的开机参数,而保存是需要电力来维持的,所以每一块主板上都会有一颗纽扣电池,称为 CMOS 电池。CMOS 主要用来保存当前系统的硬件配置和操作人员对某些参数的设定。微机启动自检时,屏幕上的很多数据就是保存在 CMOS 芯片里的,要想改变它,必须通过程序把设置好的参数写入 CMOS,所以,通常利用 BIOS 程序来读写。

答案:B

【真题4】计算机各功能部件之间的合作关系如下图所示。假设图中虚线表示控制流,实线表示数据流,那么 a、b 和 c 分别表示_____。

A. 控制器、内存储器和运算器   B. 控制器、运算器和内存储器

C. 内存储器、运算器和控制器   D. 内存储器、控制器和运算器

解析:本题考查的是计算机硬件方面的基础知识。在一台计算机中,有以下 6 种主要的部件。控制器(Control Unit):统一指挥并控制计算机各部件协调工作的中心部件,所依据的是机器指令。运算器(亦称为算术逻辑单元,Arithmetic and Logic Unit,ALU):对数据进行算术运算和逻辑运算。内存储器

(Memory 或 Primary Storage,简称为内存):存储现场待操作的信息与中间结果,包括机器指令和数据。外存储器(Secondary Storage 或 Permanent Storage,简称为外存):存储需要长期保存的各种信息。输入设备(Input devices):接收外界向计算机输送的信息。输出设备(Output Devices):将计算机中的信息向外界输送。现在的控制器和运算器被制造在同一块超大规模集成电路中,称为中央处理器,即 CPU(Central Processing Unit)。CPU 和内存,统称为计算机的系统单元(System Unit)。外存、输入设备和输出设备,统称为计算机的外部设备(Peripherals,简称为外设)。

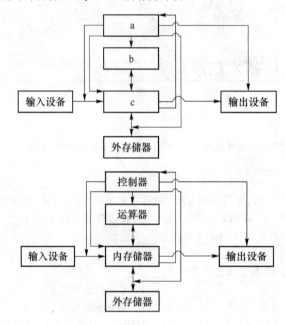

答案:B

【真题5】以下关于 CPU 的叙述中,错误的是_____。

A. CPU 产生每条指令的操作信号并将操作信号送往相应的部件进行控制

B. 程序计数器 PC 除了存放指令地址,也可以临时存储算术、逻辑运算结果

C. CPU 中的控制器决定计算机运行过程的自动化

D. 指令译码器是 CPU 控制器中的部件

解析:本考点考查计算机硬件组成基础知识。CPU 是计算机的控制中心,主要由运算器、控制器、寄存器组和内部总线等部件组成。控制器由程序计数器、指令寄存器、指令译码器、时序产生器和操作控制器组成,它是发布命令的"决策机构",即完成协调和指挥整个计算机系统的操作。它的主要功能有:从内存中取出一条指令,并指出下一条指令在内存中的位置;对指令进行译码或测试,并产生相应的操作控制信号,以便启动规定的动作;指挥并控制 CPU、内存和输入/输出设备之间数据的流动。

程序计数器(PC)是专用寄存器,具有寄存信息和计数两种功能,又称为指令计数器,在程序开始执行前,将程序的起始地址送入 PC,该地址在程序加载到内存时确定,因此 PC 的初始内容即是程序第一条指令的地址。执行指令时,CPU 将自动修改 PC 的内容,以便使其保持的总是将要执行的下一条指令的地址。由于大多数指令都是按顺序执行的,因此修改的过程通常只是简单地对 PC 加 1。当遇到转移指令时,后继指令的地址根据当前指令的地址加上一个向前或向后转移的位移量得到,或者根据转移指令给出的直接转移的地址得到。

答案:B

【真题6】_____是能够反映计算精度的计算机性能指标。

A. 字长   B. 数据通路宽度   C. 指令系统   D. 时钟频率

解析:本考点考查关于计算机的性能指标。

（1）运算速度　　运算速度是衡量 CPU 工作快慢的指标，一般以每秒完成多少次运算来度量。当今计算机的运算速度可达每秒万亿次。计算机的运算速度与主频有关，还与内存、硬盘等工作速度及字长有关。

（2）字长　　字长是 CPU 一次可以处理的二进制位数，字长主要影响计算机的精度和速度。字长有 8 位、16 位、32 位和 64 位等。字长越长，表示一次读写和处理的数的范围越大，处理数据的速度越快，计算精度越高。

（3）主存容量　　主存容量是衡量计算机记忆能力的指标。容量大，能存入的字数越多，能直接接纳和存储的程序就越长，计算机的解题能力和规模就越大。

（4）输入/输出数据传输速率　　输入/输出数据传输速率决定了可用的外设和与外设交换数据的速度。提高计算机的输入/输出传输速率可以提高计算机的整体速度。

（5）可靠性　　可靠性是指计算机连续无故障运行时间的长短。可靠性好，表示无故障运行时间长。

（6）兼容性　　任何一种计算机中，高档机总是低档机发展的结果。如果原来为低档机开发的软件不加修改便可以在它的高档机上运行和使用，则称此高档机为向下兼容。

答案：A

【真题 7】CPU 主要包括_____。

A. 运算器和寄存器　　　　　　　　　B. 运算器和控制器

C. 运算器和存储器　　　　　　　　　D. 控制器和寄存器

解析：本考点考查关于计算机基本组成和计算机的系统结构的基本概念。计算机基本组成包括中央处理器、存储器、常用 I/O 设备。CPU 是计算机的控制中心，主要由运算器、控制器、寄存器组和内部总线等部件组成。控制器由程序计数器、指令寄存器、指令译码器、时序产生器和操作控制器组成，它是发布命令的"决策机构"，即完成协调和指挥整个计算机系统的操作。它的主要功能有：从内存中取出一条指令，并指出下一条指令在内存中的位置；对指令进行译码或测试，并产生相应的操作控制信号，以便启动规定的动作；指挥并控制 CPU、内存和输入/输出设备之间数据的流动。

答案：B

【真题 8】主频是反映计算机_____的计算机性能指标。

A. 运算速度　　　　B. 存取速度　　　　C. 总线速度　　　　D. 运算精度

解析：主频是 CPU 的时钟频率，简单地说也就是 CPU 的工作频率。一般来说，一个时钟周期完成的指令数是固定的，所以主频越高，CPU 的速度也就越快，故常用主频来描述 CPU 的运算速度。外频是系统总线的工作频率。倍频是指 CPU 外频与主频相差的倍数，主频＝外频×倍频。

答案：A

🌞 题型点睛

1. 一个完整的计算机硬件系统由运算器、控制器、存储器、输入设备和输出设备五大部分组成。其中运算器与控制器合称为中央处理器。内存储器和中央处理器合在一起称为主机。在计算机硬件系统中不属于主机的设备都属于外部设备，简称外设，包括输入/输出设备及外存储器。

2. 控制器主要由程序计数器（PC）、指令寄存器（IR）、指令译码器、脉冲源及启停控制线路、时序信号产生部件、操作控制信号形成部件、中断机构、总线控制逻辑组成。

3. 存储器是存放二进制形式信息的部件。在计算机中它的主要功能是存放程序和数据。程序是计算机操作的依据，数据是计算机操作的对象。不论是程序和数据，在存储器中都以二进制形式的"1"或"0"表示，统称为信息。我们可以对存储器中的内容进行读或写操作。按存储器在计算机中的功能分类：高速缓冲存储器（Cache），由双极型半导体存储器构成；主存储器，由 MOS 半导体存储器构成；辅助存储器，又称为外存储器。

即学即练

【试题1】计算机硬件系统中最核心的部件是_____。

A. 主存储器
B. 磁盘

C. CPU
D. 输入/输出设备

【试题2】以下关于CPU的叙述中,错误的是_____。

A. CPU产生每条指令的操作信号并将操作信号送往相应的部件进行控制
B. 程序控制器PC除了存放指令地址,也可以临时存储算术/逻辑运算结果
C. CPU中的控制器决定计算机运行过程的自动化
D. 指令译码器是CPU控制器中的部件

【试题3】中央处理器包括_____。

A. 运算器和控制器
B. 累加器和控制器

C. 运算器和寄存器组
D. 运算和控制系统

【试题4】控制器是计算机的控制部件,以下不属于控制器的功能的是_____。

A. 取指令   B. 分析译码   C. 存储数据   D. 执行指令

【试题5】_____不属于计算机控制器中的部件。

A. 指令寄存器(IR)
B. 程序计数器(PC)

C. 算术逻辑单元(ALU)
D. 程序状态字寄存器(PSW)

TOP2　计算机的系统结构

真题分析

【真题1】在计算机体系结构中,CPU内部包括程序计数器(PC)、存储器数据寄存器(MDR)、指令寄存器(IR)和存储器地址寄存器(MAR)等。若CPU要执行的指令为:MOV R0,♯100(即将数值100传送到寄存器R0中),则CPU首先要完成的操作是_____。

A. 100→R0   B. 100→MDR   C. PC→MAR   D. PC→IR

解析:本题考查计算机基本工作原理。CPU中的程序计数器(PC)用于保存要执行的指令的地址,IR访问内存时,需先将内存地址送入存储器地址寄存器(MAR)中,向内存写入数据时,待写入的数据要先放入数据寄存器(MDR)。程序中的指令一般放在内存中,要执行时,首先要访问内存取得指令,并保存在指令寄存器(IR)中。

计算机中指令的执行过程一般分为取指令、分析指令并获取操作数、运算和传送结果等阶段,每条指令被执行时都要经过这几个阶段。若CPU要执行的指令为:MOV R0,♯100(即将数值100传送到寄存器R0中),则CPU首先要完成的操作是将要执行的指令的地址送入程序计数器(PC),访问内存以获取指令。

答案:C

【真题2】使用_____技术,计算机微处理器可以在完成一条指令前就开始执行下一条指令。

A. 迭代   B. 流水线   C. 面向对象   D. 中间件

解析:本题考查计算机中流水线概念。使用流水线技术,计算机的微处理器可以在完成一条指令前就开始执行下一条指令。流水线方式执行指令是将指令流的处理过程划分为取指、译码、取操作数、执行并写回等几个并行处理的过程段。目前,几乎所有的高性能计算机都采用了指令流水线。

答案:B

【真题 3】利用高速通信网络将多台高性能工作站或微型机互连构成集群系统,其系统结构形式属于_____计算机。

A. 单指令流单数据流(SISD)　　　　B. 多指令流数据流(MISD)

C. 单指令流多数据流(SIMD)　　　　D. 多指令流多数据流(MIMD)

解析:本题考查计算机系统结构基础知识。传统地,串行计算是指在单台计算机(具有单个中央处理单元)上顺序地执行指令。CPU 按照一个指令序列执行以解决问题,但任意时刻只有一条指令可提供随时并及时的使用。

并行计算是相对于串行计算来说的,所谓并行计算分为时间上的并行和空间上的并行。时间上的并行就是指流水线技术,而空间上的并行则是指用多个处理器并发的执行计算。空间上的并行导致了两类并行机的产生,按照 Flynn 的说法,根据不同指令流,数据流组织方式把计算机系统分成 4 类:单指令流单数据流(SISD,如单处理机)、单指令流多数据流(SIMD,如相联处理机)、多指令流单数据流(MISD,如流水线计算机)和多指令流多数据流(MIMD,如多处理机系统)。利用高速通信网络将多台高性能工作站或微型机互连构成机群系统,其系统结构形式属于多指令流多数据流(MIMD)计算机。

答案:D

【真题 4】下面的描述中,_____不是 RISC 设计应遵循的设计原则。

A. 指令条数应少一些

B. 寻址方式尽可能少

C. 采用变长指令,功能复杂的指令长度长而简单指令长度短

D. 设计尽可能多的通用寄存器

解析:本题考查计算机系统硬件方面的基础知识。在设计 RISC 时,需要遵循如下一些基本的原则:①指令条数少,一般为几十条指令;②寻址方式尽可能少;③采用等长指令,不管功能复杂的指令还是简单的指令,均用同一长度;④设计尽可能多的通用寄存器。因此,采用变长指令,功能复杂的指令长度长而简单指令长度短不是应采用的设计原则。

答案:C

【真题 5】以下关于 CISC(Complex Instruction Set Computer,复杂指令集计算机)和 RISC(Reduced Instruction Set Computer,精简指令集计算机)的叙述中,错误的是_____。

A. 在 CISC 中,其复杂指令都采用硬布线逻辑来执行

B. 采用 CISC 技术的 CPU,其芯片设计复杂度更高

C. 在 RISC 中,更适合采用硬布线逻辑执行指令

D. 采用 RISC 技术,指令系统中的指令种类和寻址方式更少

解析:本题考查指令系统和计算机体系结构基础知识。CISC(Complex Instruction Set Computer,复杂指令集计算机)的基本思想是:进一步增强原有指令的功能,用更为复杂的新指令取代原先由软件子程序完成的功能,实现软件功能的硬件化,导致机器的指令系统越来越庞大而复杂。CISC 计算机一般所含的指令数目至少 300 条以上,有的甚至超过 500 条。

RISC(Reduced Instruction Set Computer,精简指令集计算机)的基本思想是:通过减少指令总数和简化指令功能,降低硬件设计的复杂度,使指令能单周期执行,并通过优化编译提高指令的执行速度,采用硬布线控制逻辑优化编译程序。RISC 在 20 世纪 70 年代末开始兴起,导致机器的指令系统进一步精炼而简单。

答案:A

【真题 6】以下关于 RISC 指令系统特点的叙述中,不正确的是_____。

A. 对存储器操作进行限制,使控制简单化

B. 指令种类多,指令功能强

C. 设置大量通用寄存器

D. 其指令集由使用频率较高的一些指令构成,以提高执行速度

解析:精简指令系统计算机(RISC)的着眼点不是简单地放在简化指令系统上,而是通过简化指令使计算机的结构更加简单合理,从而提高机器的性能。RISC 与 CISC 比较,其指令系统的主要特点如下:①指令数目少;②指令长度固定、指令格式种类少、寻址方式种类少;③大多数指令可在一个机器周期内完成;④通用寄存器数量多。因此选项 B 中指令种类多有错。

答案:B

【真题 7】按照计算机同时处于一个执行阶段的指令或数据的最大可能个数,可以将计算机分为 MISD、MIMD、SISD 及 SIMD 4 类。每次处理一条指令,并只对一个操作部件分配数据的计算机属于_____计算机。(2012 年 5 月)

    A. 多指令流单数据流(MISD)   B. 多指令流多数据流(MIMD)

    C. 单指令流单数据流(SISD)   D. 单指令流多数据流(SIMD)

解析:按照计算机同时处于一个执行阶段的指令或数据的最大可能个数划分,可分为 SISD、SIMD、MISD、MIMD。SISD(Single Instruction Single Data stream)单指令流单数据流计算机,其实就是传统的顺序执行的单处理器计算机,其指令部件每次只对一条指令进行译码,并且只对一个操作部件分配数据。流水线方式的单处理机有时也被当作 SISD。以加法指令为例,单指令单数据(SISD)的 CPU 对加法指令译码后,执行部件先访问内存,取得第一个操作数;之后再一次访问内存,取得第二个操作数;随后才能进行求和运算。

答案:C

【真题 8】为了充分发挥问题求解过程中处理的并行性,将两个以上的处理机互连起来,彼此进行通信协调,以便共同求解一个大问题的计算机系统是_____系统。

    A. 单处理   B. 多处理   C. 分布式处理   D. 阵列处理

解析:并行处理(Parallel Processing)是计算机系统中能同时执行两个或更多个处理机的一种计算方法。处理机可同时工作于同一程序的不同方面。并行处理的主要目的是节省大型和复杂问题的解决时间。为使用并行处理,首先需要对程序进行并行化处理,也就是说将工作各部分分配到不同处理机中。而主要问题是并行是一个相互依靠性问题,而不能自动实现。此外,并行也不能保证加速。但是一个在 n 个处理机上执行的程序速度可能会是在单一处理机上执行的速度的 n 倍。多处理机属于 MIMD 计算机,和 SIMD 计算机的区别是多处理机实现任务或作业一级的并行,而并行处理机只实现指令一级的并行。多处理机的特点:结构灵活性、程序并行性、并行任务派生、进程同步、资源分配和进程调度。

答案:B

🐾 题型点睛

1. 计算机的基本工作过程是执行一串指令,对一组数据进行处理。通常,把计算机执行的指令序列称为"指令流",指令流调用的数据序列称为"数据流",把计算机同时可处理的指令或数据的个数称为"多重性"。根据指令流和数据流的多重性可将计算机系统分为下列 4 类(S—Single,单一的;I—Instruction,指令;M—Multiple,多倍的;D—Data,数据)。

单指令流单数据流(SISD)

单指令流多数据流(SIMD)

多指令流单数据流(MISD)

多指令流多数据流(MIMD)

2. CISC/RISC 指令系统:CISC 被称为复杂指令集计算机,精简指令系统计算机(RISC)的着眼点不是简单地放在简化指令系统上,而是通过简化指令使计算机的结构更加简单合理,从而提高机器的性能。RISC 与 CISC 比较,其指令系统的主要特点如下:

（1）指令数目少；

（2）指令长度固定、指令格式种类少、寻址方式种类少；

（3）大多数指令可在一个机器周期内完成；

（4）通用寄存器数量多。

即学即练

【试题 1】计算机操作的依据是_____。

A. 模/数转换器　　　　B. 数据　　　　　　C. 程序　　　　　　　　D. 输出设备

【试题 2】以下关于 CISC（Complex Instruction Set Computer，复杂指令集计算机）和 RISC（Reduced Instruction Set Computer，精简指令集计算机）的叙述中，错误的是_____。

A. 在 CISC 中，其复杂指令都采用硬布线逻辑来执行

B. 采用 CISC 技术的 CPU，其芯片设计复杂度更高

C. 在 RISC 中，更适合采用硬布线逻辑执行指令

D. 采用 RISC 技术，指令系统中的指令种类和寻址方式更少

【试题 3】以下关于 RISC 芯片的描述，正确的是_____。

A. 指令数量较多，采用变长格式设计，支持多种寻址方式

B. 指令数量较少，采用定长格式设计，支持多种寻址方式

C. 指令数量较多，采用变长格式设计，采用硬布线逻辑控制为主

D. 指令数量较少，采用定长格式设计，采用硬布线逻辑控制为主

【试题 4】程序查询方式的缺点是_____。

A. 程序长　　　　　　　　　　　B. CPU 工作效率低

C. 外设工作效率低　　　　　　　D. I/O 速度慢

【试题 5】采用精简指令系统的目的是_____。

A. 提高计算机功能　　　　　　　B. 增加字长

C. 提高内存利用率　　　　　　　D. 提高计算机速度

TOP3　计算机存储系统

真题分析

【真题 1】在 CPU 与主存之间设置高速缓冲存储器（Cache），其目的是_____。

A. 扩大主存的存储容量　　　　　　B. 提高 CPU 对主存的访问效率

C. 既扩大主存容量又提高存取速度　　D. 提高外存储器的速度

解析：为了提高 CPU 对主存的存取速度，又不至于增加很大的价格，通常在 CPU 与主存之间设置高速缓冲存储器（Cache），其目的就在于提高速度而不增加很大代价。同时，设置高速缓冲存储器并不能增加主存的容量。

答案：B

【真题 2】磁盘冗余阵列技术的主要目的是_____。

A. 提高磁盘存储容量　　　　　　B. 提高磁盘容错能力

C. 提高磁盘访问速度　　　　　　D. 提高存储系统的可扩展能力

解析：计算机采用磁盘冗余阵列（RAID）技术，可以提高磁盘数据的容错能力。使用这种技术，当计算机硬盘出现故障时，可保证系统的正常运行，让用户有足够时间来更换故障硬盘。RAID 技术分为

几种不同的等级,分别可以提供不同的速度、安全性和性价比。根据实际情况选择适当的 RAID 级别可以满足用户对存储系统可用性、性能和容量的要求。常用的 RAID 级别有 NRAID、RAIDO、RAID 0＋1、RAID3 和 RAID5 等。目前经常使用的是 RAID5 和 RAID（0＋1）。

答案:B

【真题 3】以下关于 Cache 的叙述中,正确的是_____。

A. 在容量确定的情况下,替换算法的时间复杂度是影响 Cache 命中率的关键因素

B. Cache 的设计思想是在合理成本下提高命中率

C. Cache 的设计目标是容量尽可能与主存容量相等

D. CPU 中的 Cache 容量应大于 CPU 之外的 Cache 容量

解析:本题考查高速缓存基础知识。Cache 是一个高速小容量的临时存储器,可以用高速的静态存储器(SRAM)芯片实现,可以集成到 CPU 芯片内部,或者设置在 CPU 与内存之间,用于存储 CPU 最经常访问的指令或者操作数据。Cache 的出现是基于两种因素:首先是由于 CPU 的速度和性能提高很快而主存速度较低且价格高,其次是程序执行的局部性特点。因此,才将速度比较快而容量有限的 SRAM 构成 Cache,目的在于尽可能发挥 CPU 的高速度。很显然,要尽可能发挥 CPU 的高速度,就必须用硬件实现其全部功能。

答案:B

【真题 4】计算机启动时使用的有关计算机硬件配置的重要参数保存在_____中。

A. Cache   B. CMOS   C. RAM   D. CD-ROM

解析:在 CMOS 芯片里储存,一般在 BIOS 里设置这些属性。静态 MOS 存储芯片由存储体、读写电路、地址译码、控制电路(存储体、地址译码器、驱动器、I/O 控制、片选控制、读/写控制)组成。因此,该题的正确答案为 B。

答案:B

【真题 5】将内存与外存有机结合起来使用的存储器通常称为_____。

A. 虚拟存储器   B. 主存储器   C. 辅助存储器   D. 高速缓冲存储器

解析:内存在计算机中的作用很大,计算机中所有运行的程序都需要经过内存来执行,如果执行的程序很大或很多,就会导致内存消耗殆尽。为了解决这个问题,Windows 中运用了虚拟内存技术,即拿出一部分硬盘空间来充当内存使用,当内存占用完时,计算机就会自动调用硬盘来充当内存,以缓解内存的紧张。因此,将内存与外存有机结合起来使用的存储器为虚拟存储器。

答案:A

🅰 题型点晴

1. 存储系统由存放程序和数据的各类存储设备及有关的软件构成,是计算机系统的重要组成部分,用于存放程序和数据。存储系统分为内存储器和外存储器。

2. 存储系统层次系统由三类存储器构成。主存和辅存构成一个层次,高速缓存和主存构成另一个层次。"高速缓存-主存"层次,这个层次主要解决存储器的速度问题;"主存-辅存"层次,这个层次主要解决存储器的容量问题。

3. 访问高速缓冲存储器的时间一般为访问主存时间的 $1/10 \sim 1/4$。

✍ 即学即练

【试题 1】以下关于 Cache 的叙述中,正确的是_____。

A. 在容量确定的情况下,替换算法的时间复杂度是影响 Cache 命中率的关键因素

B. Cache 的设计思想是在合理成本下提高命中率

C. Cache 的设计目标是容量尽可能与主存容量相等

D. CPU 中的 Cache 容量应该大于 CPU 之外的 Cache 容量

【试题 2】与内存相比,外存的特点是_____。

A. 容量大、速度快　　　　　　　　　B. 容量小、速度慢

C. 容量大、速度慢　　　　　　　　　D. 容量大、速度快

【试题 3】单个磁头在向盘片的磁性涂层上写入数据时,是以_____方式写入的。

A. 并行　　　　　　B. 并-串行　　　　　　C. 串行　　　　　　D. 串-并行

本章即学即练答案

序号	答案	序号	答案
TOP1	【试题 1】答案:C 【试题 2】答案:B 【试题 3】答案:A 【试题 4】答案:C 【试题 5】答案:C	TOP2	【试题 1】答案:C 【试题 2】答案:A 【试题 3】答案:D 【试题 4】答案:B 【试题 5】答案:D
TOP3	【试题 1】答案:B 【试题 2】答案:C 【试题 3】答案:C		

第2章 操作系统知识

TOP4 操作系统简介

真题分析

【真题1】操作系统的任务是_____。

A. 把源程序转换为目标代码

B. 管理计算机系统中的软、硬件资源

C. 负责存取数据库中的各种数据

D. 负责文字格式编排和数据计算

解析：本题考查操作系统基本概念。操作系统的任务是：管理计算机系统中的软、硬件资源；把源程序转换为目标代码的是编译或汇编程序；负责存取数据库中的各种数据的是数据库管理系统；负责文字格式编排和数据计算是文字处理软件和计算软件。

答案：B

【真题2】The _____ has several major components, including the system kemel, a memory management system, the file system manager, device drivers, and the system libraries. （2007年5月）

A. application

B. information system

C. operating system

D. information processing

解析：操作系统包含以下主要部件：系统内核、内存管理系统、文件管理系统、设备驱动程序和系统库。

答案：C

【真题3】操作系统是裸机上的第一层软件，其他系统软件（如__(1)__等）和应用软件都是建立在操作系统基础上的。下图①②③分别表示__(2)__。

(1) A. 编译程序、财务软件和数据库管理系统软件

　　 B. 汇编程序、编译程序和Java解释器

　　 C. 编译程序、数据库管理系统软件和汽车防盗程序

　　 D. 语言处理程序、办公管理软件和气象预报软件

(2) A. 应用软件开发者、最终用户和系统软件开发者

　　 B. 应用软件开发者、系统软件开发者和最终用户

　　 C. 最终用户、系统软件开发者和应用软件开发者

　　 D. 最终用户、应用软件开发者和系统软件开发者

解析：本题考查操作系统基本概念。财务软件、汽车防盗程序、办公管理软件和气象预报软件都属于应用软件，而选项A、C和D中含有这些软件。选项B中汇编程序、编译程序和数据库管理系统软件都属于系统软件。计算机系统由硬件和软件两部分组成。通常把未配置软件的计算机称为裸机，直接使用裸机不仅不方便，而且将严重降低工作效率和机器的利用率。操作系统（Operating System）的目的是为了填补人与机器之间的鸿沟，即建立用户与计算机之间的接口，而为裸机配置的一种系统软件。

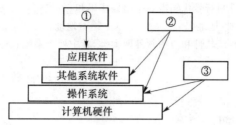

由下图可以看出,操作系统是裸机上的第一层软件,是对硬件系统功能的首次扩充。它在计算机系统中占据重要而特殊的地位,所有其他软件,如编辑程序、汇编程序、编译程序和数据库管理系统等系统软件,以及大量的应用软件都是建立在操作系统基础上的,并得到它的支持和取得它的服务。从用户角度看,当计算机配置了操作系统后,用户不再直接使用计算机系统硬件,而是利用操作系统所提供的命令和服务去操纵计算机,操作系统已成为现代计算机系统中必不可少的最重要的系统软件,因此把操作系统看作是用户与计算机之间的接口。操作系统紧贴系统硬件之上,所有其他软件之下(是其他软件的共同环境)。

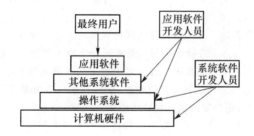

答案:(1)B(2)D

🎯 题型点睛

1. 操作系统的定义:操作系统是管理软硬件资源、控制程序执行,改善人机界面,合理组织计算机工作流程和为用户使用计算机提供良好运行环境的一种系统软件。操作系统有两个重要的作用:通过资源管理,提高计算机系统的效率;改善人机界面,向用户提供良好的工作环境。

2. 操作系统的主要特性有三条:并发性、共享性和异步性。

3. 操作系统具有的几个主要功能:(1)处理器管理;(2)存储管理;(3)设备管理;(4)文件管理;(5)作业管理;(6)网络与通信管理。

4. 操作系统的类型:批处理操作系统、分时操作系统、实时操作系统。

✒ 即学即练

【试题1】计算机指令一般包括操作码和地址码两部分,为分析执行一条指令,其_____。

A. 操作码应存入指令寄存器(IR),地址码应存入程序计数器(PC)。

B. 操作码应存入程序计数器(PC),地址码应存入指令寄存器(IR)。

C. 操作码和地址码都应存入指令寄存器。

D. 操作码和地址码都应存入程序计数器。

【试题2】为了保证程序能连续执行,CPU 必须确定下一条指令的地址,起到这一作用的是_____。

A. 指令寄存器   B. 状态寄存器   C. 地址寄存器   D. 程序计数器

【试题 3】机器指令的二进制符号代码需要指出操作码和_____。

A. 虚拟地址　　　　B. 地址码　　　　C. 绝对地址　　　　D. 逻辑地址

【试题 4】计算机软件分系统软件和应用软件两大类,其中处于系统软件核心地位的是_____。

A. 数据库管理系统　　　　　　　B. 操作系统

C. 程序语言系统　　　　　　　　D. 网络通信软件

TOP5　处理机处理

真题分析

【真题 1】为了解决进程间的同步和互斥问题,通常采用一种称为　(1)　机制的方法。若系统中有 5 个进程共享若干个资源 R,每个进程都需要 4 个资源 R,那么使系统不发生死锁的资源 R 的最少数目是　(2)　。

(1) A. 调度　　　　B. 信号量　　　　C. 分派　　　　D. 通信

(2) A. 20　　　　　B. 18　　　　　C. 16　　　　　D. 15

解析:本题考查的是操作系统中采用信号量实现进程间同步与互斥的基本知识及应用。试题(1)的正确答案为 B。因为在系统中,多个进程竞争同一资源可能会发生死锁,若无外力作用,这些进程都将永远不能再向前推进。为此,在操作系统的进程管理中最常用的方法是采用信号量(Semaphore)机制。信号量是表示资源的实体,是一个与队列有关的整型变量,其值仅能由 P、V 操作改变。"P 操作"是检测信号量是否为正值,若不是,则阻塞调用进程;"V 操作"是唤醒一个阻塞进程恢复执行。根据用途不同,信号量分为公用信号量和私用信号量。公用信号量用于实现进程间的互斥,初值通常设为 1,它所联系的一组并行进程均可对它实施 P、V 操作;私用信号量用于实现进程间的同步,初始值通常设为 0 或 n。

试题(2)的正确答案为 C。因为本题中有 5 个进程共享若干个资源 R,每个进程都需要 4 个资源 R,若系统为每个进程各分配了 3 个资源,即 5 个进程共分配了 15 个单位的资源 R,此时只要再有 1 个资源 R,就能保证有一个进程运行完毕,当该进程释放其占有的所有资源,其他进程又可以继续运行,直到所有进程运行完毕。因此,使系统不发生死锁的资源 R 的最少数目是 16。

答案:(1) B　(2) C

【真题 2】若进程 P1 正在运行,操作系统强行终止 P1 进程的运行,让具有更高优先级的进程 P2 运行,此时 P1 进程进入_____状态。

A. 就绪　　　　B. 等待　　　　　C. 结束　　　　D. 善后处理

解析:本题考查操作系统进程管理方面的基础知识。进程一般有 3 种基本状态:运行、就绪和阻塞。其中运行状态表示当一个进程在处理机上运行时,则称该进程处于运行状态。显然对于单处理机系统,处于运行状态的进程只有一个。

就绪状态表示一个进程获得了除处理机外的一切所需资源,一旦得到处理机即可运行,则称此进程处于就绪状态。

阻塞状态也称等待或睡眠状态,一个进程正在等待某一事件发生(例如请求 I/O 而等待 I/O 完成等)而暂时停止运行,这时即使把处理机分配给进程也无法运行,故称该进程处于阻塞状态,综上所述,进程 P1 正在运行,操作系统强行终止 P1 进程的运行,并释放所占用的 CPU 资源,让具有更高优先级的进程 P2 运行,此时 P1 进程处于就绪状态。

答案:A

【真题 3】某系统的进程状态转换如下图所示,图中 1、2、3、4 分别表示引起状态转换时的不同原因,原因 4 表示　(1)　;一个进程状态转换会引起另一个进程状态转换的是　(2)　。

(1) A. 就绪进程被调度　　　　　　　　　B. 运行进程执行了 P 操作

　　　C. 发生了阻塞进程等待的事件　　　　D. 运行进程时间片到了

(2) A. 1—2　　B. 2—1　　C. 3—2　　D. 2—4

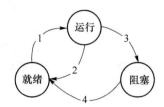

解析:本题考查的是计算机操作系统进程管理方面的基础知识。图中原因 1 是由于调度程序的调度引起的;原因 2 是由于时间片用完引起的;原因 3 是由于请求引起的,例如进程执行了 P 操作,由于申请的资源得不到满足进入阻塞队列;原因 4 是由于 I/O 完成引起的,例如某进程执行了 V 操作将信号量值减 1,若信号量的值小于 0,意味着有等待该资源的进程,将该进程从阻塞队列中唤醒使其进入就绪队列,因此试题(1)的正确答案是 C。试题(2)选项 A"1—2"不可能,因为调度程序从就绪队列中调度一个进程投入运行,不会引起另外一个进程时间片用完;选项 B"2—1"可能,因为当现运行进程的时间片用完,会引起调度程序调度另外一个进程投入运行;选项 C"3—2"不可能,因为现运行进程由于等待某事件被阻塞,使得 CPU 空闲,此时调度程序会从处于就绪状态的进程中挑选一个新进程投入运行;选项 D"4—1"不可能,一般一个进程从阻塞状态变化到就绪状态时,不会引起另一个进程从就绪状态变化到运行状态。

答案:(1) C　(2) B

【真题 4】在操作系统的进程管理中,若系统中有 10 个进程使用互斥资源 R,每次只允许 3 个进程进入互斥段(临界区),则信号量 S 的变化范围是_____。

　　A. －7～1　　　　　　B. －7～3　　　　　　C. －3～0　　　　　　D. －3～10

解析:本题考查操作系统信号量与 PV 操作的基础知识。由于系统中有 10 个进程使用互斥资源 R,每次只允许 3 个进程进入互斥段(临界区),因此信号量 S 的初值应为 3。由于每当有一个进程进入互斥段时信号量的值需要减 1,故信号量 S 的变化范围是－7～3。

答案:B

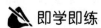 题型点睛

1. 进程由数据结构以及在其上执行的程序(语句序列)组成,是程序在这个数据集合上的运行过程,也是操作系统进行资源分配和保护的基本单位。

2. 进程有 3 种不同的状态:运行态(running)、就绪态(ready)、等待态(wait)(又称为阻塞态,blocked;或睡眠态,sleep),可构成三态模型。还可引入新建态和终止态,构成五态模型。

3. 进程的同步与互斥:进程之间存在两种基本关系:竞争关系和协作关系;进程的互斥是解决进程间竞争关系的手段;进程的同步是解决进程间协作关系的手段。进程的互斥是一种特殊的进程同步关系,即逐次使用互斥共享资源;最常用的同步机制:信号量即 PV,管理;原语是操作系统中执行时不可中断的过程,即原子操作两个同步原语:P(测试)操作和 V(增量)操作。

4. 死锁:两个进程分别等待对方占用的一个资源,于是两者都不能执行而处于永远等待,即竞争资源产生死锁。

即学即练

【试题 1】以下关于进程的描述,错误的是_____。

A. 进程是动态的概念   B. 进程执行需要处理机

C. 进程是有生命期的   D. 进程是指令的集合

【试题2】以下_____能有效地组织和管理计算机系统中的硬件和软件资源。

A. 控制器   B. CPU   C. 设备管理系统   D. 操作系统

【试题3】CPU 芯片中使用流水线技术的目的是_____。

A. 扩充功能   B. 降低资源消耗   C. 提高运行速度   D. 减少功耗

【试题4】进程调度有各种各样的算法,如果算法选择不当,就会出现_____现象。

A. 颠簸(抖动)   B. 进程长期等待   C. 死锁   D. 异常

TOP6 存储管理

真题分析

【真题1】内存采用段式存储管理有许多优点,但_____不是其优点。

A. 分段是信息逻辑单位,用户可见

B. 各段程序的修改互不影响

C. 地址变换速度快,内存碎片少

D. 便于多道程序共享主存的某些段

解析:本题考查操作系统内存管理方面的基本概念。操作系统内存管理方案有许多种,其中,分页存储管理系统中的每一页只是存放信息的物理单位,其本身没有完整的意义,因而不便于实现信息的共享,而段却是信息的逻辑单位,各段程序的修改互不影响,无内存碎片,有利于信息的共享。

答案:C

【真题2】高速缓存 Cache 与主存间采用全相联地址映像方式高速缓存的容量为 4 MB,分为 4 块,每块 1 MB,主存容量为 256 MB。若主存读写时间为 30 ns,高速缓存的读写时间为 3 ns,平均读写时间为 3.27 ns,则该高速缓存的命中率为 (1) %。若地址变换表如下所示,则主存地址为 8888888 H 时,高速缓存地址为 (2) H。

(1) A. 90   B. 95   C. 97   D. 99

(2) A. 488888   B. 388888   C. 288888   D. 188888

地址变换表

0	38 H
1	88 H
2	59 H
3	67 H

解析:高速缓存 Cacbe 的存储系统的平均存取时间为 TA=HTA1+(1-H)TA2。其中 Cache 的存取时间 TA1. 主存的存取时间 TA2 及平均存取时间为 TA 已知后,利用该式可以求出 Cache 的命中率 H 为 99%。

当主存地址为 8888888 H 时,即二进制地址为 1000100010001000100010001000 B,其中块内地址为 10001000100010001000 B,而相联存储器中存储的是区号 100010 B 和区内块号 00 B,也就是相联存储器中存储的是 10001000 B－88 H。由相联存储器的 88 H 查出 Cache 块号为 01 B。将 Cache 块号与块内地址连接到一起,构成 Cache 的地址为 188888 H。

答案:(1) D   (2) D

【真题 3】操作系统通过_____来组织和管理外存中的信息。

A. 设备驱动程序　　　B. 文件目录　　　C. 解释程序　　　D. 磁盘分配表

解析：一个计算机系统中有成千上万个文件，为了便于对文件进行存取和管理，计算机系统建立文件的索引，即文件名和文件物理位置之间的映射关系，这种文件的索引称为文件目录。文件目录（file directory）为每个文件设立一个表目。文件目录表目至少要包含文件名、物理地址、文件结构信息和存取控制信息等，以建立起文件名与物理地址的对应关系，实现按名存取文件。

答案：B

🅰 题型点晴

1. 用户编写应用程序时，是从 0 地址开始编排用户地址空间的，把用户编程时使用的地址称为逻辑地址（相对地址）。而当程序运行时，它将被装入主存储器地址空间的某些部分，此时程序和数据的实际地址一般不可能与原来的逻辑地址一致，把程序在内存中的实际地址称为物理地址（绝对地址）。相应地构成了用户编程使用的逻辑地址空间和用户程序实际运行的物理地址空间。

2. 分区存储管理的基本思想是给进入主存的用户进程划分一块连续存储区域，把进程装入该连续存储区域，使各进程能并发执行，这是能满足多道程序设计需要的最简单的存储管理技术。

3. 用分区方式管理的存储器，每道程序总是要求占用主存的一个或几个连续存储区域，作业或进程的大小仍受到分区大小或内存可用空间的限制，因此，有时为了接纳一个新的作业而往往要移动已在主存的信息。这不仅不方便，而且开销不小。采用分页存储器既可免去移动信息的工作，又可尽量减少主存的碎片。

4. 分段式存储管理是以段为单位进行存储分配，为此提供如下形式的二维逻辑地址：段号：段内地址。

分段式存储管理的实现可以基于可变分区存储管理的原理，为作业的每一段分配一个连续的主存空间，而各段之间可以不连续。在进行存储分配时，应为进入主存的每个用户作业建立一张段表，各段在主存的情况可用一张段表来记录，它指出主存储器中每个分段的起始地址和长度。同时段式存储管理系统包括一张作业表，将这些作业的段表进行登记，每个作业在作业表中有一个登记项。

段表表目实际上起到了基址/限长寄存器的作用。作业执行时，通过段表可将逻辑地址转换成绝对地址。由于每个作业都有自己的段表，地址转换应按各自的段表进行。类似于分页存储器，分段存储器也设置一个段表控制寄存器，用来存放当前占用处理器的作业的段表始址和长度。

5. 虚拟存储器的定义如下：具有部分装入和部分对换功能，能从逻辑上对内存容量进行大幅度扩充，使用方便的一种存储器系统。实际上是为扩大主存而采用的一种设计技巧。虚拟存储器的容量与主存大小无关。

◤ 即学即练

【试题 1】内存按字节编址，地址从 A4000 H 到 CBFFFH，共有　(1)　B。若用存储容量为 16 K×8 bit 的存储器芯片构成该内存，至少需要　(2)　片。

(1) A. 80 K　　　　B. 96 K　　　　C. 160 K　　　　D. 192 K

(2) A. 2　　　　　B. 6　　　　　C. 8　　　　　D. 10

【试题 2】某计算机字长 32 位，存储容量 8 MB。按字编址，其寻址范围为_____。

A. 0～1M−1　　　B. 0～2M−1　　　C. 0～4M−1　　　D. 0～8M−1

【试题 3】如果主存容量为 16 M 字节，且按字节编址，表示该主存地址至少应需要_____位。

A. 16　　　　　　B. 20　　　　　　C. 24　　　　　　D. 32

【试题 4】 存储管理器是数据库管理系统非常重要的组成部分。下列关于存储管理器的说法，错误的是_____。

A. 存储管理器负责检查用户是否具有数据访问权限

B. 为了提高数据访问效率,存储管理器会将部分内存用于数据缓冲,同时使用一定的算法对内存缓冲区中的数据块进行定期置换

C. 存储管理器会为编译好的查询语句生成执行计划,并根据执行计划访问相关数据

D. 存储管理器以事务方式管理用户对数据的访问,以确保数据库并发访问的正确性

TOP7　设备管理

真题分析

【真题1】在UNIX操作系统中,把输入/输出设备看作是_____。

A. 普通文件　　　B. 目录文件　　　C. 索引文件　　　D. 特殊文件

解析:本题考查的是UNIX操作系统中设备管理的基本概念。在UNIX操作系统中,把输入/输出设备看作是特殊文件。在UNIX系统中,包括两类设备:块设备和字符设备。设备特殊文件有一个索引结点,在文件系统目录中占据一个结点,但其索引结点上的文件类型与其他文件不同,是"块"或者是"字符"特殊文件。文件系统与设备驱动程序的接口是通过设备开关表。硬件与驱动程序之间的接口是控制寄存器、I/O指令,一旦出现设备中断,根据中断矢量转去执行相应的中断处理程序,完成所要求的I/O任务。这样,可以通过文件系统与设备接口,对设备进行相关的操作,因为每个设备有一个文件名,可以像访问文件那样操作。

答案:D

【真题2】某软盘有40个磁道,磁头从一个磁道移至另一个磁道需要5 ms。文件在磁盘上非连续存放,逻辑上相邻数据块的平均距离为10个磁道,每块的旋转延迟时间及传输时间分别为100 ms和25 ms,则读取一个100块的文件需要_____时间。

A. 17 500 ms　　B. 15 000 ms　　C. 5 000 ms　　D. 25 000 ms

解析:本题考查的是操作系统中设备管理的基本知识。访问一个数据块的时间应为寻道时间加旋转延迟时间及传输时间。根据题意,每块的旋转延迟时间及传输时间共需125 ms,磁头从一个磁道移至另一个磁道需要5 ms,但逻辑上相邻数据块的平均距离为10个磁道,即读完一个数据块到下一个数据块寻道时间需要50 ms。通过上述分析,本题访问一个数据块的时间应为175 ms,而读取一个100块的文件共需要17 500 ms。

答案:A

题型点睛

1. 外围设备分类:存储型设备、输入输出型设备。设备管理应具有以下功能:外围设备中断处理;缓冲区处理;外围设备的分配;外围设备驱动调度。

2. I/O设备的寻址方式有3种:询问方式又称为程序直接控制方式;DMA,直接存储器存取方式;通道又称为输入/输出处理器。

3. 磁盘调度:操作系统采用一种适当的调度算法,使各进程对磁盘的平均访问(主要是寻道)时间最小,磁盘调度分为移臂调度、旋转调度。

即学即练

【试题1】DMA方式由_____实现。

A. 软件　　　B. 硬件　　　C. 软/硬件　　　D. 固件

【试题 2】下列对通道的描述中,错误的是_____。

A. 通道并未分担 CPU 对输入/输出操作的控制(分担了 CPU 对输入/输出操作的控制)

B. 通道减少了外设向 CPU 请求中断的次数

C. 通道提高了 CPU 的运行效率

D. 通道实现了 CPU 与外设之间的并行执行

TOP8　文件管理

真题分析

【真题 1】在 Windows 文件系统中,一个完整的文件名由_____组成。

A. 路径、文件名、文件属性

B. 驱动器号、文件名和文件的属性

C. 驱动器号、路径、文件名和文件的扩展名

D. 文件名、文件的属性和文件的扩展名

解析:本题考查 Windows 文件系统方面的基础知识。在 Windows 文件系统中,一个完整的文件名由驱动器号、路径、文件名和文件的扩展名构成。

答案:C

【真题 2】在下图所示的树形文件系统中,方框表示目录,圆圈表示文件,"/"表示路径中的分隔符,"/"在路径之首时表示根目录。假设当前目录是 A2,若进程 A 以如下两种方式打开文件 f2:

方式①　fd1＝open("____/f2",o_RDONLY);

方式②　fd1＝open("/A2/C3/f2",o_RDONLY);

那么,采用方式①比采用方式②的工作效率高。

A. /A2/C3　　　　B. A2/C3　　　　C. C3　　　　D. f2

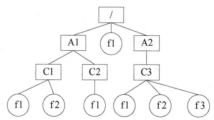

解析:本题考查操作系统中文件系统的树形目录结构的知识。在树形目录结构中,树的根结点为根目录,数据文件作为树叶,其他所有目录均作为树的结点。在树形目录结构中,从根目录到任何数据文件之间,只有一条唯一的通路,从树根开始,把全部目录文件名与数据文件名依次用"/"连接起来,构成该数据文件的路径名,且每个数据文件的路径名是唯一的。这样,可以解决文件重名问题。从根目录开始的路径名为绝对路径名,如果文件系统有很多级,使用不是很方便,则引入相对路径名。引入相对路径名后,当访问当前目录下的文件时,可采用相对路径名,系统从当前目录开始查找要访问的文件,因此相比采用绝对路径名,可以减少访问目录文件的次数,提高系统的工作效率。所以正确答案为 C。

答案:C

题型点睛

1. 文件的命名:一个完整的文件名包括驱动器号、路径、文件名和文件的扩展名。

2. 文件系统的基本功能之一就是负责文件目录的建立、维护和检索,要求编排的目录便于查找、防止冲突,目录的检索方便迅速。有了文件目录后,就可实现文件的"按名存取"。每一个文件在文件目录中登记一项。文件目录项一般应包括以下内容:有关文件存取控制的信息;有关文件结构的信息;有关文件管理的信息。目录结构:一级目录结构(单用户微型机操作系统 CP/M);二级目录结构;树型目录结构。多级目录结构通常采用树形目录结构。

即学即练

【试题1】Windows 中的文件关联是将一类文件与一个相关的程序建立联系,当用鼠标双击这类文件时,Windows 就会_____。

    A. 弹出对话框提示用户选择相应的程序执行

    B. 自动执行关联的程序,打开文件供用户处理

    C. 顺序地执行相关的程序

    D. 并发地执行相关的程序

TOP9 作业管理

真题分析

【真题1】虚拟存储管理系统的基础是程序的 __(1)__ 原理,其基本含义是指程序执行时往往会不均匀地访问主存储器单元。根据这个原理,Denning 提出了工作集理论。工作集是进程运行时被频繁地访问的页面集合。在进程运行时,如果它的工作集页面都在 __(2)__ 内,能够使该进程有效地运行,否则会出现频繁的页面调入/调出现象。

  (1) A. 全局性   B. 局部性   C. 时间全局性   D. 空间全局性

  (2) A. 主存储器   B. 虚拟存储器   C. 辅助存储器   D. U 盘

解析:本题主要考查程序的局部性理论和 Denning 的工作集理论。(1)的正确答案是 B。因为虚拟存储管理系统的基础是程序的局部性理论。这个理论的基本含义是指程序执行时,往往会不均匀地访问内存储器,即有些存储区被频繁访问,有些则少有问津。程序的局部性表现在时间局部性和空间局部性上。时间局部性是指最近被访问的存储单元可能马上又要被访问。例如程序中的循环体、一些计数变量、累加变量、堆栈等都具有时间局部性特点。空间局部性是指马上被访问的存储单元,其相邻或附近单元也可能马上被访问。例如一段顺序执行的程序、数组的顺序处理等都具有空间局部性特点。

(2)的正确答案为 A。根据程序的局部性理论,Denning 提出了工作集理论。工作集是指进程运行时被频繁地访问的页面集合。显然,在进程运行时,如果能保证它的工作集页面都在主存储器内,就会大大减少进程的缺页次数,使进程高效地运行;否则将会因某些工作页面不在内存而出现频繁的页面调入/调出现象,造成系统性能急剧下降,严重时会出现"抖动"现象。

答案:(1)B(2)A

题型点睛

1. 作业(Job)是用户提交给操作系统计算的一个独立任务。一般每个作业必须经过若干个相对独立又相互关联的顺序加工步骤才能得到结果,每一个加工步骤称为一个作业步。

2. 作业管理可以采用脱机和联机两种方式。作业调度算法包括:先来先服务算法、最短作业优先算法、响应比最高者优先(HRN)算法、优先数算法。响应比最高者优先(HRN)算法:相应比=已等待

时间/估计计算时间。

3. 多道程序设计的好处:一是提高了 CPU 的利用率;二是提高了内存和 I/O 设备的利用率;三是改进了系统的吞吐量;四是充分发挥了系统的并行性。主要缺点是作业周转时间长。

即学即练

【试题 1】从用户的角度看,实现虚拟存储器后_____。

A. 提高了内存利用率

B. 提高了存储速度

C. 不再受内存实际容量的限制

D. 需要用好的调度算法进行调出和装入

【试题 2】操作系统中对不同的中断进行了分级,现有磁盘、键盘和时钟 3 种外部中断,按照中断级别的高低顺序为_____。

A. 键盘、时钟、磁盘 　　　　　　　　B. 时钟、磁盘、键盘

C. 磁盘、键盘、时钟 　　　　　　　　D. 键盘、磁盘、时钟

本章即学即练答案

序号	答案	序号	答案
TOP4	【试题 1】答案:C 【试题 2】答案:D 【试题 3】答案:B 【试题 4】答案:B	TOP5	【试题 1】答案:D 【试题 2】答案:D 【试题 3】答案:C 【试题 4】答案:B
TOP6	【试题 1】答案:(1) C 　　　　　　(2) D 【试题 2】答案:B 【试题 3】答案:C 【试题 4】答案:	TOP7	【试题 1】答案:B 【试题 2】答案:A
TOP8	【试题 1】答案:B	TOP9	【试题 1】答案:C 【试题 2】答案:B

第3章 程序设计语言

TOP10 程序设计语言基础知识

真题分析

【真题1】两个同符号的数相加或异符号的数相减,所得结果的符号位 SF 和进位标志 CF 进行_____运算为 1 时,表示运算的结果产生溢出。

A. 与   B. 或   C. 与非   D. 异或

解析:符号数算术运算的溢出可根据运算结果的符号位和进位标志判别。该方法适用于两个同号数求和或异号数求差时判别溢出。溢出的逻辑表达式为:$VF = SF \oplus CF$。即利用符号位和进位标志相异或,当异或结果为 1 时表示发生溢出;当异或结果为 0 时,则表示没有溢出。

答案:D

【真题2】若浮点数的阶码用移码表示,尾数用补码表示。两个规格化浮点数相乘,最后对结果规格化时,右规的右移位数最多为_____位。

A. 1   B. 2   C. 尾数位数   D. 尾数位数－1

解析:因为,规格化浮点数的尾数的取值范围为:$[1/2]_{补} \leqslant [M]_{补} < [1]_{补}$,或 $[-1]_{补} \leqslant [M]_{补} < [-1/2]_{补}$。那么,将两个尾数相乘,积的取值范围为:$[1/4]_{补} \leqslant [M_{积}]_{补} \leqslant [1]_{补}$,或 $[-1]_{补} < [M_{积}]_{补} < [1/2]_{补}$。所以,右规时的右移位数最多是 1 位。

答案:A

【真题3】开发专家系统时,通过描述事实和规则由模式匹配得出结论,这种情况下适用的开发语言是_____。

A. 面向对象语言   B. 函数式语言

C. 过程式语言   D. 逻辑式语言

解析:本题考查程序语言基本知识。函数式程序设计的数据结构本质上是表,而函数又可以作为值出现在表中,因此函数式程序的控制结构取决于函数,以及函数的定义和调用。函数式语言主要用于符号数据处理,如微分和积分演算、数理逻辑、游戏推演以及人工智能等其他领域。用逻辑式程序设计语言编写程序不需要描述具体的解题过程,只需要给出一些必要的事实和规则。这些规则是解决问题的方法的规范说明,根据这些事实和规则,计算机利用谓词逻辑,通过演绎推理得到求解问题的执行序列。这种语言主要用在人工智能领域,也应用在自然语言处理、数据库查询、算法描述等方面,尤其适合于作为专家系统的开发工具。

答案:D

【真题4】高级程序设计语言中用于描述程序中的运算步骤、控制结构及数据传输的是_____。

A. 语句   B. 语义   C. 语用   D. 语法

解析:本题考查程序语言的基本成分。程序设计语言的语法是语言的外观。给出语言的语法意味着给出语句、声明和其他语言结构的书写规则。语义则表示不同的语法结构的含义。在程序语言的手册中,语言的描述都是围绕着语法结构展开的。通常,先给出各种语句结构的语法,然后给出对应该结构的语义以描述内在含义。语用是关于程序与使用者之间的关系。在高级程序设计语言中,语句用于描述程序中的运算步骤、控制结构及数据传输。

答案:A

【真题5】结构化程序中的基本控制结构不包括_____。

A. 嵌套　　　　　　　B. 顺序　　　　　　　C. 循环　　　　　　　D. 选择

解析:本题考查的是程序设计语言方面的基本概念。控制成分指明语言允许表述的控制结构,程序员使用控制成分来构造程序中的控制逻辑。理论上已经证明可计算问题的程序都可以用顺序、选择和循环这三种基本的控制结构来描述。

答案:A

【真题6】软件开发人员通常用_____软件编写和修改程序。

A. 预处理　　　　　　B. 文本编辑　　　　　C. 链接　　　　　　　D. 编译

解析:本题考查的是程序设计语言方面的基本概念。软件开发人员通常用文本编辑软件编写和修改程序。

答案:B

题型点睛

1. 程序设计语言的基本成分:数据成分、运算成分、控制成分、函数。

2. 数据是程序操作的对象,数据名称由用户通过标识符命名,标识符是由字母、数字和称为下画线的特殊符号"_"组成的标记。数据类型分类:(1)按程序运行过程中数据的值能否改变,分为常量(整型常量、实型常量、字符常量、符号常量)和变量;(2)按数据的作用域范围,分为全局量和局部量;(3)按数据组织形式的不同,分为基本类型(整型、实型、字符型、枚举型)、构造类型(数组、结构、公用)、指针类型和空类型。

3. 函数

(1)任何函数都是由函数说明和函数体两部分组成。

(2)函数定义的一般格式:

返回值的类型　　函数名(形式参数表)　　　//注释

{

　　　　函数体

}

(3)函数调用的一般形式为:

函数名(实参表);

(4)传值的好处是传值调用不会改变调用函数实参变量的内容。

(5)函数体若调用自身则称为递归调用。

即学即练

【试题1】在计算机中,最适合进行数字加减运算的数字编码是___(1)___,最适合表示浮点数阶码的数字编码是___(2)___。

(1) A. 原码　　　　　B. 反码　　　　　　C 补码　　　　　　　D. 移码

(2) A. 原码　　　　　B. 反码　　　　　　C 补码　　　　　　　D. 移码

【试题2】下列语言中不属于面向过程的语言是_____。

A. 高级语言　　　　　B. 低级语言　　　　　C. C语言　　　　　　D. PASCAL语言

【试题3】若某整数的16位补码为FFFFH(H表示十六进制)，则该数的十进制值为_____。

A. 0 　　　　　　　B. −1 　　　　　　　C. $2^{16}-1$ 　　　　　　　D. $-2^{16}+1$

【试题4】程序的三种基本控制结构是_____。

A. 过程、子程序和分程序

B. 顺序、选择和重复

C. 递归、堆栈和队列

D. 调用、返回和跳转

TOP11　程序编译、解释系统

真题分析

【真题1】_____的任务是将来源不同的编译单元装配成一个可执行的程序。

A. 编译程序 　　　　B. 解释程序 　　　　C. 链接程序 　　　　D. 汇编程序

解析：编译器和汇编程序都经常依赖于连接程序，它将分别在不同的目标文件中编译或汇编的代码收集到一个可直接执行的文件中。在这种情况下，目标代码，即还未被连接的机器代码，与可执行的机器代码之间就有了区别。连接程序还连接目标程序和用于标准库函数的代码，以及连接目标程序和由计算机的操作系统提供的资源(例如，存储分配程序及输入与输出设备)。

答案：C

【真题2】对高级语言源程序进行编译时，可发现源程序中的_____错误。

A. 堆栈溢出 　　　　　　　　　　B. 变量未定义

C. 指针异常 　　　　　　　　　　D. 数组元素下标越界

解析：本题考查编译过程基本知识。高级语言源程序中的错误分为两类：语法错误和语义错误，其中语义错误又可分为静态语义错误和动态语义错误。语法错误是指语言结构上的错误，静态语义错误是指编译时就能发现的程序含义上的错误，动态语义错误只有在程序运行时才能表现出来。堆栈溢出、指针异常和数组元素下标越界都是程序运行中才能出现的问题，而遵循先声明后引用原则的程序语言必须先定义变量，然后才能使用，否则编译器会在语法分析阶段指出变量未定义错误。

答案：B

【真题3】将C语言编写的源程序转换为目标程序的软件属于_____。

A. 汇编 　　　　　B. 编译 　　　　　C. 解释 　　　　　D. 装配

解析：本题考查程序语言的基本概念。把源程序转换为目标代码的是编译或汇编程序，是通过编译软件实现的；编译器和汇编程序都经常依赖于连接程序，它将分别在不同的目标文件中编译或汇编的代码收集到一个可直接执行的文件中。在这种情况下，目标代码，即还未被连接的机器代码，与可执行的机器代码之间就有了区别。连接程序还连接目标程序和用于标准库函数的代码，以及连接目标程序和由计算机的操作系统提供的资源(例如，存储分配程序及输入与输出设备)。

答案：B

题型点睛

1. 编译方式是：事先编好一个称为编译程序的机器语言程序，作为系统软件存放在计算机内，当用户由高级语言编写的源程序输入计算机后，编译程序便把源程序整个地翻译成用机器语言表示的与之等价的目标程序，然后计算机再执行该目标程序，以完成源程序要处理的运算并取得结果。常用的解释方式：Visual Basic、Visual FoxPro、Power Builder、Java。

2. 解释方式是：源程序进入计算机时，解释程序边扫描边解释做逐句输入逐句翻译，计算机一句句执行，并不产生目标程序。常用的编译方式：Visual C++、Delphi。

即学即练

【试题1】计算机不能直接执行符号化的程序，必须通过语言处理程序将符号化的程序转换为计算机可执行的程序，下述所列程序中_____不属于上述语言处理程序。

A. 汇编程序　　　　　　　　　　B. 编译程序
C. 解释程序　　　　　　　　　　D. 反汇编程序

本章即学即练答案

序号	答案	序号	答案
TOP10	【试题1】答案：(1) C (2) D 【试题2】答案：B 【试题3】答案：B 【试题4】答案：B	TOP11	【试题1】答案：D

第4章 系统配置和方法

TOP12 系统配置技术

真题分析

【真题1】原型化方法适用于_____的系统。

A. 需求不确定性高　　B. 需求确定　　　　C. 分时处理　　　　D. 实时处理

解析：原型化方法，即 Prototyping，为弥补瀑布模型的不足而产生的。因此针对的是有不足的系统，故选择 A。

答案：A

【真题2】结构化开发方法是将系统开发和运行的全过程划分阶段，确定任务，以保证实施有效。若采用该开发方法，则第一个阶段应为 __(1)__ 阶段。软件系统的编码与实现，以及系统硬件的购置与安装在 __(2)__ 阶段完成。

(1) A. 系统分析　　　B. 系统规划　　　　C. 系统设计　　　　D. 系统实施

(2) A. 系统分析　　　B. 系统规划　　　　C. 系统设计　　　　D. 系统实施

解析：系统开发的生命周期分为系统规划、系统分析、系统设计、系统实施、系统运行和维护五个阶段。

答案：(1) B (2) D

题型点睛

1. 系统规划的主要内容包括：企业目标的确定、解决目标的方式的确定、信息系统目标的确定、信息系统主要结构的确定、工程项目的确定、可行性研究等。

2. 系统分析的主要内容包括：数据的收集、数据的分析、系统数据流程图的确定、系统方案的确定等。系统设计的主要内容包括：系统流程图的确定、程序流程图的确定、编码、输入/输出设计、文件设计、程序设计等。系统实施的主要内容包括：硬件设备的购买、硬件设备的安装、数据准备、程序的调试、系统测试与转换、人员培训等。系统运行与维护的主要内容包括：系统投入运行后的管理及维护、系统建成前后的评价、发现问题并提出系统更新的请求等。

即学即练

【试题1】原型化(Prototyping)方法是一类动态定义需求的方法，__(1)__ 不是原型化方法所具有的特征。与结构化方法相比，原型化方法更需要 __(2)__ 。衡量原型开发人员能力的重要标准是 __(3)__ 。

(1) A. 提供严格定义的文档　　　　　　B. 加快需求的确定

　　 C. 简化项目管理　　　　　　　　　D. 加强用户参与和决策

(2) A. 熟练的开发人员　　　　　　　　B. 完整的生命周期

C. 较长的开发时间 　　　　　　　　D. 明确的需求定义

（3）A. 丰富的编程技巧 　　　　　　　　B. 灵活使用开发工具

C. 很强的协调组织能力 　　　　　　D. 快速获取需求

TOP13　系统性能

真题分析

【真题1】以下关于改进信息系统性能的叙述中，正确的是 _____。

A. 将 CPU 时钟周期加快一倍，能使系统吞吐量增加一倍

B. 一般情况下，增加磁盘容量可以明显缩短作业的平均 CPU 处理时间

C. 如果事务处理平均响应时间长，首先应注意提高外围设备的性能

D. 利用性能测试工具，可以找出程序中最花费运行时间的 20% 代码，再对这些代码进行优化

解析：计算机系统的吞吐量是指流入、处理和流出系统的信息的速率。它取决于信息能够多快地输入内存，CPU 能够多快地取指令，数据能够多快地从内存取出或存入，以及所得结果能够多快地从内存送给一台外围设备。这些步骤中的每一步都关系到主存，因此，系统吞吐量主要取决于主存的存取周期。CPU 时钟周期也即 CPU 的主频，表示在 CPU 内数字脉冲信号震荡的速度，与 CPU 实际的运算能力并没有直接关系。因此 A 错。磁盘容量是指应用性能加速器设备可以安装的存储硬盘设备容量的大小，部分产品可以安装多个序列磁盘组成更大的存储空间，能够提供更快速的吞吐量及数据压缩，校对清除重复数据的性能。因此 B 不对。显然 C 不是首要注意点。

答案：D

【真题 2】_____是指系统或其组成部分能在其他系统中重复使用的特性。

A. 可扩充性 　　　B. 可移植性 　　　C. 可重用性 　　　D. 可维护性

解析：系统可扩充性是指系统处理能力和系统功能的可扩充程度，分为系统结构的可扩充能力、硬件设备的可扩充性和软件功能可扩充性等。可移植性是指将系统从一种硬件环境、软件环境下移植到另一种硬件环境、软件环境下所付出努力的程度，该指标取决于系统中软硬件特征以及系统分析和设计中关于其他性能指标的考虑。可维护性是指将系统从故障状态恢复到正常状态所需努力的程度，通常使用"平均修复时间"来衡量系统的可维护性。系统可重用性是指系统和（或）其组成部分能够在其他系统中重复使用的程度，分为硬件可重用性和软件可重用性。

答案：C

【真题3】针对某计算机平台开发的软件系统，其_____越高，越不利于该软件系统的移植。

A. 效率 　　　　　B. 成本 　　　　　C. 质量 　　　　　D. 可靠性

解析：一个系统的性能通常需要多方面的指标来衡量，而且多个性能指标之间存在着有利的和不利的影响，所以在设计一个系统时，应充分考虑利弊，全面权衡。系统的可移植性是指将系统从一种硬件环境、软件环境下移植到另一种硬件环境、软件环境下所需付出努力的程度。在给出的各选项中，可维护性、可靠性和可用性等方面的提高，将有利于提高系统可移植性。而由于要提高系统效率，则势必存在一些与具体硬件、软件环境相关的部分，这些都是不利于系统移植工作的因素。

答案：A

题型点睛

1. 衡量计算机性能常用的指标：MIPS、MFLOPS。

MIPS＝指令数/（执行时间×1 000 000），通常用 VAX-11/780 机处理能力为 1 MIPS。

MFLOPS＝浮点指令数(执行时间×1 000 000)

1MFLOPS≈3MIPS

2. 系统性能评估技术:分析技术、模拟技术、测量技术。

3. 衡量计算机系统的 3 个重要指标:①可靠性;②可维护性;③可用性。

即学即练

【试题 1】进程调度有各种各样的算法,如果算法选择不当,就会出现_____现象。

A. 颠簸(抖动)   B. 进程长期等待

C. 死锁   D. 异常

【试题 2】下列叙述中,与提高软件可移植性相关的是_____。

A. 选择时间效率高的算法

B. 尽可能减少注释

C. 选择空间效率高的算法

D. 尽量用高级语言编写系统中对效率要求不高的部分

本章即学即练答案

序号	答案	序号	答案
TOP12	【试题 1】答案:(1) A (2) B (3) D	TOP13	【试题 1】答案:B 【试题 2】答案:D

第5章　数据结构与算法

TOP14　数据结构

真题分析

【真题1】按逻辑结构的不同,数据结构通常可分为_____两类。

A. 线性结构和非线性结构　　　　　B. 紧凑结构和稀疏结构

C. 动态结构和静态结构　　　　　　D. 内部结构和外部结构

解析:数据的逻辑结构分为线性结构和非线性结构。线性结构是 n 个数据元素的有序(次序)集合。相对应于线性结构,非线性结构的逻辑特征是一个结点元素可能对应多个直接前驱和多个后驱。常用的线性结构有:线性表、栈、队列、双队列、数组、串。常见的非线性结构有:树(二叉树等)、图(网等)。广义表也是一种非线性的数据结构。

答案:A

【真题2】下列叙述中正确的是_____。

A. 一个逻辑数据结构只能有一种存储结构

B. 数据的逻辑结构属于线性结构,存储结构属于非线性结构

C. 一个逻辑数据结构可以有多种存储结构,且各种存储结构不影响数据处理的效率

D. 一个逻辑数据结构可以有多种存储结构,且各种存储结构影响数据处理的效率

解析:一般来说,一种数据的逻辑结构根据需要可以表示成多种存储结构,常用的存储结构有顺序、链接、索引等存储结构。而采用不同的存储结构,其数据处理的效率是不同的。由此可见,选项 D 的说法正确。

答案:D

【真题3】数据结构可以分为逻辑结构和存储结构,循环队列属于_____结构。

解析:循环阶列是逻辑结构的一种,而存储结构是数据在计算机中的表示,循环阶列在计算机中是顺序存储结构。

答案:逻辑

【真题4】数据的存储结构是指_____。

A. 存储在外存中的数据

B. 数据所占的存储空间量

C. 数据在计算机中的顺序存储方式

D. 数据的逻辑结构在计算机中的表示

解析:数据的逻辑结构在计算机存储空间中的存放形式称为数据的存储结构,也称数据的物理结构,所以选项 D 正确。

答案:D

题型点睛

1. 数据结构(Data Structure)，简单地说，是指数据以及相互之间的关系。它是研究数据元素(Data Element)之间抽象化的相互关系和这种关系在计算机中的存储表示(即所谓数据的逻辑结构和物理结构)，并对这种结构定义相适应的运算，设计出相应的算法，而且确保经过这些运算后所得到的新结构仍然是原来的结构类型。

2. 逻辑结构是反映元素之间的逻辑关系，即先后件关系，分为线性结构(线性表、栈和队列)和非线性结构(树和图)。

3. 存储结构是数据的逻辑结构在计算机存储空间中的存放形式(也称物理结构)。在数据的存储结构中，不仅要存放各数据元素的信息，还要存放元素之间的前后件关系的信息。其分为顺序存储、链式存储等。

4. 数据的逻辑结构与数据的存储结构不一定相同。一般来说，一种数据的逻辑结构根据需要可以表示成多种存储结构。常见的存储结构有顺序、链接、索引等。采用不同的存储结构，其数据处理的效率是不相同的。

即学即练

【试题1】设某数据结构的二元组形式表示为 A＝(D,R)，D＝{01,02,03,04,05,06,07,08,09}，R＝{r}，r＝{<01,02>,<01,03>,<01,04>,<02,05>,<02,06>,<03,07>,<03,08>,<03,09>}，则数据结构 A 是 _____。

    A. 线性结构   B. 树形结构   C. 物理结构   D. 图形结构

【试题2】【说明】现有一个事务集{T1,T2,T3,T4}，其中这 4 个事务在运行过程中需要读写表 X、Y 和 Z。设 Ti 对 X 的读操作记作 TiR(X)，Ti 对 X 的写操作记作 TiW(X)。

事务对 XYZ 的访问情况如下：

T1：T1 R(X)

T2：T2 R(Y),T2 W(X)

T3：T3 W(Y), T3 W(X), T3 W(Z)

T4：T4 R(Z), T4 W(X)

【问题1】(5分)

试述事务并发调度的正确性准则及其内容。

【问题2】(5分)

请判断如下调度是否正确？

T3 W(Y), T1 R(X), T2 R(Y), T3 W(X), T2 W(X), T3 W(Z), T4 R(Z), T4 W(X)

给出调度等价的一个串行调度序列。

【问题3】(5分)

采用何种加锁策略能够保证事务调度的正确性？简述其内容。

TOP15　算法复杂度

真题分析

【真题1】下列叙述中正确的是 _____。

A. 算法的效率只与问题的规模有关,而与数据的存储结构无关

B. 算法的时间复杂度是指执行算法所需要的计算工作量

C. 数据的逻辑结构与存储结构是一一对应的

D. 算法的时间复杂度与空间复杂度一定相关

解析:算法的复杂度主要包括时间复杂度和空间复杂度。算法的时间复杂度是指执行算法所需要的计算工作量,可以用执行算法的过程中所需的基本运算的执行次数来度量;算法的空间复杂度是指执行这个算法所需要的内存空间。根据各自的定义可知两者不相关。数据的逻辑结构就是数据元素之间的逻辑关系,它是从逻辑上描述数据元素之间关系的,是独立于计算机中的,数据的存储结构是研究数据元素和数据元素之间的关系如何在计算机中表示,它们并非一一对应。算法的执行效率不仅与问题的规模有关,还与数据的存储结构有关。

答案:B

【真题 2】下列叙述中正确的是_____。

A. 一个算法的空间复杂度大,则其时间复杂度也必定大

B. 一个算法的空间复杂度大,则其时间复杂度必定小

C. 一个算法的时间复杂度大,则其空间复杂度必定小

D. 上述三种说法都不对

解析:根据时间复杂度和空间复杂度的定义(见真题 1 解析)可知,算法的时间复杂度与空间复杂度并不相关。

答案:D

【真题 3】算法复杂度主要包括时间复杂度和_____复杂度。

解析:算法的复杂度主要包括时间复杂度和空间复杂度。

答案:空间

题型点睛

1. 算法可以用自然语言、数字语言或约定的符号来描述,也可以用计算机高级程序语言来描述,如流程图、Pascal 语言、C 语言、伪代码或决策表。算法应该具备以下 5 个特性:有穷性、确定性、可行性、输入、输出。

2. 一个算法的质量优劣将影响到算法乃至程序的效率。算法分析的目的在于选择合适算法和改进算法。一个算法的评价主要从时间复杂度和空间复杂度来考虑。

3. 算法的时间复杂度是指执行算法所需要的计算工作量,可以用执行算法的过程中所需的基本运算的执行次数来度量;算法的空间复杂度是指执行这个算法所需要的内存空间。

即学即练

【试题 1】算法的时间复杂度是指_____。

A. 执行算法程序所需要的时间

B. 算法程序的长度

C. 算法执行过程中所需要的基本运算次数

D. 算法程序中的指令条数

TOP16 栈和队列

真题分析

【真题1】栈是一种按"_____"原则进行插入和删除操作的数据结构。

A. 先进先出   B. 边进边出   C. 后进先出   D. 后进后出

解析:栈是一种后进后出的数据结构,只能在末端进行插入和删除的操作。应该说成是只能在线性表的一端进行插入和删除。说成末端,就人为地把线性表分成开始端和结束端了。但由于线性表中元素只具有线性关系,并没有明确的起始元素和终止元素。

答案:C

【真题2】下列对列的叙述正确的是_____。

A. 队列属于非线性表

B. 队列按"先进后出"原则组织数据

C. 队列在队尾删除数据

D. 队列按"先进先出"原则组织数据

解析:队列是一种操作受限制的线性表。它只允许在线性表的一端进行插入操作,另一端进行删除操作。其中,允许插入的一端称为队尾(rear),允许删除的一端称为队首(front)。队列具有先进先出的特点,它是"先进先出"的原则组织数据的,故本题答案为 D。

答案:D

题型点睛

1. 栈(Stack)又称堆栈,它是一种运算受限的线性表,其限制是仅允许在表的一端进行插入和删除运算。人们把此端称为栈顶,栈顶的第一个元素被称为栈顶元素,相对地,把另一端称为栈底。向一个栈插入新元素又称为进栈或入栈,它是把该元素放到栈顶元素的上面,使之成为新的栈顶元素;从一个栈删除元素又称为出栈或退栈,它是把栈顶元素删除,使其下面的相邻元素成为新的栈顶元素。

2. 由于栈的插入和删除运算仅在栈顶一端进行,后进栈的元素必定先出栈,所以又把栈称为后进先出表(Last In First Out,LIFO);先进栈的元素必定后出栈,所以又把栈称为先进后出表(First In Last Out,FILO)。

3. 队列(Queue)简称队,它也是一种运算受限的线性表,其限制是仅允许在表的一端进行插入,而在表的另一端进行删除。我们把进行插入的一端称作队尾(rear),进行删除的一端称作队首(front)。

4. 向队列中插入新元素称为进队或入队,新元素进队后就成为新的队尾元素;从队列中删除元素称为离队或出队,元素离队后,其后继元素就成为队首元素。

5. 由于队列的插入和删除操作分别是在各自的一端进行的,每个元素必然按照进入的次序离队,所以又把队列称为先进先出表(First In First Out,FIFO)。

即学即练

【试题1】栈是一种按"后进先出"原则进行插入和删除操作的数据结构,因此_____必须用栈。

A. 函数或过程进行递归调用及返回处理

B. 将一个元素序列进行逆置

C. 链表结点的申请和释放

D. 可执行程序的装入和卸载

【试题2】如果进栈序列为 e1 ,e2 ,e3 ,e4,则可能的出栈序列是_____。

　　A. e3 ,e1 ,e4 ,e2　　　　　　　　　　B. e2 ,e4 ,e3 ,e1

　　C. e3 ,e4 ,e1 ,e2　　　　　　　　　　D. 任意顺序

【试题3】栈和队列的共同特点是_____。

　　A. 都是先进先出　　　　　　　　　　B. 都是先进后出

　　C. 只允许在端点处插入和删除元素　　D. 没有共同点

【试题4】下列关于队列的叙述中正确的是_____。

　　A. 在队列中只能插入数据　　　　　　B. 在队列中只能删除数据

　　C. 队列是先进先出的线性表　　　　　D. 队列是先进后出的线性表

TOP17　树和二叉树

真题分析

【真题1】对于一棵非空二叉树,若先访问根结点的每一棵子树,然后再访问根结点的方式通常称为_____。

　　A. 先序遍历　　　　B. 中序遍历　　　　C. 后序遍历　　　　D. 层次遍历

解析: 二叉树主要有三种遍历方法:先序遍历、中序遍历、后序遍历。先序遍历是先访问根结点,再访问其左子树,最后访问右子树。后序遍历是先访问根结点的子树,再访问根结点。因此,选择C。

答案: C

【真题2】某二叉树中有 n 个度为 2 的结点,则该二叉树中的叶子结点为_____。

　　A. $n+1$　　　　B. $n-1$　　　　C. $2n$　　　　D. $n/2$

解析: 对于任何一棵二叉树 T,如果其终端结点(叶子)数为 $n1$,度为 2 的结点数为 $n2$,则 $n1＝n2＋1$。所以该二叉树的叶子结点数为 $n＋1$。

答案: A

【真题3】在深度为 7 的满二叉树中,叶子结点的个数为_____。

　　A. 32　　　　　　B. 31　　　　　　C. 64　　　　　　D. 63

解析: 满二叉树是指除最后一层外,每一层上的所有结点都有两个子结点的二叉树。满二叉树在其第 i 层上有 2^{i-1} 个结点,即每一层上的结点数都是最大结点数。对于深度为 7 的满二叉树,叶子结点所在的是第 7 层,一共有 $2^{7-1}＝64$ 个叶子结点。

答案: C

题型点睛

1. 二叉树具有以下两个特点:①非空二叉树只有一个根结点;②每一个结点最多有两棵子树,且分别称为该结点的左子树和右子树。

2. 二叉树的性质:

(1) 在二叉树中,第 i 层的结点总数不超过 $2(i-1)$;

(2) 深度为 h 的二叉树最多有 2^h-1 个结点($h \geqslant 1$),最少有 h 个结点;

(3) 对于任意一棵二叉树,如果其叶结点数为 N0,而度数为 2 的结点总数为 N2,则 $N0＝N2＋1$;

(4) 具有 n 个结点的完全二叉树的深度为 $\mathrm{int}(\log_2 n)+1$;

(5) 有 N 个结点的完全二叉树各结点如果用顺序方式存储,则结点之间有如下关系:

若 I 为结点编号,则如果 $I<>1$,则其父结点的编号为 $I/2$;

如果$2\times I\leqslant N$,则其左儿子(即左子树的根结点)的编号为$2\times I$;若$2\times I>N$,则无左儿子;

如果$2\times I+1\leqslant N$,则其右儿子的结点编号为$2\times I+1$;若$2\times I+1>N$,则无右儿子。

3. 两个重要的概念:

(1) 完全二叉树:只有最下面的两层结点度小于2,并且最下面一层的结点都集中在该层最左边的若干位置的二叉树;

(2) 满二叉树:除了叶结点外每一个结点都有左右子树且叶结点都处在最底层的二叉树。

4. 遍历是对树的一种最基本的运算。先序遍历:访问根;按先序遍历左子树;按先序遍历右子树。中序遍历:按中序遍历左子树;访问根;按中序遍历右子树。后序遍历:按后序遍历左子树;按后序遍历右子树;访问根。

即学即练

【试题1】设某棵二叉树的中序遍历序列为 ABCD,前序遍历序列为 CABD,则后序遍历该二叉树得到序列为_____。

A. BADC   B. BCDA   C. CDAB   D. CBDA

【试题2】在深度为5的满二叉树中,叶子结点的个数为_____。

A. 32   B. 31   C. 16   D. 15

本章即学即练答案

序号	答案	序号	答案
TOP14	【试题1】答案:B 【试题2】【问题1】答案:事务的可串行化调度。多个事务的并发执行是正确的,当且仅当其结果与按某一次序串行执行它们时的结果相同。 【问题2】答案:此调度是一个可串行的调度,所以是一个正确的调度。T1,T3,T2,T4 【问题3】答案:两段锁协议(或2 PL)。把事务分为两个阶段,第一个阶段是获得封锁,但不能解锁;第二个阶段是解除封锁,不能申请新的锁。	TOP15	【试题1】答案:C
TOP16	【试题1】答案:A 【试题2】答案:B 【试题3】答案:C 【试题4】答案:C	TOP17	【试题1】答案:A 【试题2】答案:C

第6章 多媒体基础知识

TOP18 多媒体技术概论

真题分析

【真题1】MPC(Multimedia PC)与PC的主要区别是增加了_____。

A. 存储信息的实体
B. 视频和音频信息的处理能力
C. 光驱和声卡
D. 大容量的磁介质和光介质

解析：多媒体是融合两种或者两种以上媒体的一种人机交互式信息交流和传播媒体,使用的媒体包括文字、图形、图像、声音、动画和电视图像等。要把一台普通的计算机变成多媒体计算机,要研究的关键技术是:视频音频信号获取技术、多媒体数据压缩编码和解码技术、视频音频数据的实时处理技术和视频音频数据的输出技术。可见多媒体计算机主要是在普通计算机的基础上增加了视频和音频信息的处理能力。

答案:B

【真题2】多媒体中的"媒体"有两重含义,一是指存储信息的实体;二是指表达与传递信息的载体。_____是存储信息的实体。

A. 文字、图形、磁带、半导体存储器
B. 磁盘、光盘、磁带、半导体存储器
C. 文字、图形、图像、声音
D. 声卡、磁带、半导体存储器

解析：通常所说的"媒体(Media)"包括两重含义:一是指信息的物理载体,即存储和传递信息的实体,如手册、磁盘、光盘、磁带以及相关的播放设备等(本题只涉及存储信息);二是指承载信息的载体即信息的表现形式(或者说传播形式),如文字、声音、图像、动画和视频等,即CCITT定义的存储媒体和表示媒体。表示媒体又可以分为三种类型:视觉类媒体(如位图图像、矢量图形、图表、符号、视频和动画等)、听觉类媒体(如音响、语音和音乐等)和触觉类媒体(如点、位置跟踪、力反馈与运动反馈等)。视觉和听觉类媒体是信息传播的内容,触觉类媒体是实现人机交互的手段。

答案:B

【真题3】多媒体计算机系统中,内存和光盘属于 _____。

A. 感觉媒体　　B. 传输媒体　　C. 表现媒体　　D. 存储媒体

解析：存储媒体可分成:磁性媒体:包括软盘、硬盘和可换硬盘,这是最常见的媒体。光学媒体:光盘使用激光读盘。最常见的是CD-ROM,它是唯一商业化的光盘,也是唯一和我们有关的光盘。磁光媒体:正如大家所猜想的那样,这是磁性媒体和光学媒体的杂合体。MO盘使用激光和磁场的组合来读写盘。

答案:D

【真题4】媒体可分为感觉媒体、表示媒体、表现媒体、存储媒体和传输媒体,_____属于表现媒体。

A. 打印机   B. 硬盘   C. 光缆   D. 图像

解析:国际电信联盟(ITU)对媒体做如下分类:①感觉媒体:例如,人的语音、文字、音乐、自然界的声音、图形图像、动画、视频等都属于感觉媒体。②表示媒体:表示媒体表现为信息在计算机中的编码,如 ACSII 码、图像编码、声音编码等。③表现媒体:又称为显示媒体,是计算机用于输入/输出信息的媒体,如键盘、鼠标、光笔、显示器、扫描仪、打印机、数字化仪等。④存储媒体:也称为介质。常见的存储媒体有硬盘、软盘、磁带和 CDROM 等。⑤传输媒体:例如,电话线、双绞线、光纤、同轴电缆、微波、红外线等。

答案:A

【真题5】_____不属于计算机输入设备。

A. 扫描仪   B. 投影仪   C. 数字化仪   D. 数码照相馆

解析:输入设备是指向计算机输入数据和信息的设备,是计算机与用户或其他设备通信的桥梁。输入设备是用户和计算机系统之间进行信息交换的主要装置之一。键盘、鼠标、摄像头、扫描仪、光笔、手写输入板、游戏杆、语音输入装置等都属于输入设备。输入设备(Input Device)是人或外部与计算机进行交互的一种装置,用于把原始数据和处理这些数据的程序输入到计算机中。一般的输入设备是键盘、鼠标、扫描仪等。输出设备是显示器、投影仪、打印机等。

答案:B

题型点睛

1. 多媒体的概念:传递信息的载体,如数字、文字、声音、图形和图像等,中文译作媒介。

2. 多媒体计算机技术的定义是:计算机综合处理多种媒体信息(文本、图形、图像、音频和视频),使多种信息建立逻辑连接,集成为一个系统并具有交互性。

3. 多媒体计算机硬件主要包括以下几部分:对媒体主机(个人机、工作站)、多媒体输入设备(摄像机、麦克风、扫描仪)、多媒体输出设备(打印机、绘图仪、音响)、多媒体存储设备(硬盘、光盘)、多媒体功能卡(视频卡、声音卡)、操纵控制设备(鼠标、键盘、触摸屏)。

4. 多媒体技术的主要组成归纳为以下几个方面:各种媒体信息的处理技术和压缩技术、多媒体计算机技术、多媒体网络通信技术、多媒体数据库技术。

即学即练

【试题1】多媒体技术中的媒体一般是指 _____。

A. 硬件媒体   B. 存储媒体

C. 信息媒体   D. 软件媒体

【试题2】应用流媒体技术实现在网络中传输多媒体信息时,以下不正确的叙述是_____。

A. 用户可以边下载边收听、收看

B. 用户需要把声音/影视文件全部下载后才能收听、收看

C. 用户可以边下载边收听、收看的媒体称为流媒体

D. 实现流放技术需要配置流媒体服务器

TOP19　多媒体压缩编码技术

真题分析

【真题1】CD 上声音的采样频率为 44.1 kHz,样本精度为 16 bit/s 经过双声道立体声,那么其未经压

缩的数据传输率为_____。

A. 88.2 kbit/s   B. 705.6 kbit/s   C. 1411.2 kbit/s   D. 1536.0 kbit/s

解析:本题考查波形声音信号的数据传输率。波形声音信息是一个用来表示声音振幅的数据序列,它是通过对模拟声音按一定间隔采样获得的幅度值,再经过量化和编码后得到的便于计算机存储和处理的数据格式。未经压缩的数字音频数据传输率可按下式计算:

数据传输率(bit/s)=采样频率(Hz)×量化位数(bit)×声道数

答案:C

【真题 2】_____既不是图像编码也不是视频编码的国际标准。

A. JPEG   B. MPEG   C. H.261   D. ADPCM

解析:ADPCM(Adaptive Difference Pulse Code Modulation)综合了 APCM 的自适应特性和 DPCM 系统的差分特性,是一种性能比较好的波形编码。它的核心想法是:①利用自适应的思想改变量化阶的大小,即使用小的量化阶(step-size)去编码小的差值,使用大的量化阶去编码大的差值;②使用过去的样本值估算下一个输入样本的预测值,使实际样本值和预测值之间的差值总是最小。

答案:D

【真题 3】声音信号数字化时,_____不会影响数字音频数据量的多少。

A. 采样频率   B. 量化精度   C. 波形编码   D. 音量放大倍数

解析:音频数据量=采样频率×量化位数×声道数/8(字节/秒)

采样频率	量化位数	声道数
每秒抽取声波幅度样本的次数	每个采样点用多少二进制位表示数据范围	使用声音通道的个数
采样频率越高 声音质量越好 数据量也越大	量化位数越多 音质越好 数据量也越大	立体声比单声道的表现力丰富,但数据量翻倍

音量放大倍数与以上三个要素无关,选择 D。

答案:D

【真题 4】声音信号数字化过程中首先要进行_____。

A. 解码   B. D/A 转换   C. 编码   D. A/D 转换

解析:音频信息数字化具体操作:通过取样、量化和编码三个步骤,用若干代码表示模拟形式的信息信号,再用脉冲信号表示这些代码来进行处理、传输/存储。因此,第一步是采样量化,也即 A/D 转换。

答案:D

题型点睛

1. 数据压缩方法:无损压缩法(冗余压缩法)和有损压缩法(熵压缩法)。无损压缩的压缩率一般为 2:1~5:1。常用的无损压缩方法有:哈夫曼编码、算术编码、行程编码、使用统计的方法或字典查找的方法进行压缩。常用的有损压缩方法有:预测编码、变换编码、子带编码、矢量量化编码、混合编码、小波编码。

2. 通用的压缩编码国际标准:JPEG、MPEG、H.261、DVI。

即学即练

【试题1】下列声音文件格式中是波形声音文件格式_____。

A. WAV   B. CMF   C. VOC   D. MID

【试题2】2分钟双声道、16 位采样位数、22.05 kHz 采样频率声音的不压缩的数据量约为_____。

A. 10 KB   B. 10 GB   C. 10 MB   D. 5 MB

【试题3】WAV 波形文件与 MIDI 文件相比，下述叙述中不正确的是_____。

A. WAV 波形文件比 MIDI 文件音乐质量高

B. 存储同样的音乐文件，WAV 波形文件比 MIDI 文件存储量大

C. 在多媒体使用中，一般背景音乐用 MIDI 文件、解说用 WAV 文件

D. 在多媒体使用中，一般背景音乐用 WAV 文件、解说用 MIDI 文件

【试题4】当前多媒体技术中主要有 3 大编码及压缩标准，下列各项中_____不属于压缩标准。

A. MPEG   B. JPEG   C. EBCDIC   D. H. 261

【试题5】一般来说，要求声音的质量越高，则_____。

A. 量化级数越低和采样频率越低

B. 量化级数越高和采样频率越高

C. 量化级数越低和采样频率越高

D. 量化级数越高和采样频率越低

【试题6】MIDI 文件中记录的是_____。

A. 乐谱   B. MIDI 量化等级和采样频率

C. 波形采样   D. 声道

TOP20　多媒体技术应用

真题分析

【真题1】人眼看到的任一彩色光都是亮度、色调和饱和度 3 个特性的综合效果，其中_____反映颜色的种类。

A. 色调   B. 饱和度   C. 灰度   D. 亮度

解析：本题考查颜色的基本属性。

彩色光作用于人眼，使之产生彩色视觉。为了能确切地表示某一彩色光的度量，可以用亮度、色调和色饱和度 3 个物理量来描述，并称之为色彩三要素。

亮度：亮度是描述光作用于人眼时引起的明暗程度感觉，是指色彩明暗深浅程度。

色调：色调是指颜色的类别，如红色、绿色、蓝色等不同颜色就是指色调。

色饱和度：色饱和度是指某一颜色的深浅程度（或浓度）。

答案：A

【真题2】RGB8:8:8 表示一帧彩色图像的颜色数为_____种。

A. 2^3 B. 2^8 C. 2^{24} D. 2^{512}

解析：本题考查多媒体基础知识（图像深度）。

图像深度是指存储每个像素所用的位数，也是用来度量图像分辨率的。像素深度确定彩色图像的每个像素可能有的颜色数，或者确定灰度图像的每个像素可能有的灰度级数。如一幅图像的图像深度为 6 位，则该图像的最多颜色数或灰度级为 2^6 种。显然，表示一个像素颜色的位数越多，它能表达的颜

色数或灰度级就越多。例如,只有 1 个分量的单色图像,若每个像素有 8 位,则最大灰度数目为 $2^8 =$ 256;一幅彩色图像的每个像素用 R、G、B 这 3 个分量表示,若 3 个分量的像素位数分别为 4、4、2,则最大颜色数目为 $2^{4+4+2} = 2^{10} = 1024$,就是说像素的深度为 10 位,每个像素可以是 2^{10} 种颜色中的一种。表示一个像素的位数越多,它能表达的颜色数目就越多,它的深度就越深。

答案:C

【真题 3】位图与矢量图相比,位图_____。

A. 占用空间较大,处理侧重于获取和复制,显示速度快

B. 占用空间较小,处理侧重于绘制和创建,显示速度较慢

C. 占用空间较大,处理侧重于获取和复制,显示速度较慢

D. 占用空间较小,处理侧重于绘制和创建,显示速度快

解析:矢量图形是用一系列计算机指令来描述和记录图的内容,即通过指令描述构成一幅图的所有直线、曲线、圆、圆弧、矩形等图元的位置、维数和形状,也可以用更为复杂的形式表示图像中曲面、光照和材质等效果。矢量图法实质上是用数学的方式(算法和特征)来描述一幅图形图像,在处理图形图像时根据图元对应的数学表达式进行编辑和处理。在屏幕上显示一幅图形图像时,首先要解释这些指令,然后将描述图形图像的指令转换成屏幕上显示的形状和颜色。编辑矢量图的软件通常称为绘图软件,如适于绘制机械图、电路图的 AutoCAD 软件等。这种软件可以产生和操作矢量图的各个成分,并对矢量图形进行移动、缩放、叠加、旋转和扭曲等变换。编辑图形时将指令转变成屏幕上所显示的形状和颜色,显示时也往往能看到绘图的过程。由于所有的矢量图形部分都可以用数学的方法加以描述,从而使得计算机可以对其进行任意放大、缩小、旋转、变形、扭曲、移动和叠加等变换,而不会破坏图像的画面。但是,用矢量图形格式表示复杂图像(如人物、风景照片),并且要求很高时,将需要花费大量的时间进行变换、着色和处理光照效果等。因此,矢量图形主要用于表示线框型的图画、工程制图和美术字等。

位图图像是指用像素点来描述的图。图像一般是用摄像机或扫描仪等输入设备捕捉实际场景画面,离散化为空间、亮度、颜色(灰度)的序列值,即把一幅彩色图或灰度图分成许许多多的像素(点),每个像素用若干二进制位来指定该像素的颜色、亮度和属性。位图图像在计算机内存中由一组二进制位组成,这些位定义图像中每个像素点的颜色和亮度。图像适合于表现比较细腻,层次较多,色彩较丰富,包含大量细节的图像,并可直接、快速地在屏幕上显示出来。但占用存储空间较大,一般需要进行数据压缩。

答案:A

【真题 4】以下关于 MIDI 的叙述中,不正确的是_____。

A. MIDI 标准支持同一种乐器音色能同时发出不同音阶的声音

B. MIDI 电缆上传输的是乐器音频采样信号

C. MIDI 可以看成是基于音乐乐谱描述信息的一种表达方式

D. MIDI 消息的传输使用单向异步的数据流

解析:MIDI 文件是指存放 MIDI 信息的标准格式文件。MIDI(Musical Instrument Digital Interface)乐器数字接口,是 20 世纪 80 年代初为解决电声乐器之间的通信问题而提出的。MIDI 传输的不是声音信号,而是音符、控制参数等指令,它指示 MIDI 设备要做什么,怎么做,如演奏哪个音符、多大音量等。因此,MIDI 电缆上传输的并不是乐器音频采样信号,选择 B。

答案:B

【真题 5】音频信息数字化的过程不包括_____。

A. 采样　　　　　　B. 量化　　　　　　C. 编码　　　　　　D. 调频

解析:音频信息数字化具体操作:通过取样、量化和编码三个步骤,用若干代码表示模拟形式的信息信号,再用脉冲信号表示这些代码来进行处理、传输/存储。

答案:D

🌀 题型点睛

1. 图像和视频信号的数字化。

数字化过程包括：采样(抽样)和量化两个步骤。

常见的数字图像类型：二值图像,如文字、图像、指纹；黑白灰度图像,如黑白照片；彩色图像,如彩色照片；活动图像,如动画。

色彩数和图形灰度用 bit 来表示,一般写成 2 的 n 次方,n 代表位数,当图像达到 24 位时,可表现 1677 万种颜色(真彩)。

彩色可用亮度、色调、饱和度来表示。色调和饱和度通称为色度。

常用的几种彩色表示空间是：RGB 彩色空间、HIS 彩色空间、CMYK 彩色空间、YUV 彩色空间。HIS 用 H(色调)、S(饱和度)、I(光强度)三个参数描述颜色特性。CMYK 用青、紫红、黄、黑四种颜色来组合出彩色图像。YUV 是在 PAL 彩色电视制式中采用的彩色空间。

常用的矢量图形文件有：3 DS、DXF(CAD)、WMF(用于桌面出版)。

图像文件格式分两大类：静态图像文件格式、动态图像文件格式。静态图像文件格式：GIF、TIF、BMP、PCX、JPG、PCD。动态图像文件格式有：AVI、MPEG。

2. 常用的数字图像处理技术：改善图像的像质(锐化、增强、平滑、校正)、将图像复原、识别和分析图像、重建图像、编辑图像、图像数据的压缩编码。

图像分析技术包括：高频增强、检测边缘与线条、抽取轮廓、分割图像区域、测量形状特征、纹理分析、图像匹配。

图像重建包括：二维和三维；典型的图像重建应用包括：测绘、工业检测、医学 CT 投影图像重建。

图像编辑包括：图像的剪裁、缩放、旋转、修改、插入文字或图片。

3. 常用的多媒体创作工具有：文字处理软件(Word)、简报处理软件(PowerPoint)、图像处理软件(Photoshop)、动画制作软件(3 DS MAX)。较常用的多媒体开发工具有 Visual Basic 和 AuthorWare。

🌀 即学即练

【试题 1】下列_____说法是不正确的。

A. 图像都是由一些成行、列的像素组成的,通常为位图或点阵图

B. 图形是用计算机绘图的画面,也称矢量图

C. 图像的数据量较大,所以彩色图不可以转换为图像数据

D. 图形文件中只记录生成图的算法和图上的某些特征,数据量小

【试题 2】如下各项中,_____不是图形/图像文件的扩展名。

A. MP3　　　　　　　B. BMP　　　　　　　C. GIF　　　　　　　D. WMF

【试题 3】如下各项中,_____不是图形/图像的处理软件。

A. ACDSee　　　　　　　　　　　B. CoreDraw

C. 3DS MAX　　　　　　　　　　D. SNDREC32

【试题 4】计算机通过 MIC(话筒接口)收到的信号是_____。

A. 音频数字信号　　　　　　　　　B. 音频模拟信号

C. 采样信号　　　　　　　　　　　D. 量化信号

【试题 5】以像素点形式描述的图像称为_____。

A. 位图　　　　　　　B. 投影图　　　　　　　C. 矢量图　　　　　　　D. 几何图

本章即学即练答案

序号	答案	序号	答案
TOP18	【试题 1】答案:C 【试题 2】答案:B	TOP19	【试题 1】答案:A 【试题 2】答案:C 【试题 3】答案:C 【试题 4】答案:C 【试题 5】答案:B 【试题 6】答案:A
TOP20	【试题 1】答案:C 【试题 2】答案:A 【试题 3】答案:D 【试题 4】答案:B 【试题 5】答案:A		

第 7 章　网络基础知识

TOP21　网络的基础知识

真题分析

【真题 1】以下关于网络存储描述正确的是_____。

A. SAN 系统是将存储设备连接到现有的网络上，其扩展能力有限

B. SAN 系统是将存储设备连接到现有的网络上，其扩展能力很强

C. SAN 系统使用专用网络，其扩展能力有限

D. SAN 系统使用专用网络，其扩展能力很强

解析：本题考查的是网络存储的概念。

存储区域网络(Storage Area Network，SAN)是一种专用网络，可以把一个或多个系统连接到存储设备和子系统。SAN 可以看作是负责存储传输的"后端"网络，而"前端"网络(或称数据网络)负责正常的 TCP/IP 传输。

与 NAS 相比，SAN 具有下面几个特点：

(1) SAN 具有无限的扩展能力。由于 SAN 采用了网络结构，服务器可以访问存储网络上的任何一个存储设备，因此用户可以自由增加磁盘阵列、带库和服务器等设备，使得整个系统的存储空间和处理能力得以按客户需求不断扩大；

(2) SAN 具有更高的连接速度和处理能力。

答案：D

题型点睛

1. 网络的拓扑结构指网络中结点(设备)和链路(连接网络设备的信道)的几何形状。按照网络的拓扑结构来分类，可以分为总线状、环状、树状、网状、星状、混合状等。

2. 按照网络的覆盖范围，可以将计算机网络划分为：局域网、城域网、广域网、互联网等。

即学即练

【试题 1】计算机网络的目标是实现_____。

A. 数据处理　　　　　　　　　　　　　B. 信息传输与数据处理

C. 文献查询　　　　　　　　　　　　　D. 资源共享与信息传输

【试题 2】下列四项中，不属于互联网的是_____。

A. CHINANET　　　B. Novell 网　　　　C. CERNET　　　　D. Internet

TOP22 计算机网络体系结构与协议

真题分析

【真题 1】运行 Web 浏览器的计算机与网页所在的计算机要建立 __(1)__ 连接,采用 __(2)__ 协议传输网页文件。

(1) A. UDP B. TCP C. IP D. RIP

(2) A. HTTP B. HTML C. ASP D. RPC

解析:运行 Web 浏览器的计算机与网页所在的计算机首先要建立 TCP 连接,采用 HTTP 协议传输网页文件。HTTP 是 HyperText Transportation Protocol(超文本传输协议)的缩写,是计算机之间交换数据的方式。HTTP 应用的相当广泛,其主要任务是用来浏览网页,但也能用来下载。用户是按照一定的规则(协议)和提供文件的服务器取得联系,并将相关文件传输到用户端的计算机中。

答案:(1)B(2)A

【真题 2】下面关于 ARP 协议的描述中,正确的是_____。

A. ARP 报文封装在球数据报中传送

B. ARP 协议实现域名到 IP 地址的转换

C. ARP 协议根据 IP 地址获取对应的 MAC 地址

D. ARP 协议是一种路由协议

解析:ARP 协议的作用是由目标的 IP 地址发现对应的 MAC 地址。如果源站要和一个新的目标通信,首先由源站发出 ARP 请求广播包,其中包含目标的 IP 地址,然后目标返回 ARP 响应包,其中包含了自己的 MAC 地址。这时,源站一方面把目标的 MAC 地址装入要发送的数据帧中,一方面把得到的 MAC 地址添加到自己的 ARP 表中。当一个站与多个目标进行了通信后,在其 ARP 表中就积累了多个表项,每一项都是 IP 地址与 MAC 地址的映射关系。ARP 报文封装在以太帧中传送。

答案:C

【真题 3】下列网络互连设备中,属于物理层的是_____。

A. 中继器 B. 交换机 C. 路由器 D. 网桥

解析:中继器是网络层设备,其作用是对接收的信号进行再生放大,以延长传输的距离。网桥是数据链路层设备,可以识别 MAC 地址,进行帧转发。交换机是由硬件构成的多端口网桥,也是一种数据链路层设备。路由器是网络层设备,可以识别 IP 地址,进行数据包的转发。

答案:A

【真题 4】_____不属于电子邮件相关协议。

A. POP3 B. SMTP C. MIME D. MPLS

解析:邮件协议是指手机可以通过那种方式进行电子邮件的收发。

IMAP 是 Internet Message Access Protocol 的缩写,顾名思义,主要提供的是通过 Internet 获取信息的一种协议。IMAP 像 POP 那样提供了方便的邮件下载服务,让用户能进行离线阅读,但 IMAP 能完成的却远远不只这些。IMAP 提供的摘要浏览功能可以让你在阅读完所有的邮件到达时间、主题、发件人、大小等信息后才做出是否下载的决定。

POP 的全称是 Post Office Protocol ,即邮局协议,用于电子邮件的接收,它使用 TCP 的 110 端口,现在常用的是第三版 ,所以简称为 POP3。POP3 仍采用 Client/Server 工作模式。当客户机需要服务时,客户端的软件(Outlook Express 或 Fox Mail)将与 POP3 服务器建立 TCP 连接,此后要经过 POP3 协议的三种工作状态,首先是认证过程,确认客户机提供的用户名和密码,在认证通过后便转入处理状态,在此状态下用户可收取自己的邮件或做邮件的删除,在完成响应的操作后客户机便发出 quit 命令,此后便进入更新状态,将做删除标记的邮件从服务器端删除掉。到此为止整个 POP 过程完成。

SMTP 称为简单 Mail 传输协议(Simple Mail Transfer Protocal),目标是向用户提供高效、可靠的邮件传输。SMTP 的一个重要特点是它能够在传送中接力传送邮件,即邮件可以通过不同网络上的主机接力式传送。工作在两种情况下:一是电子邮件从客户机传输到服务器;二是从某一个服务器传输到另一个服务器。SMTP 是个请求/响应协议,它监听 25 号端口,用于接收用户的 Mail 请求,并与远端 Mail 服务器建立 SMTP 连接。因此选择 D。

答案:D

题型点睛

1. 国际标准化组织 ISO 于 1983 年提出了开放式系统互连,即著名的 ISO 7,498 国际标准,记为 OSI/RM。在 OSI/RM 中采用了七个层次的体系结构。

(1) 物理层:物理层涉及通信在信道上传输的原始比特流。

(2) 数据链路层:数据链路层的主要任务是加强物理层传输原始比特的功能,使之对网络层呈现为一条无错线路。

(3) 网络层:网络层关系到子网的运行控制,其中一个关键问题是确定分组从源端到目的端如何选择路由。

(4) 传输层:传输层的基本功能是从会话层接收数据,并且在必要时把它分成较小的单元,传递给网络层,并确保达到对方的各段信息正确无误,传输层使会话层不受硬件技术变化的影响。

(5) 会话层:会话层允许不同计算机上的用户建立会话关系。会话层服务之一是管理对话。

(6) 表示层:表示层以下的各层只关心可靠地传输比特流,而表示层关心的是所传输信息的语法和语义。

(7) 应用层:应用层包含大量人们普遍需要的协议。

2. TCP/IP 是一组通信协议的代名词,是由一系列协议组成的协议族。它本身指两个协议集:TCP 为传输控制协议,IP 为互联网络协议。TCP/IP 协议时常见的一种协议,它主要包括以下协议:

(1) 远程登录协议(Telnet)。

(2) 文件传输协议(FTP)。

(3) 简单邮件传输协议(SMTP)。

即学即练

【试题1】在 OSI 参考模型的分层结构中"会话层"属第_____层。

A. 1   B. 3   C. 5   D. 7

【试题2】TCP/IP 是一组_____。

A. 局域网技术

B. 广域网技术

C. 支持同一种计算机(网络)互联的通信协议支持异种计算机(网络)

D. 支持异种计算机(网络)互联的通信协议

【试题3】在 OSI 七层结构模型中,处于数据链路层与传输层之间的是_____。

A. 物理层   B. 网络层   C. 表示层   D. 会话层

【试题4】三层 B/S 结构中包括浏览器、服务器和_____。

A. 解释器   B. 文件系统   C. 缓存   D. 数据库

TOP23 计算机网络传输

真题分析

【真题1】与多模光纤相比较,单模光纤具有_____等特点。

A. 较高的传输率、较长的传输距离、较高的成本

B. 较低的传输率、较短的传输距离、较高的成本

C. 较高的传输率、较短的传输距离、较低的成本

D. 较低的传输率、较长的传输距离、较低的成本

解析:多模光纤的特点是:成本低、宽芯线、聚光好、耗散大、低效,用于低速度、短距离的通信;单模光纤的特点是:成本高、窄芯线、需要激光源、耗散小、高效,用于高速度、长距离的通信。

答案:A

【真题2】CDMA 系统中使用的多路复用技术是___(1)___。我国自行研制的移动通信 3 G 标准是___(2)___。

(1) A. 时分多路　　　B. 波分多路　　　C. 码分多址　　　D. 空分多址

(2) A. TD-SCDMA　　B. WCDMA　　　C. CDMA2 000　　D. GPRS

解析:码分多址(Code Division Multiple Access,CDMA)技术比较适合现代移动通信网的大容量、高质量、综合业务、软切换等要求,正受到越来越多的运营商和用户的青睐。

CDMA 是在数字技术的分支—扩频通信技术上发展起来的一种崭新而成熟的无线通信技术。CDMA技术的原理是基于扩频技术,即将需传送的具有一定信号带宽信息数据,用一个带宽远大于信号带宽的高速伪随机码进行调制,使原数据信号的带宽被扩展,再经载波调制并发送出去。接收端使用完全相同的伪随机码,与接收的带宽信号作相关处理,把宽带信号换成原信息数据的窄带信号即解扩,以实现信息通信。该标准是由中国大陆独自制定的 3 G 标准,1999 年 6 月 29 日,中国原邮电部电信科学技术研究院(大唐电信)向 ITU 提出。该标准将智能无线、同步 CDMA 和软件无线电等当今国际领先技术融于其中,在频谱利用率、对业务支持的灵活性、频率灵活性及成本等方面具有独特优势。另外,由于中国国内庞大的市场,该标准受到各大主要电信设备厂商的重视,全球一半以上的设备厂商都宣布可以支持 TD-SCDMA 标准。

答案:(1) C　(2) A

【真题3】以下关于校验码的叙述中,正确的是_____。

A. 海明码利用多组数位的奇偶性来检错和纠错

B. 海明码的码距必须大于等于 1

C. 循环冗余校验码具有很强的检错和纠错能力

D. 循环冗余校验码的码距必定为 1

解析:本题考查校验码基础知识。

一个编码系统中任意两个合法编码(码字)之间不同的二进数位数称为这两个码字的码距,而整个编码系统中任意两个码字的最小距离就是该编码系统的码距。为了使一个系统能检查和纠正一个差错,码间最小距离必须至少是 3。海明码是一种可以纠正一位差错的编码,是利用奇偶性来检错和纠错的校验方法。海明码的基本意思是给传输的数据增加 r 个校验位,从而增加两个合法消息(合法码字)的不同位的个数(海明距离)。假设要传输的信息有脚位,则经海明编码的码字就有 $n=m+r$ 位。

循环冗余校验码(CRC)编码方法是在 k 位信息码后再拼接 r 位的校验码,形成长度为 n 位的编码,其特点是检错能力极强且开销小,易于用编码器及检测电路实现。在数据通信与网络中,通常 k 相当大,由一千甚至数千数据位构成一帧,而后采用 CRC 码产生 r 位的校验位。它只能检测出错误,而不能纠正错误。一般取 $r=16$,标准的 16 位生成多项式有 CRC $16-X^{16}+X^{15}+X^2+1$ 和 CRC-CCITT＝

$X^{16}+X^{12}+X^5+1$。一般情况下，r 位生成多项式产生的 CRC 码可检测出所有的双错、奇数位错和突发长度小于等于 r 的突发错。用于纠错目的的循环码的译码算法比较复杂。

答案：A

【真题 4】5 类非屏蔽双绞线(UTP)由_____对导线组成。

A. 2　　　　　　　B. 3　　　　　　　C. 4　　　　　　　D. 5

解析：本题考查的是因特网基础知识。屏蔽双绞线分为 STP 和 FTP，STP 指每条线都有各自的屏蔽层，而 FTP 只在整个电缆均有屏蔽装置，并且两端都正确接地时才起作用。所以要求整个系统是屏蔽器件，包括电缆、信息点、水晶头和配线架等，同时建筑物需要有良好的接地系统。非屏蔽双绞线(UTP)是一种数据传输线，由 4 对不同颜色的传输线所组成，广泛用于以太网路和电话线中。因此，选择 C。

答案：C

题型点睛

1. 在计算机网络中，数据通信系统的任务是：把数据源计算机所产生的数据迅速、可靠、准确地传输到数据库(目的)计算机或专用外设。从计算机网络技术的组成部分来分，一个完整的数据通信系统.一般由以下几个部分组成：数据终端设备，通信控制器，通信信道，信号变换器。

2. 数据通信的主要技术指标：波特率、比特率、带宽、信道容量、误码率、信道延迟。

3. 在同一介质上，同时传输多个有限带宽信号的方法，被称为多路复用技术(Multiplexing)。它的方法主要有以下两种：频分多路复用(FDM)、时分多路复用(TDM)。

4. 数据交换技术：线路交换、报文交换、分组交换，除了上面三种数据交换技术外，还有数字语音插空技术、帧中继、异步传输模式等数据交换技术。

即学即练

【试题 1】下列操作系统中，_____不是网络操作系统。

A. OS/2　　　　　　　　　　　　B. DOS

C. Netware　　　　　　　　　　　D. Windows NT

【试题 2】基带总路线 LAN 采用同轴电缆，大部分是特殊的_____电缆，而不是标准的 CATV 电缆。

A. 50　　　　　　　B. 75　　　　　　　C. 93　　　　　　　D. 100

【试题 3】为了利用邮电系统公用电话网的线路来传输入计算机数字信号，必须配置_____。

A. 编码解码器　　　　　　　　　　B. 调制解调器

C. 集线器　　　　　　　　　　　　D. 网络

【试题 4】数据传输的可靠性指标是_____。

A. 速率　　　　　　　　　　　　　B. 误码率

C. 带宽　　　　　　　　　　　　　D. 传输失败的二进制信号个数

TOP24　计算机局域网

真题分析

【真题 1】通过局域网接入因特网，图中箭头所指的两个设备是_____。

A. 二层交换机　　　　B. 路由器　　　　　　C. 网栅　　　　　　D. 集线器

解析：局域网接入因特网要通过路由器，图中箭头所指的两个设备是路由器。

答案：B

【真题 2】_____具有连接范围窄、用户数少、配置容易、连接速率高等特点。

A. 互联网　　　　　　B. 广域网　　　　　　C. 城域网　　　　　　D. 局域网

解析：本题考查的是计算机局域网。

局域网，这是我们最常见、应用最广的一种网络。现在局域网随着整个计算机网络技术的发展和提高得到充分的应用和普及，几乎每个单位都有自己的局域网，有的甚至家庭中都有自己的小型局域网。这种网络的特点就是：连接范围窄、用户数少、配置容易、连接速率高。目前局域网最快的速率要算现今的 10 G 以太网了。IEEE 的 802 标准委员会定义了多种主要的 LAN 网：以太网（Ethernet）、令牌环网（Token Ring）、光纤分布式接口网络（FDDI）、异步传输模式网（ATM）以及最新的无线局域网（WLAN）。

答案：D

题型点睛

1. 按拓扑结构分，局域网可分成总线状、树状、环状和星状。按使用介质分，可分为有线网和无线网两类。

2. 局域网的组网技术根据局域网的不同主要有以太网、快速以太网、千兆位以太网、令牌环网络、FDDI 光纤环网、ATM 局域网等几种。

即学即练

【试题 1】局域网的网络软件主要包括_____。

A. 服务器操作系统，网络数据库管理系统和网络应用软件

B. 网络操作系统，网络数据库管理系统和网络应用软件

C. 网络传输协议和网络应用软件

D. 工作站软件和网络数据库管理系统

TOP25　网络的管理与管理软件

真题分析

【真题 1】由 IETF 定义的_____协议是常见的网络管理协议。

A. SNMP　　　　B. RMON　　　　C. CMIP　　　　D. IP

解析：本题考查的是网络管理的基本知识。

常见的网络管理协议主要有由 IETF 定义的简单网络管理协议（SNMP）。远程监控（RMON）是 SNMP 的扩展协议；另一种是通用管理信息协议（CMIP）。TCP/IP 是用于计算机通信的一组协议，通常称它为 TCP/IP 协议族。IP 协议是网间协议，是 20 世纪 70 年代中期美国国防部为其 ARPANET 广域网开发的网络体系结构和协议标准。

答案：A

题型点晴

1. 网络管理包含五部分：网络性能管理、网络设备和应用配置管理、网络利用和计费管理、网络设备和应用故障管理以及安全管理。ISO 建立了一套完整的网络管理模型，其中包含了以上五部分的概念性定义，它们保证一个网络系统正常运行的基本功能。

即学即练

【试题1】如果允许其他用户通过"网上邻居"来读取某一共享文件夹中的信息，但不能对该文件夹中的文件做任何修改，应将该文件夹的共享属性设置为_____。

　　A. 隐藏　　　　　　B. 完全　　　　　　C. 只读　　　　　　D. 系统

TOP26　网络安全

真题分析

【真题1】某校园网用户无法访问外部站点 210.102.58.74，管理人员在 Windows 操作系统下可以使用_____判断故障发生在校园网内还是校园网外。

　　A. ping 210.102.58.74　　　　　　　B. tracert 210.102.58.74

　　C. netstat 210.102.58.74　　　　　　D. arp 210.102.58.74

解析：当网络无法访问外部站点时-采用 ping 操作只能判断用户与外部站点的连通性。但是无法判断故障处于校园网内还是校园网外，而 Netstat 用于显示与 IP、TCP、UDP 和 ICMP 协议相关的统计数据，一般用于检验本机各端口的网络连接情况，且题目中的命令格式不对，使用 ARP 可以查看和修率地计算机上的 ARP 表项。ARP 命令对于查看 ARP 缓存和解决地址解析问题非常有用。而使用 tracert 可以跟踪网络连接，Tracert（跟踪路由）是路由跟踪实用程序，用于确定 IP 数据报访问目标所采取的路径。

答案：B

【真题2】包过滤防火墙对数据包的过滤依据不包括_____。

　　A. 源口地址　　　　B. 源端口号　　　　C. MAC 地址　　　　D. 目的 IP 地址

解析：本题考查防火墙相关知识。包过滤防火墙对数据包的过滤依据包括源口地址、源端口号、目标 IP 地址和目标端口号。

答案：C

题型点晴

1. 网络安全包括：系统不被侵入、数据不丢失以及网络中的计算机不被病毒感染三大方面网络安全应具有保密性、完整性、可用性、可控性以及可审查性几大特征。网络的安全层次分为物理安全、控制安全、服务安全和协议安全。

2. 在计算机上实现的数据加密，其加密或解密变换是由密钥控制实现的，密钥（Keyword）是用户按照一种密码体制随机选取，它通常是一随机字符串，是控制明文和密文变换的唯一参数。根据密钥类型不同将现代密码技术分为两类：一类是对称加密（秘密钥匙加密）系统，另一类是公开密钥加密（非对称加密）系统。

3. 防火墙是指设置在不同网络(如可信任的企业内部网和不可信的公共网)或网络安全域之间的一系列部件的组合,以防止发生不可预测的、潜在破坏性的侵入。

即学即练

【试题1】网上"黑客"是指_____的人。

A. 总在晚上上网   B. 匿名上网

C. 不花钱上网   D. 在网上私闯他人计算机系统

【试题2】以下不属于计算机安全措施的是_____。

A. 下载并安装操作系统漏洞补丁程序

B. 安装并定时升级正版杀毒软件

C. 安装软件防火墙

D. 不将计算机联入互联网

TOP27 网络性能分析与评估

真题分析

【真题1】由 IETF 定义的 协议是常见的网络管理协议_____。

A. SNMP   B. RMON   C. CMIP   D. IP

解析:本题考查的是网络管理的基本知识。

常见的网络管理协议主要有由 IETF 定义的简单网络管理协议(SNMP)。远程监控(RMON)是 SNMP 的扩展协议;另一种是通用管理信息协议(CMIP)。TCP/IP 是用于计算机通信的一组协议,通常称它为 TCP/IP 协议族。IP 协议是网间协议,是 20 世纪 70 年代中期美国国防部为其 ARPANET 广域网开发的网络体系结构和协议标准。

答案:A

【真题2】在收到电子邮件中,显示乱码的原因往往可能是_____。

A. 字符编码不统一   B. 受图形图像信息干扰

C. 电子邮件地址出错   D. 受声音信息干扰

解析:一般来说,乱码邮件的原因有下面三种:

(1) 由于发件人所在的国家或地区的编码和中国大陆不一样,比如中国台湾或香港地区一般的 E-mail 编码是 BIG5 码,如果在免费邮箱直接查看可能就会显示为乱码。

(2) 发件人使用的邮件软件工具和你使用的邮件软件工具不一致造成的。

(3) 由于发件人邮件服务器邮件传输机制和免费邮箱邮件传输机制不一样造成的。

答案:A

题型点睛

1. 网络安全包括:系统不被侵入、数据不丢失以及网络中的计算机不被病毒感染三大方面网络安全应具有保密性、完整性、可用性、可控性以及可审查性几大特征。网络的安全层次分为物理安全、控制安全、服务安全和协议安全。

2. 在计算机上实现的数据加密,其加密或解密变换是由密钥控制实现的,密钥(Keyword)是用户按照一种密码体制随机选取,它通常是一随机字符串,是控制明文和密文变换的唯一参数。根据密钥类型不同将现代密码技术分为两类:一类是对称加密(秘密钥匙加密)系统,另一类是公开密钥加密(非对称加密)系统。

3. 防火墙是指设置在不同网络(如可信任的企业内部网和不可信的公共网)或网络安全域之间的一系列部件的组合,以防止发生不可预测的、潜在破坏性的侵入。

即学即练

【试题 1】传输速率的单位是 bps,其含义是_____。

A. bytes per second

B. baud per second

C. bits per second

D. billion per second

TOP28　因特网基础知识及其应用

真题分析

【真题 1】属于网络 112.10.200.0/21 的地址是_____。

A. 112.10.198.0

B. 112.10.206.0

C. 112.10.217.0

D. 112.10.224.0

解析:网络 112.10.200.0/21 的二进制表示　0111000　00001010　11001000　00000000

地址 112.10.198.0 的二进制表示　0111000　00001010　11000110　00000000

地址 112.10.206.0 的二进制表示　0111000　00001010　11001110　00000000

地址 112.10.217.0 的二进制表示　0111000　00001010　11011001　00000000

地址 112.10.224.0 的二进制表示　0111000　00001010　11100000　00000000

可以看出,只有地址 112.10.206.0 与网络 112.10.200.0/21 满足最长匹配关系,所以地址 112.10.206.0 属于 112.10.200.0/21 网络.

答案:B

【真题 2】通过代理服务器可使内部局域网中的客户机访问 Internet,_____不属于代理服务器的功能。

A. 共享 IP 地址　　　　B. 信息缓存　　　　C. 信息转发　　　　D. 信息加密

解析:代理服务器的英文全称是 Proxy Server,是介于浏览器和 Web 服务器之间的一台服务器,其功能是代理网络用户取得网络信息。形象地说,它是网络信息的中转站,有了它之后,浏览器不是直接到 Web 服务器上取回网页,而是向代理服务器发出请求,由代理服务器从 Web 服务器取回所需要的信息并传送给你的浏览器。大部分代理服务器都具有很大的存储空间,用于缓存信息。一般用户的可用带宽都较小,但是通过较大的代理服务器与目标主机相连能大大提高浏览速度和效率。通过代理服务器访问目标主机,可以将用户本身的 IP 地址隐藏起来,目标主机看到的只是代理服务器的 IP 地址。代理服务器并不对信息进行加密。

答案:D

【真题 3】某银行为用户提供网上服务,允许用户通过浏览器管理自己的银行账户信息。为保障通信的安全性。该 Web 服务器可选的协议是_____。

A. POP　　　　　　B. SNMP　　　　　　C. HTTP　　　　　　D. HTTPS

解析:POP 是邮局协议,用于接收邮件;SNMP 是简单网络管理协议,用于网络管理;HTTP 是超文本传输协议,众多 Web 服务器都使用 HTTP,但是它不是安全的协议;HTTPS 是安全的超文本传输协议。

答案:D

【真题 4】_____不属于电子邮件协议。

A. POP3　　　　　B. SMTP　　　　　C. IMAP　　　　　D. MPLS

解析:本题考查电子邮件协议。POP3(Post Office Protocol 3)协议是适用于 C/S 结构的脱机模型的电子邮件协议。SMTP(Simple Mail Transfer Protocol)协议是简单邮件传输协议。IMAP(Internet Message Access Protocol)是由美国华盛顿大学所研发的一种邮件获取协议。MPLS(Multiprotocol Label Switch)即多协议标记交换,是一种标记(label)机制的包交换技。

答案:D

【真题 5】在 Windows Server 2003 操作系统中可以通过安装_____组件创建 FTP 站点。

A. IIS　　　　　B. IE　　　　　C. POP3　　　　　D. DNS

解析:本题主要考查网络操作系统中应用服务器配置相关知识。

IIS 是建立 Internet /Intranet 的基本组件,通过超文本传输协议(HTTP)传输信息,还可配置 IIS 以提供文件传输协议(FTP)和其他服务。它不同于一般的应用程序,就像驱动程序一样是操作系统的一部分,具有在系统启动时被同时启动的服务功能。Internet Explorer(简称 IE)是由微软公司基于 Mosaic 开发的浏览器。与 Netscape 类似,IE 内置了一些应用程序,具有浏览、发信、下载软件等多种网络功能。POP3 是邮件接收相关协议。DNS 是域名系统的缩写,该系统用于命名组织到域层次结构的映射。

答案:A

【真题 6】以下列出的 IP 地址中,不能作为目标地址的是(1),不能作为源地址的是_____。

(1) A. 0. 0. 0. 0　　　　　　　　　　B. 127. 0. 0. 1

　　C. 100. 10. 255. 255　　　　　　　D. 10. 0. 0. 1

(2) A. 0. 0. 0. 0　　　　　　　　　　B. 127. 0. 0. 1

　　C. 100. 255. 255. 255　　　　　　D. 10. 0. 0. 1

解析:全 0 的 IP 地址表示本地计算机,在点对点通信中不能作为目标地址。A 类地址 100. 255. 255. 255 属于广播地址,不能作为源地址。

答案:(1)A(2)C

【真题 7】"<title style＝"italic">science</title>"是 XML 中一个元素的定义,其中元素的内容是_____。

A. title　　　　　B. style　　　　　C. italic　　　　　D. science

解析:"<title style＝"italic">science</title>"是一个 XML 元素的定义,其中:

　　title 是元素标记名称:

　　style 是元素标记属性名称;

　　italic 是元素标记属性值;

　　science 是元素内容。

答案:D

【真题 8】以下给出的地址中,属于 B 类地址的是_____。

A. 10. 100. 207. 17　　　　　　　　B. 203. 100. 218. 14

C. 192. 168. 0. 1　　　　　　　　　D. 132. 101. 203. 31

解析:IP 地址分为网络部分和主机部分,其中网络部分是网络的地址编码,主机部分是网络中一个主机的地址编码。网络地址和主机地址构成了 IP 地址。

IP 地址分为 5 类。A、B、C 三类是常用地址。全 0 地址表示本地地址,即本地网络或本地主机。全 1 地址表示广播地址,任何网站都能接收。除去全 0 和全 1 地址外,A 类有 126 个网络地址,每个网络有 1600 万个主机地址;B 类有 16 382 个网络地址,每个网络有 64 000 个主机地址;C 类有 200 万个网络地址,每个网络有 254 个主机地址。

IP 地址通常用点分十进制表示,即把整个地址划分为 4 个字节,每个字节用一个十进制数表示,中间用点分隔。根据 IP 地址的第一个字节,就可判断它是 A 类、B 类还是 C 类地址。

答案:D

【真题 9】基于 MAC 地址划分 VLAN 的优点是_____。

A. 主机接入位置变动时无须重新配置

B. 交换机运行效率高

C. 可以根据协议类型来区分 VLAN

D. 适合于大型局域网管理

解析:基于 MAC 地址划分 VLAN 称为动态分配 VLAN。一般交换机都支持这种方法。其优点是无论一台设备连接到交换网络的任何地方,接入交换机通过查询 VLAN 管理策略服务器(VLAN Management Policy Server,VMPS),根据设备的 MAC 地址就可以确定该设备的 VLAN 成员身份。这种方法使得用户可以在交换网络中改变接入位置,而仍能访问所属的 VLAN,但是当用户数量很多时,对每个用户设备分配 VLAN 的工作量是很大的管理负担。

答案:A

【真题 10】某网络结构如下图所示。在 Windows 操作系统中配置 Web 服务器应安装的软件是 (1)。在配置网络属性时 PC1 的"默认网关"应该设置为(2),首选 DNS 服务器应设置为(3)。

(1) A. IMail B. IIS C. Wingate D. IE 6.0

(2) A. 210.110.112.113   B. 210.110.112.111

  C. 210.110.112.98   D. 210.110.112.9

(3) A. 210.110.112.113   B. 210.110.112.111

  C. 210.110.112.98   D. 210.110.112.9

解析:IIS 是 Internet Information Server 的简称。IIS 作为当今流行的 Web 服务器之一,提供了强大的 Internet 和 Intranet 服务功能。Windows Server 2003 系统中自带 Internet 信息服务 6.0(IIS6.0)。在可靠性、方便性、安全性、扩展性和兼容性等方面进行了增强。IMail 作为 Windows 操作系统上的第一个邮件服务器软件,目前已经有了 10 年的历史,全世界来自不同行业的用户使用 IMail 作为他们的邮件服务平台。Wingate 是一个代理服务器软件;IE 6.0 则是一个浏览器软件。

PCI 的"默认网关"应该设置为路由器上 PC1 端口 IP 地址,即 210.110.112.9。

域名系统(DNS)是一种 TCP/IP 的标准服务,负责 IP 地址和域名之间的转换。DNS 服务允许网络上的客户机注册和解析 DNS 域名。这些名称用于为搜索和访问网络上的计算机提供定位。PCI 的首选 DNS 服务器应设置为 210.110.112.111。

答案:(1) B (2) D (3) B

【真题 11】WWW 服务器与客户机之间采用_____协议进行网页的发送和接收。

A. HTTP B. URL C. SMTP D. HTML

解析:HTTP 协议(Hypertext Transfer Protocol,超文本传输协议)是用于从 WWW 服务器传输超文本到本地浏览器的传送协议。

在浏览器的地址栏里输入的网站地址称为 URL(Uniform Resource Locator,统一资源定位符)。就像每家每户都有一个门牌地址一样,每个网页也都有一个 Internet 地址。当用户在浏览器的地址框中输入一个 URL 或是单击一个超级链接时,URL 就确定了要浏览的地址。浏览器通过超文本传输协议,将 Web 服务器上站点的网页代码提取出来,并翻译成漂亮的网页。

SMTP(Simple Mail Transfer Protocol,简单邮件传输通信协议)是因特网上的一种通信协议,主要功能是用于传送电子邮件,当用户通过电子邮件程序,寄 E-mail 给另外一个人时,必须通过 SMTP 通信协议,将邮件送到对方的邮件服务器上,等到对方上网的时候,就可以收到用户所寄的信。

HTML (HyperText Mark-up Language,超文本标记语言)是 WWW 的描述语言。设计 HTML 语言的目的是为了能把存放在一台计算机中的文本或图形与另一台计算机中的文本或图形方便地联系在一起,形成有机的整体,人们不用考虑具体信息是在当前计算机上还是在网络的其他计算机上。这样,只要使用鼠标在某一文档中单击一个图标,Internet 就会马上转到与此图标相关的内容上去,而这些信息可能存放在网络的另一台计算机中。

答案:A

【真题 12】在 Windows 操作环境中,采用_____命令来查看本机 IP 地址及网卡 MAC 地址。

　A. ping　　　　　　　B. tracert　　　　　　C. ipconfig　　　　　　D. nslookup

解析:ping 是 Windows 系列自带的一个可执行命令,用于验证与远程计算机的连接。该命令只有在安装了 TCP/IP 协议后才可以使用。ping 命令的主要作用是通过发送数据包并接收应答信息来检测两台计算机之间的网络是否连通。当网络出现故障的时候,可以用这个命令来预测故障和确定故障地点。ping 命令成功只是说明当前主机与耳的主机之间存在一条连通的路径。如果不成功,则考虑网线是否连通、网卡设置是否正确以及 IP 地址是否可用等。利用它可以检查网络是否能够连通。ping 命令应用格式:ping IP 地址。

tracert 命令主要用来显示数据包到达目的主机所经过的路径。执行结果返回数据包到达目的主机前所经历的中继站清单,并显示到达每个中继站的时间。该功能同 ping 命令类似,但它所看到的信息要比 ping 命令详细得多,它把用户送出的到某一站点的请求包,所走的全部路由都告诉用户,并且告诉用户通过该路由的 IP 是多少,通过该 IP 的时延是多少。具体的 tracert 命令后还可跟参数,输入 tracert 后按 Enter 键,其中会有很详细的说明。

ipconfig 命令用于显示当前的 TCP/IP 配置的设置值。当使用 all 选项时,能为 DNS 和 WINS 服务显示已配置且使用的附加信息(如 IP 地址等),并显示内置于本地网卡中的物理地址(MAC)。

nslookup 命令的功能是查询一台机器的 IP 地址和其对应的域名。它通常需要一台域名服务器来提供域名服务。如果用户已经设置好域名服务器,就可以用这个命令查看不同主机的 IP 地址对应的域名。

答案:C

【真题 13】"http:// www.rkb.gov.cn"中的"gov"代表的是_____。

　A. 民间组织　　　　　B. 商业机构　　　　　C. 政府机构　　　　　D. 高等院校

解析:因特网最高层域名分为机构性域名和地理性域名两大类。域名地址由字母或数字组成,中间以","隔开,例如 www.rkb.gov.cn。其格式为:机器名.网络名,机构名.最高域名。Internet 上的域名由域名系统 DNS 统一管理。

域名被组织成具有多个字段的层次结构。最左边的字段表示单台计算机名,其他字段标识了拥有该域名的组;第二组表示网络名,如 rkb;第三组表示机构性质,例如.gov 是政府部门;而最后一个字段被规定为表示组织或者国家,称为顶级域名。常见的国家或地区域名和常见的机构性域名需要了解掌握。

答案:C

【真题 14】下面选项中,不属于 HTTP 客户端的是_____。

　A. IE　　　　　　　　B. Netscape　　　　　　C. Mozilla　　　　　　D. Apache

解析:本题考查 HTTP 服务相关常识。

HTTP 客户端是利用 HTTP 协议从 HTTP 服务器中下载并显示 HTML 文件,并让用户与这些文件互动的软件。个人计算机上常见的网页浏览器包括微软的 Internet Explorer(IE)、Mozilla,Firefox、Opera 和 Netscape 等。Apache 是一款著名的 Web 服务器软件,可以运行在几乎所有广泛使用的计算机平台上。

答案:D

【真题 15】下列顶级域名中表示非营利的组织、团体的是_____。

　A. mil　　　　　　　　B. com　　　　　　　　C. org　　　　　　　　D. gov

解析:本题考查的是第七章因特网基础知识。域名可分为不同级别,包括顶级域名、二级域名等。

顶级域名又分为两类:一是国家顶级域名,例如中国是 cn,美国是 us,日本是 jp 等;二是国际顶级域名,例如表示工商企业的. com,表示网络提供商的. net,表示非营利组织的. org 等。

二级域名是指顶级域名之下的域名,在国际顶级域名下,它是指域名注册人的网上名称,例如 IBM,Yahoo,Microsoft 等;在国家顶级域名下,它是表示注册企业类别的符号,例如. com,. edu,. gov,. net 等。

答案:C

【真题 16】M 公司为客户提供网上服务,客户有很多重要的信息需通过浏览器与公司交互。为保障通信的安全性,其 Web 服务器应选的协议是＿＿＿＿。

A. POP B. SNMP C. HTTP D. HTTPS

解析:POP 是邮局协议,用于接收邮件;SNMP 是简单网络管理协议,用于网络管理;HTTP 是超文本传输协议,众多 Web 服务器都使用 HTTP,但是它不是安全的协议;HTTPS 是安全的超文本传输协议。

答案:D

【真题 17】支撑着 Internet 正常运转的网络传输协议是＿＿＿＿。

A. TCP/IP B. SNA C. OSI/RM D. HTTP

解析:本题考查的是第七章计算机网络体系结构。

TCP/IP 是一组通信协议的代名词,是由一系列协议组成的协议。它本身指两个协议集:TCP 为传输控制协议,IP 为互连网络协议。TCP/IP 支撑着网络正常运转。

答案:A

【真题 18】WWW 服务器与客户机之间主要采用＿＿＿＿协议进行网页的发送和接收。

A. HTTP B. URL C. SMTP D. HTML

解析:本题考查的是第 7 章因特网基础知识。要将网页传输到本地浏览器中,需要依靠 HTTP 协议。HTTP 协议(HyperText Transfer Protocol,超文本传输协议)是 Web 服务器与客户浏览器之间的信息传输协议,用于从 www 服务器传输超文本到本地浏览器,属于 TCP/IP 模型应用层协议。

答案:A

题型点睛

1. IP 地址具有固定、规范的格式,TCP/IP 协议规定,每个地址由 32 位二进制数组成分成四段,其中每 8 位构成一段,这样每段所能表示的十进制数的范围最大不超过 255。段与段之间用"."隔开。每个 IP 地址可以分为两个组成部分:网络号标识和主机号标识。网络号标识确定了某一主机所在的网络,主机号标识确定了在该网络中特定的主机。根据适用范围的不同,IP 地址分成若干类,主要依据是网络号和主机号的数量。通常,IP 地址分为三类:A 类、B 类、C 类。

2. 子网掩码:从 IP 的地址构造可以清楚地看出,只有有限的对全世界有用的网络地址数。如果拥有一个网络地址(如一个 C 类地址 210. 34. 168. X),则只能用它来唯一标识一个物理网络,而这个网络允许最多有 255 个结点。如果有多个物理网络,每个网络中的结点数却较少,那么,可以采用子网的划分技术,用部分的结点数作为子网数来代替。

3. 域名系统 DNS 是一个遍布在 Internet 上的分布式主机信息数据库系统,采用客户机/服务器的工作模式。域名系统的基本任务是将文字表示的域名解析成 IP 地址。

要把计算机接入 Internet,必须获得网上唯一的 IP 地址和对应的域名。按照 Internet 上的域名管理系统规定,在 DNS 中,域名采用分层结构,由自底向上所有标记组成的字符串,标记之间用"."分隔。对于入网的每台计算机都有类似结构的域名,即:计算机主机名. 机构名. 网络名. 顶级域名同 IP 地址格式类似,域名的各部分之间也用"."隔开。一般来说,域名分为三级,其格式为:商标名(或企业名). 单位性质代码. 国家代码。

◆ 即学即练

【试题1】下列四项中,合法的 IP 地址是_____。

A. 210.45.233   B. 202.38.64.4

C. 101.3.305.77   D. 115,123,20,245

【试题2】以下单词代表远程登录的是_____。

A. WWW   B. FTP   C. Gopher   D. Telnet

【试题3】目前在 Internet 网上提供的主要应用功能有电子信函(电子邮件)、WWW 浏览,远程登录和_____。

A. 文件传输   B. 协议转换   C. 光盘检索   D. 电子图书馆

【试题4】以下列出的 IP 地址中,_____不能作为目标地址。

A. 100.10.255.255   B. 127.0.0.1   C. 0.0.0.0   D. 10.0.0.1

【试题5】电子邮件地址 liuhy@163.com 中,"liuhy"是_____。

A. 用户名   B. 域名   C. 服务器名   D. ISP 名

【试题6】_____ means "Any HTML document on an HTTP server".

A. Web Server   B. Web Browser

C. Web Site   D. Web Page

本章即学即练答案

序号	答案	序号	答案
TOP21	【试题1】答案:D 【试题2】答案:B	TOP22	【试题1】答案:C 【试题2】答案:D 【试题3】答案:B 【试题4】答案:D
TOP23	【试题1】答案:B 【试题2】答案:A 【试题3】答案:B 【试题4】答案:B	TOP24	【试题1】答案:B
TOP25	【试题1】答案:C	TOP26	【试题1】答案:D 【试题2】答案:D
TOP27	【试题1】答案:C	TOP28	【试题1】答案:B 【试题2】答案:D 【试题3】答案:A 【试题4】答案:C 【试题5】答案:A 【试题6】答案:D

第8章 数据库技术

TOP29 数据库技术基础

真题分析

【真题1】数据库的设计过程可以分为需求分析、概念设计、逻辑设计、物理设计四个阶段,概念设计阶段得到的结果是_____。

A. 数据字典描述的数据需求

B. E-R图表示的概念模型

C. 某个DBMS所支持的数据模型

D. 包括存储结构和存取方法的物理结构

解析:对用户要求描述的现实世界(可能是一个工厂、一个商场或者一个学校等),通过对其中诸处的分类、聚集和概括,建立抽象的概念数据模型。这个概念模型应反映现实世界各部门的信息结构、信息流动情况、信息间的互相制约关系以及各部门对信息储存、查询和加工的要求等。所建立的模型应避开数据库在计算机上的具体实现细节,用一种抽象的形式表示出来。以扩充的实体—联系模型(E-R模型)方法为例,第一步,先明确现实世界各部门所含的各种实体及其属性、实体间的联系以及对信息的制约条件等,从而给出各部门内所用信息的局部描述(在数据库中称为用户的局部视图)。第二步,再将前面得到的多个用户的局部视图集成为一个全局视图,即用户要描述的现实世界的概念数据模型。

答案:B

【真题2】数据库技术的根本目标是要解决数据的_____

A. 存储问题   B. 共享问题

C. 安全问题   D. 保护问题

解析:由于数据库的集成性使得数据可被多个应用程序所共享,特别是在网络发达的今天,数据库与网络的结合扩大了数据库的应用范围,所以数据库技术的根本目标是解决数据的共享问题。

答案:B

题型点睛

1. 数据库是长期储存在计算机内的、有组织的、可共享的数据集合。数据库的特征是:数据库中的数据按一定的数据模型组织、描述和储存,具有较小的冗余度、较高的数据独立性和易扩展性,并可为各种用户共享。数据库(DataBase,DB)技术的根本目标是解决数据的共享问题。

2. 数据库系统是指在计算机系统中引入数据库后的系统,一般由数据库、数据库管理系统(及其开发工具)、应用系统、数据库管理员和用户构成。在一般不引起混淆的情况下,通常把数据库系统简称为数据库。

即学即练

【试题1】下列关于分布式数据库系统的叙述中，_____是不正确的。

A. 分布式数据库系统的数据存储具有分片透明性

B. 数据库分片和副本的信息存储在全局目录中

C. 数据在网络上的传输代价是分布式查询执行策略需要考虑的主要因素

D. 数据的多个副本是分布式数据库系统和集中式数据库系统都必须面对的问题

【试题2】下列关于浏览器/服务器结构软件开发的叙述中，_____是不正确的。

A. 信息系统一般按照逻辑结构可划分为表现层、应用逻辑层和业务逻辑层

B. 以应用服务器为中心的模式中，客户端一般有基于脚本和基于构件的两种实现方式

C. 以 Web 服务器为中心的模式中，所有的数据库应用逻辑都在 Web 服务器端的服务器扩展程序中执行

D. 以数据库服务器为中心的模式中，数据库服务器和 HTTP 服务器是紧密结合的。

TOP30　数据模型

真题分析

【真题1】用树形结构表示试题之间联系的模型是_____

A. 关系模型　　　　　　　　　　　　B. 网状模型

C. 层次模型　　　　　　　　　　　　D. 以上三个都不是

解析：在数据库系统中，由于采用的数据模型不同，相应的数据库管理系统（DBMS）也不同，目前常用的数据模型有三种：层次模型、网状模型和关系模型。在层次模型中，实体之间的联系使用树形结构来表示，其中实体集是树中的结点，而树中各结点之间的连线表示它们之间的关系。

答案：C

题型点睛

1. 数据模型所描述的内容有三部分：数据结构、数据操作、数据约束。

2. 现有的数据库系统均是基于某种数据模型的。根据模型应用的不同目的，可以将模型划分为两类：一类是概念模型（也称信息模型）。它是按用户的观点来对数据和信息建模，主要用于数据库设计；另一类是数据模型，主要包括网状模型、层次模型、关系模型等，它是按计算机系统的观点对数据建模，主要用于 DBMS 的实现。数据模型是数据库系统的核心和基础，各种计算机上实现的 DBMS 软件都是基于某种数据模型的。

（1）概念数据模型。

（2）逻辑数据模型，有层次模型（基本结构是树形结构）、网状模型（出现略晚于层次模型，从图论观点看是一个不加任何条件限制的无向图）、关系模型（采用二维表来表示，简称表）、面向对象模型等。

（3）物理数据模型。

即学即练

【试题1】下列说法中，不属于数据模型所描述的内容是_____。

A. 数据结构　　　B. 数据操作　　　C. 数据查询　　　D. 数据约束

TOP31　E-R 模型

真题分析

【真题1】E-R图是数据库设计的工具之一,它适用于建立数据库的_____。

A. 概念模型　　　　B. 逻辑模型　　　　C. 结构模型　　　　D. 物理模型

解析:本题考查信息系统开发中分析阶段的基础知识。实体关系图(E-R图)是指以实体、关系和属性三个基本概念概括数据的基本结构,从而描述静态数据结构的概念模式,多用于数据库概念设计,建立数据库的概念模型。

答案:A

【真题2】在 E-R 图中,用来表示实体之间联系的图形是_____。

A. 矩形　　　　　　　　　　B. 椭圆形

C. 菱形　　　　　　　　　　D. 平行四边形

解析:E-R模型可以用E-R图来表示,它具有三个要素:①实体用矩形框表示,框内为实体名称。②属性用椭圆形表示,并用线与实体连接。若属性较多时也可以将实体及其属性单独列表。③实体间的联系用菱形框与实体相连,并在线上标注联系的类型。

答案:C

题型点睛

1. E-R 模型由上面的三个基本概念组成,由实体、联系、属性三者结合起来才能表示一个现实世界。

2. 两个实体间的联系可分为:一对一联系(记为 1∶1)、一对多联系(1∶n)和多对多联系(m∶n)。

3. E-R 模型可以用图的形式表示,这种图称为 E-R 图,在 E-R 图中分别用不同的几何图形表示E-R模型中的三个概念与两个联接关系。用矩形表示实体集,用椭圆表示属性,用菱形(内部协商联系名)表示联系。

即学即练

【试题1】将 E-R 图转换到关系模式时,实体与联系都可以表示成_____。

A. 属性　　　　　　B. 关系　　　　　　C. 键　　　　　　D. 域

TOP32　关系模型

真题分析

【真题1】在关系模型中,把数据看成是二维表,每一个二维表称为一个_____。

解析:在关系模型中,把数据看成一个二维表,每一个二维表称为一个关系。表中的每一列称为一个属性,相当于记录中的一个数据项,对属性的命名称为属性名,表中的一行称为一个元组,相当于记录值。

答案:关系

题型点晴

1. 在关系模型中,把数据看成一个二维表,每一个二维表称为一个关系。表中的每一列称为一个属性,相当于记录中的一个数据项,对属性的命名称为属性名,表中的一行称为一个元组,相当于记录值。

2. 关系模型的数据操作即是建立在关系上的数据操作,一般有查询、增加、删除和修改四种操作。

即学即练

【试题1】下列有关数据库的描述,正确的是_____。

A. 数据处理是将信息转化为数据的过程

B. 数据的物理独立性是指当数据的逻辑结构改变时,数据的存储结构不变

C. 关系中的每一列称为元组,一个元组就是一个字段

D. 如果一个关系中的属性或属性组并非该关系的关键字,但它是另一个关系的关键字,则称其为本关系的外关键字

【试题2】最常用的一种基本数据模型是关系数据模型,它的表示应采用_____。

A. 树　　　　　　B. 网络　　　　　　C. 图　　　　　　D. 二维表

TOP33 关系数据库

真题分析

【真题1】关系数据库是_____的集合,其结构是由关系模式定义的。

A. 元组　　　　　B. 列　　　　　　C. 字段　　　　　D. 表

解析:本题考查关系数据库系统中的基本概念。关系模型是目前最常用的数据模型之一。关系数据库系统采用关系模型作为数据的组织方式,在关系模型中用表格结构表达实体集,以及实体集之间的联系,其最大特色是描述的一致性。可见,关系数据库是表的集合,其结构是由关系模式定义的。

答案:D

【真题2】职工实体中有职工号、姓名、部门、参加工作时间、工作年限等属性,其中,工作年限是一个_____属性。

A. 派生　　　　　B. 多值　　　　　C. 复合　　　　　D. NULL

解析:本题考查的是关系数据库系统中的基本概念。派生属性可以从其他属性得来。职工实体集中有"参加工作时间"和"工作年限"属性,那么"工作年限"的值可以由当前时间和参加工作时间得到。这里,"工作年限"就是一个派生属性。

答案:A

【真题3】诊疗科、医师和患者的关系模式及他们之间的 E-R 图如下所示:

　　诊疗科(诊疗科代码,诊疗科名称)

　　医师(医师代码,医师姓名,诊疗科代码)

　　患者(患者编号,患者姓名)

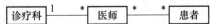

其中,带实下划线的表示主键,虚下划线的表示外键。若关系诊疗科和医师进行自然连接运算,其结果集为 __(1)__ 元关系。医师和患者之间的治疗观察关系模式的主键是__(2)__。

(1) A. 5　　　　　　　　B. 4　　　　　　　　C. 3　　　　　　　　D. 2

(2) A. 医师姓名、患者编号　　　　　　B. 医师姓名、患者姓名

　　　C. 医师代码、患者编号　　　　　　D. 医师代码、患者姓名

解析:本题考查的是关系数据库 E-R 模型的相关知识。根据题意,关系诊疗科和医师进行自然连接运算,应该去掉一个重复属性"诊疗科代码",自然连接运算的结果集为 4 元关系。试题(1)的正确答案是 B。

医师和患者之间的治疗观察之间是一个多对多的联系,多对多联系向关系模式转换的规则是:多对多联系只能转换成一个独立的关系模式,关系模式的名称取联系的名称,关系模式的属性取该联系所关联的两个多方实体的主键及联系的属性,关系的码是多方实体的主键构成的同性组。由于医师关系的主键是医师代码,患者关系的主键是患者编号,因此,根据该转换规则试题(2)医师和患者之间的治疗观察关系模式的主键是医师代码和患者编号。试题(2)的正确答案是 C。

答案:(1) B　(2) C

【真题4】通过_____关系运算,可以从表 1 和表 2 获得表 3。

表 1

课程号	课程名
10011	计算机文化
10024	数据结构
20010	数据库系统
20021	软件工程
20035	UML 应用

表 2

课程号	教师名
10011	赵军
10024	李小华
10024	林志鑫
20035	李小华
20035	林志鑫

表 3

课程号	课程名	教师名
10011	计算机文化	赵军
10024	数据结构	李小华
10024	数据结构	林志鑫
20035	UML 应用	李小华
20035	UML 应用	林志鑫

A. 投影　　　　　B. 选择　　　　　C. 笛卡儿积　　　　　D. 自然连接

解析:本题考查的是数据库关系运算方面的基础知识。自然连接是一种特殊的等值连接,它要求两个关系中进行比较的分量必须是相同的属性组,并且在结果集中将重复属性列删除。一般连接是从关系的水平方向运算,而自然连接不仅要从关系的水平方向运算,而且要从关系的垂直方向运算。因为自然连接要删除重复属性,如果没有重复属性,那么自然连接就转化为笛卡儿积。题中表 1 和表 2 具有相同的属性"课程号",进行等值连接后,删除重复属性列得到表 3。若关系中的某一属性或属性组的值能唯一地标识一个元组,则称该属性或属性组为主键。从表 3 可见"课程号、教师名"才能决定表中的每一行,因此"课程号、教师名"是表 3 的主键。

答案:D

【真题5】设关系模式 R（A,B,C）,传递依赖指的是_____。

A. 若 A→B,B→C,则 A→C　　　　　　B. 若 A→B,A→C,则 A→BC

C. 若 A→C,则 AB→C　　　　　　　　D. 若 A→BC,则 A→B,A→C

解析:本题考查对函数依赖概念和性质的掌握。所谓传递依赖是指在关系 R(U,F)中,如果 X→Y,

Y 不包含于 X,Y 得不到 X,Y→Z,则称 Z 对 X 传递依赖。显然,选项 A 满足传递规则。

答案:A

【真题6】对表1和表2进行_____关系运算可以得到表3。

表 1

项目号	项目名
0111	ERP 管理
00112	搜索引擎
00113	数据库建设
00211	软件测试
00311	校园网规划

表 2

项目号	项目成员
00111	张小军
00112	李华
00112	王志敏
00311	李华
00311	王志敏

表 3

项目号	项目名	项目成员
00111	ERP 管理	张小军
00112	搜索引擎	李华
00112	搜索引擎	王志敏
00311	校园网规划	李华
00311	校园网规划	王志敏

A. 投影   B. 选择   C. 自然连接   D. 笛卡儿积

解析:本题考查数据库关系运算方面的基础知识。自然连接是一种特殊的等值连接,它要求两个关系中进行比较的分量必须是相同的属性组,并且在结果集中将重复属性列删除。一般连接是从关系的水平方向运算,而自然连接不仅要从关系的水平方向运算,还要从关系的垂直方向运算。因为自然连接要删除重复属性,如果没有重复属性,那么自然连接就转化为笛卡儿积。题中表1和表2具有相同的属性项目号,进行等值连接后,删除重复属性列得到表3。

答案:C

【真题7】关系数据库系统能实现的专门关系运算包括_____。

A. 排序、索引、统计   B. 选择、投影、连接

C. 关联、更新、排序   D. 显示、打印、制表

解析:本题考查数据库关系运算方面的基础知识。关系模型中常用的关系操作包括选择、投影、连接、除、并、交、差等查询操作,和增加、删除、修改操作两大部分。

答案:B

🉑 题型点睛

1. 关系模型由关系数据结构、关系操作集合和关系完整性约束三部分组成。关系模型的数据结构单一,现实世界的实体以及实体间的各种联系均用关系来表示。关系模型中数据的逻辑结构是一张二维表。关系模型中常用的关系操作包括选择、投影、连接、除、并、交、差等查询操作,和增加、删除、修改操作两大部分。

2. 了解一些概念:域、笛卡儿积、关系。关系是笛卡儿积的有限子集,所以关系也是一个二维表,表的每行对应一个元组,表的每列对应一个域。一个元组就是该关系所涉及的属性集的笛卡儿积的一个元素。

3.关系运算：关系代数是一种传统的表达方式，用对关系的运算来表达查询。关系代数的运算对象是关系，运算结果也是关系。关系代数的运算符有集合运算符、专门的关系运算符、算术比较符和逻辑运算符。

（1）传统的集合运算。

传统的集合运算将关系看成元组的集合，运算从关系的水平方向（行）来进行，包括并、差、交、广义笛卡儿积四种运算。

（2）专门的关系运算。

专门的关系运算不仅涉及行，而且涉及列，包括选择、投影、连接、除等。

即学即练

【试题1】第(1)～(2)题基于以下描述：有关系模式 R(S,T,C,D,G)，根据语义有如下函数依赖集：F={(S,C)→T,C→D,(S,C)→G,T→C}。

(1) 关系模式 R 的候选关键码_____。

A. 仅有 1 个，为(S,C)

B. 仅有 1 个，为(S,T)

C. 有 2 个，为(S,C)和(T)

D. 有 2 个，为(S,C)和(S,T)

(2) 关系模式 R 的规范化程度最高达到_____。

A. 1 NF   B. 2 NF

C. 3 NF   D. 4 NF

【试题2】由于关系模式设计不当所引起的更新异常指的是 _____。

A. 两个事务并发地对同一数据项进行更新而造成数据库不一致

B. 未经授权的用户对数据进行了更新

C. 关系的不同元组中数据冗余，更新时未能同时更新所有有关元组而造成数据库不一致

D. 对数据的更新因为违反完整性约束条件而遭到拒绝

【试题3】下列关于数据依赖的叙述中，_____是不正确的。

Ⅰ. 关系模式的规范化问题与数据依赖的概念密切相关

Ⅱ. 数据依赖是现实世界属性间相互联系的抽象

Ⅲ. 数据依赖极为普遍地存在于现实世界中，是现实世界语义的体现

Ⅳ. 数据依赖是通过一个关系中各个元组的某些属性值之间的相等与否体现出来的相互关系

Ⅴ. 只有两种类型的数据依赖：函数依赖和多值依赖

A. 仅Ⅰ和Ⅲ   B. 仅Ⅱ和Ⅴ   C. 仅Ⅳ   D. 仅Ⅴ

【试题4】设有关系 R、S 和 T 如下，关系 T 由关系 R 和 S 经过_____操作得到。

R

A	B	C
a	b	c
b	a	c
c	b	a

S

A	B	C
a	b	c
b	a	c

T

A	B	C
c	b	a

A. R∪S   B. R - S   C. R×S   D. R+S

【试题5】在关系型数据库管理系统中，三种基本关系运算是_____。

A. 选择、投影和连接   B. 选择、删除和复制

C. 创建、修改和合并   D. 统计、连接和分类

TOP34 关系数据库标准语言(SQL)

真题分析

【真题1】某公司的部门(部门号,部门名,负责人,电话)、商品(商品号,商品名称,单价,库存量)和职工(职工号,姓名,住址)3个实体之间的关系如表1、表2和表3所示。假设每个部门有一位负责人和一部电话,但有若干名员工,每种商品只能由一个部门负责销售。

表1

部门号	部门名	负责人	电话
001	家电部	E002	1,001
002	百货部	E026	1,002
003	食品部	E030	1,003

表2

商品号	商品名称	单价	库存量
30,023	微机	4,800	26
30,024	打印机	1,650	7
...	...	...	...
30,101	毛巾	10	106
30,102	牙刷	3.8	288

表3

职工号	姓名	住址
E001	王军	南京路
E002	李晓斌	淮海路
E021	柳烨	江西路
E026	田波	西藏路
E028	李晓斌	西藏路
E029	刘丽华	淮海路
E030	李彬彬	唐山路
E031	胡慧芬	昆明路
E032	吴吴	西直门
E033	黎明明	昆明路
...	...	...

a. 若部门名是唯一的,请将下述部门SQL语句的空缺部分补充完整。

CREATE TABLE 部门(部门号 CHAR(3) PRIMARY KEY,

部门名 CHAR(10) (1) ,

负责人 CHAR(4),

电话 CHAR (20) ,

(2));

(1) A. NOT NULL   B. UNIQUE

  C. UNIQUE KEY   D. PRIMARY KEY

(2) A. PRIMARY KEY(部门号)NOT NULL UNIQUE

  B. PRIMARY KEY(部门名)UNIQUE

  C. FOREIGN KEY(负责人)REFERENCES 职工(姓名)

  D. FOREIGN KEY(负责人)REFERENCES 职工(职工号)

b. 查询各部门负责人的姓名及住址的SQL语句如下:

    SELECT 部门名,姓名,住址 FROM 部门,职工 (3) ;

  A. WHERE 职工号=负责人   B. WHERE 职工号='负责人'

  C. WHERE 姓名=负责人   D. WHERE 姓名='负责人'

解析:试题(1)的正确答案是B,因为试题要求部门名是唯一的,根据表1可以看出负责人来自职工且等于职工号属性;试题(2)的正确答案是D,因为职工关系的主键是职工号,所以部门关系的主键负责人需要用FOREIGN KEY(负责人)REFERENCES 职工(职工号)来约束。这样部门关系的SQL语句如下:

```
CREATE TABLE 部门(部门号 CHAR(3)  PRIMARY KEY,
                  部门名 CHAR (10)   UNIQUE,
                  负责人 CHAR (4),
                  电话 CHAR (20),
                  FOREIGN KEY(负责人) REFERENCES 职工(职工号));
```

试题(3)的正确答案是 A,将查询各部门负责人的姓名及住址的 SQL 语句的空缺部分补充完整如下:

```
SELECT 部门名,姓名,住址
        FROM 部门,职工 WHERE 职工号＝负责人;
```

答案:(1) B　(2) D　(3) A

【真题 2】设有一个关系 EMP(职工号,姓名,部门名,工种,工资),查询各部门担任"钳工"的平均工资的 SELECT 语句为

```
SELECT 部门名,AVG(工资)AS 平均工资
FROM EMP
GROUP BY _____
HAVING 工种＝'钳工'
```

　A. 职工号　　　　B. 姓名　　　　　　C. 部门名　　　　　　D. 工种

解析:本题考查应试者对 SQL 语言的掌握程度。正确的答案是选项 C。因为根据题意查询不同部门中担任"钳工"的职工的平均工资,需要先按"部门名"进行分组,然后再按条件"工种＝钳工"进行选取,因此正确的 SELECT 语句如下:

```
SELECT 部门名,AVG(工资)AS 平均工资
FROM EMP
GROUP BY ___部门名___
HAVING 工种＝'钳工'
```

答案:C

【真题 3】设有员工关系 Emp(员工号,姓名,性别,部门,家庭住址),其中,属性"性别"的取值只能为 M 或 F;属性"部门"是关系 Dept 的主键。要求可访问"家庭住址"的某个成分,如邮编、省、市、街道以及门牌号。关系 Emp 的主键和外键分别是　(1)　。"家庭住址"是一个　(2)　属性。创建 Emp 关系的 SQL 语句如下:

```
CREATE TABLE Emp(员工号 CHAR (4),
姓名 CHAR (10),
性别 CHAR(1)　(3)　,
部门 CHAR (4)　(4)　,
家庭住址 CHAR (30),
PRIMARY KEY(员工号));
```

(1) A. 员工号、部门　　　　　　　　　　　B. 姓名、部门
　　　C. 员工号、家庭住址　　　　　　　　D. 姓名、家庭住址
(2) A. 简单　　　　　B. 复合　　　　　　C. 多值　　　　　　D. 派生
(3) A. IN (M,F)　　　　　　　　　　　　B. LIKE('M','F')
　　　C. CHECK('M','F')　　　　　　　　D. CHECK(性别 IN ('M','F'))
(4) A. NOT NULL　　　　　　　　　　　B. REFERENCES Dept(部门)
　　　C. NOT NULL UNIQUE　　　　　　　D. REFERENCES Dept('部门')

解析:本题考查关系数据库方面的基础知识。按照外键定义,如果关系模式 R 中的属性或属性组非该关系的键,但它是其他关系的键,那么该属性或属性组对关系模式 R 而言是外键。在试题(1)中关

系 Emp 的主键是"员工号",外键是"部门"。因为属性"姓名"不是关系 Emp 的主键,但是根据题意,"部门"是关系 DEPT 的主键,因此,"部门"是关系 Emp 的一个外键。

简单属性是原子的、不可再分的。复合属性可以细分为更小的部分(即划分为别的属性)。有时用户希望访问整个属性,有时希望访问属性的某个成分,那么在模式设计时可采用复合属性。例如,试题(2)中"家庭住址"可以进一步分为邮编、省、市、街道以及门牌号。

试题(3)的正确答案是 D。因为根据题意,属性"性别"的取值只能为 M 或 F,因此需要用语句"CHECK(性别 IN('M','F'))"进行完整性约束。试题(4)的正确答案是 B。根据题意,属性"部门"是外键,因此需要用语句"REFERENCES Dept(部门)"进行参照完整性约束。

答案:(1) A　(2) B　(3) D　(4) B

【真题 4】SQL 语言是用于_____的数据操纵语言。

A. 层次数据库　　　　　　　　　　B. 网络数据库

C. 关系数据库　　　　　　　　　　D. 非数据库

解析:结构化查询语言 SQL 是集数据定义语言触发器(DDL)、数据操纵语言触发器和数据控制功能于一体的数据库语言。SQL 的数据操纵语言触发器(DML)是介于关系代数和关系演算之间的一种语言。

答案:C

【真题 5】(2006 年 5 月)

WebSQL is a SQL-Iike ___(1)___ language for extracting information from the web. Its capabilities for performing navigation of web ___(2)___ make it a useful tool for automating several web-related tasks that require the systematic processing of either all the links in a ___(3)___, all the pages that can be reached from a given URL through ___(4)___ that match a pattern, or a combination of both. WebSQL also provides transparent access to index servers that can be queried via the Common ___(5)___ Interface.

(1) A. query　　　　B. transaction　　　C. communication　　D. programming

(2) A. browsers　　　B. servers　　　　　C. hypertexts　　　　D. clients

(3) A. hypertext　　　B. page　　　　　　C. protocol　　　　　D. operation

(4) A. paths　　　　　B. chips　　　　　　C. tools　　　　　　D. directories

(5) A. Router　　　　B. Device　　　　　C. Computer　　　　D. Gateway

解析: WebSQL 是一种类似于 SQL 的查询语言,用于从 Web 中提取信息。它能够在 Web 超文本中巡航,这使得它成为自动操作一个页面中有关链接的有用工具,或是作为搜索从一个给定的 URL 可以到达的、所有匹配某种模式的页面的有用工具。WebSQL 也提供透明的访问索引服务器的手段,这种服务器可以通过公共网关接口进行查询。

答案:(1) A　(2) C　(3) B　(4) A　(5) D

📖 题型点晴

1. SQL 语言是关系数据库的标准语言。SQL 是介于关系代数与关系演算之间的结构化查询语言,但是它的功能不仅仅是查询,还可以用来进行数据操作、数据定义和数据控制。

2. SQL 语言支持数据库三级模式结构,外模式对应于视图和部分基本表,模式对应基本表,内模式对应于存储文件。基本表是本身独立存在的表,一个或多个基本表对应一个存储文件,一个表可以带若干个索引,索引也存放在存储文件中,存储文件的逻辑结构组成了关系数据库的内模式。视图是从一个或几个基本表导出的表,它是一个虚表,本身不独立存储在数据库中,数据库中只存放视图的定义,而视图相应的数据仍存放在导出视图的基本表中。用户可以用 SQL 语言对基本表和视图进行操作。

3. SQL 的数据定义功能包括定义表、定义视图和定义索引,由于视图是基于基本表的虚表,索引是依附于基本表的,所以 SQL 通常不提供视图定义和索引定义的修改操作,用户只能先将它们删除然后再重建。SQL 的数据定义语句有:CREATE TABLE(创建表)、DROPTABLE(删除表)、ALTER TABLE(修改表)、CREATE WEW(创建视图)、DROP VIEW(删除视图)、CREATE INDEX(创建索引)、DROPINDEX(删除索引)。

 即学即练

【试题1】某企业网上销售管理系统的数据库部分关系模式如下所示:
客户(客户号,姓名,性别,地址,邮编)
产品(产品号,名称,库存,单价)
订单(订单号,时间,金额,客户号)
订单明细(订单号,产品号,数量)
关系模式的主要属性及约束如下表所示。

关系名	约束
客户	客户号唯一标识一位客户,客户性别取值为"男"或者"女"
产品	产品号唯一标识一个产品
订单	订单号唯一标识一份订单。一份订单必须仅对应一位客户,一份订单可由一到多条订单明细组成。一位客户可以有多份订单
订单明细	一条订单明细对应一份订单中的一个产品

客户、产品、订单和订单明细关系及部分数据分别如下列各表所示。

客户关系

客户号	姓名	性别	地址	邮编
01	王晓甜	女	南京路 2 号	200005
02	林俊杰	男	北京路 18 号	200010

产品关系

产品号	名称	库存	单价
01	产品 A	20	298.00
02	产品 B	50	168.00

订单关系

订单号	时间	金额	客户号
1001	2006.02.03	1268.00	01
1002	2006.02.03	298.00	02

订单明细关系

订单号	产品号	数量
1001	01	2
1001	02	4
1002	01	1

问题 1：(5 分)

以下是创建部分关系表的 SQL 语句，请将空缺部分补充完整。

CREATE TABLE 客户（

　　客户号 CHAR(5)　　(a)　　，

　　姓名 CHAR(30)，

　　性别 CHAR(2)　　(b)　　，

　　地址 CHAR(30)，

　　邮编 CHAR(6))；

　　CREATE TABLE 订单（

　　订单号 CHAR(4)，

　　时间　CHAR(10)，

　　金额 NUMBER(6，2)，

　　客户号 CHAR(5) NOT NULL，

　　PRIMARY KEY(订单号)，

　　　(c)　)；

问题 2：(5 分)

请按题意将下述 SQL 查询语句的空缺部分补充完整。

按客户购买总额的降序，输出每个客户的客户名和购买总额。

SELECT 客户. 客户名，　　(g)

FROM 客户，订单

WHERE 客户. 客户号＝订单. 客户号

　　(h)

　　(i)

问题 3：(5 分)

当一个订单和对应的订单明细数据入库时，应该减少产品关系中相应的产品库存，为此应该利用数据库管理系统的什么机制实现此功能？请用 100 字以内的文字简要说明。

TOP35　数据库管理系统

真题分析

【真题 1】由于软硬件故障可能造成数据库中的数据被破坏，数据库恢复就是　(1)　。可用多种方法实现数据库恢复，如定期将数据库作备份；在进行事务处理时，将数据更新(插入、删除、修改)的全部有关内容写入　(2)　。

(1) A. 重新安装数据库管理系统和应用程序

　　B. 重新安装应用程序，并将数据库做镜像

　　C. 重新安装数据库管理系统，并将数据库做镜像

　　D. 在尽可能短的时间内，将数据库恢复到故障发生前的状态

(2) A. 日志文件 B. 程序文件

    C. 检查点文件 D. 图像文件

解析：本题考查的是关系数据库事务处理方面的基础知识。

为了保证数据库中数据的安全可靠和正确有效,数据库管理系统(DBMS)提供数据库恢复、并发控制、数据完整性保护与数据安全性保护等功能。数据库在运行过程中由于软硬件故障可能造成数据被破坏,数据库恢复就是在尽可能短的时间内,把数据库恢复到故障发生前的状态。具体的实现方法有多种,如定期将数据库作备份;在进行事务处理时,将数据更新(插入、删除、修改)的全部有关内容写入日志文件;当系统正常运行时,按一定的时间间隔,设立检查点文件,把内存缓冲区内容还未写入到磁盘中去的有关状态记录到检查点文件中;当发生故障时,根据现场数据内容、日志文件的故障前映像和检查点文件来恢复系统的状态。

答案：(1) D (2) A

【真题 2】站在数据库管理系统的角度看,数据库系统一般采用三级模式结构,如下图所示。图中①②处应填写___(1)___,③处应填写___(2)___。

(1) A. 外模式/概念模式 B. 概念模式/内模式

    C. 外模式/概念模式映像 D. 概念模式/内模式映像

(2) A. 外模式/概念模式 B. 概念模式/内模式

    C. 外模式/概念模式映像 D. 概念模式/内模式映像

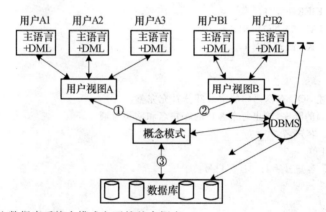

解析：本题考查数据库系统中模式方面的基本概念。

站在数据库管理系统的角度看,数据库系统体系结构一般采用三级模式结构。数据库系统在三级模式之间提供了两级映像:模式/内模式映像、外模式/模式映像。

模式/内模式的映像:该映像存在于概念级和内部级之间,实现了概念模式到内模式之间的相互转换。

外模式/模式的映像:该映像存在于外部级和概念级之间,实现了外模式到概念模式之间的相互转换。正因为这两级映射保证了数据库中的数据具有较高的逻辑独立性和物理独立性。数据的独立性是指数据与程序独立,将数据的定义从程序中分离出去,由 DBMS 负责数据的存储,从而简化应用程序,大大减少应用程序编制的工作量。

答案：(1) C (2) D

【真题 3】数据库管理系统提供了数据库的安全性、___(1)___和并发控制等机制以保护数据库的数据。它提供授权功能来控制不同用户访问数据的权限,主要是为了实现数据库的___(2)___。

(1) A. 有效性 B. 完整性 C. 安全性 D. 可靠性

(2) A. 一致性 B. 完整性 C. 安全性 D. 可靠性

解析：为了保证数据库中数据的安全可靠和正确有效,数据库管理系统(DBMS)提供数据库恢复、并发控制、数据完整性保护与数据安全性保护等功能。数据库用户按其访问权力的大小,一般可分为具有 DBA 特权的用户和一般用户。在数据库的安全保护中,要对用户进行访问控制,可先对用户进行控制,然后再对访问的用户进行控制。DBMS 通常提供授权功能来控制不同的用户访问数据库中数据的权限,其目的是为了数据库的安全性。

答案: (1) B　(2) C

【真题 4】 _____是为防止非法用户进入数据库应用系统的安全措施。

A. 存取控制 　　　　　　　　　　B. 用户标识与鉴别

C. 视图机制 　　　　　　　　　　D. 数据加密

解析: 本题考查的是数据库的安全性控制。用户标识与鉴别是系统提供的最外层安全保护措施。每次登录系统时,由系统对用户进行核对,之后还要通过口令进行验证,以防止非法用户盗用他人的用户名进行登录。其优点是:简单,可重复使用,但容易被窃取,通常需采用较复杂的用户身份鉴别及口令识别。DBMS 的存取控制机制确保只有授权用户才可以在其权限范围内访问和存取数据库。存取控制机制包括两部分:定义用户权限,并登记到数据字典中合法权限检查;用户请求存取数据库时,DBMS 先查找数据字典进行合法权限检查;看用户的请求是否在其权限范围之内。视图机制是为不同的用户定义不同的视图,将数据对象限制在一定的范围内。

答案: B

题型点睛

1. DBMS 的基本功能和特征:

(1) 数据库定义:数据库定义包括对数据库的结构进行描述(包括外模式、模式、内模式的定义)、数据库完整性的定义、安全保密定义(例如用户密码、级别、存取权限)、存取路径(如索引)的定义,这些定义存储在数据字典中,是 DBMS 运行的基本依据。

(2) 数据存取:提供用户对数据的操作功能,如对数据库数据的检索、插入、修改和删除。

(3) 数据库运行管理:数据库运行管理是指 DBMS 运行控制和管理功能。包括了多用户环境下的事务管理和自动恢复、并发控制和死锁检测(或死锁防止)、安全性检查和存取控制、完整性检查和执行、运行日志的组织管理等。这些功能可以保证数据库系统的正常运行。

(4) 数据组织、存储和管理:DBMS 要分类组织、存储和管理各种数据,包括数据字典、用户数据、存取路径等。要确定以何种文件结构和存取方式在存储级上组织这些数据,如何实现数据之间的联系,其基本目标是提高存储空间利用率和方便存取,提供多种存取方法(如索引查找、HASH 查找、顺序查找等),提高存取效率。

(5) 数据库的建立和维护:包括数据库的初始建立、数据的转换、数据库的转储和恢复、数据库的重组织和重构造以及性能监测分析等功能。

2. 数据库恢复技术和并发控制都是事务处理技术。事务是用户定义的一个数据库操作序列,这些操作要么全做要么全不做,是一个不可分割的工作单位,是数据库应用程序的基本逻辑单元。但事务和程序是两个概念,一般来说,一个程序中可以包括多个事务。事务的开始和结束可以由用户显式控制或由 DBMS 按默认规定自动划分事务。

事务具有四个特性:原子性(Atomicity)、一致性(Consistency)、隔离性(Isolation)、持续性(Durability),这四个特性简称 ACID 特性。

即学即练

【试题 1】 下列关于数据存储组织的叙述中,_____是不正确的。

A. 一个数据库被映射为多个不同的文件,它们由操作系统来维护

B. 一个文件可以只存储一种固定长度的记录,也可以存储多种长度不同的记录

C. 数据库映射的文件存储于磁盘上的磁盘块中

D. 磁盘块常常采用分槽的页结构,如果一条记录被删除,只需将对应的条目置成被删除状态,而不用对之前的记录进行移动

【试题 2】下列关于故障恢复的叙述中,_____是不正确的。

A. 系统可能发生的故障类型主要有事务故障、系统故障和磁盘故障

B. 利用更新日志记录中的改前值可以进行 UNDO,利用改后值可以进行 REDO

C. 写日志的时候,一般是先把相应的数据库修改写到外存的数据库中,再把日志记录写到外存的日志文件中

D. 磁盘故障的恢复需要 DBA 的介入

本章即学即练答案

序号	答案	序号	答案
TOP29	【试题 1】答案:D 【试题 2】答案:A	TOP30	【试题 1】答案:C
TOP31	【试题 1】答案:B	TOP32	【试题 1】答案:D 【试题 2】答案:D
TOP33	【试题 1】答案:(1) D 　　　　　　(2) A 【试题 2】答案:C 【试题 3】答案:D 【试题 4】答案:B 【试题 5】答案:A	TOP34	【试题 1】 问题 1:(a) NOT NULL UNIQUE 或 NOT NULL PRIMARY KEY 或 PRIMARY KEY (b) CHECK (VALUEIN('男','女') (c) FOREIGN KEY (客户号)REFERENCES 客户(客户号) 问题 2:(g) SUM(金额)AS 总额 (h) GROUP BY 客户. 客户号 (i) ORDERBY 总额 DESC 问题 3:采用数据库管理系统的触发器机制。对产品关系定义一个触发器,在订单明细中的记录插入或更新之后,该触发器被激活,根据订单明细中订购的产品及数量,减少产品关系中对应产品的库存量。
TOP35	【试题 1】答案:D 【试题 2】答案:C		

第9章　安全性知识

真题分析

【真题1】在信息系统的用户管理中,近年来提出了一种方便、安全的身份认证技术。它采用软硬件相结合、一次一密的强双因子认证模式,很好地解决了安全性与易用性之间的矛盾。它是_____身份认证方式。

A. 用户名/密码
B. IC 卡
C. 动态密码
D. USB Key 认证

解析:本题考查的是信息系统用户管理的基本知识。

现在计算机及网络系统中常用的身份认证方式主要有:用户名,密码方式;IC 卡认证;动态密码和 USB Key 认证。基于 USB Key 的身份认证方式是近几年发展起来的一种方便、安全的身份认证技术。它采用软硬件相结合、一次一密的强双因子认证模式,很好地解决了安全性与易用性之间的矛盾。USB Key 是一种 USB 接口的硬件设备,它内置单片机或智能卡芯片,可以存储用户的密钥或数字证书,利用 USB Key 内置的密码算法实现对用户身份的认证。

答案:D

【真题2】某网站向 CA 申请了数字证书,用户通过_____来验证网站的真伪。

A. CA 的签名
B. 证书中的公钥
C. 网站的私钥
D. 用户的公钥

解析:本题考查数字证书相关知识点。

数字证书是由权威机构 CA(Certificate Authority)证书授权中心发行的,能提供在 Internet 上进行身份验证的一种权威性电子文档,人们可以在因特网交往中用它来证明自己的身份和识别对方的身份。数字证书包含版本、序列号、签名算法标识符、签发人姓名、有效期、主体名和主体公钥信息等并附有 CA 的签名,用户获取网站的数字证书后通过验证 CA 的签名来确认数字证书的有效性,从而验证网站的真伪。在用户与网站进行安全通信时,用户发送数据时使用网站的公钥(从数字证书中获得)加密,收到数据时使用网站的公钥验证网站的数字签名;网站利用自身的私钥对发送的消息签名和对收到的消息解密。

答案:A

题型点睛

1. 鉴别机制是以交换信息的方式确认实体真实身份的一种安全机制,鉴别的基本目的是防止其他实体占用和独立操作被鉴别实体的身份。鉴别的方法主要有如下 5 种:

(1) 用拥有的(如 IC 卡)进行鉴别。

(2) 用所知道的(如密码)进行鉴别。

（3）用不可改变的特性（如生物学测定的标识特征）进行鉴别。

（4）相信可靠的第三方建立的鉴别（递推）。

（5）环境（如主机地址）。

2. 访问控制决定了谁能够访问系统、能访问系统的哪些资源和如何使用这些资源，是控制对计算机系统或网络的访问的一种方法，目的是防止对信息系统资源的非授权访问和使用。访问控制的手段包括用户识别代码、密码、登录控制、资源授权（例如用户配置文件、资源配置文件和控制列表）、授权核查、日志和审计。

即学即练

【试题 1】以下措施中不能防止计算机病毒的是＿＿＿＿＿。

A. 软盘未写保护

B. 先用杀病毒软件将从别人机器上复制来的文件清查病毒

C. 不用来历不明的磁盘

D. 经常关注防病毒软件的版本升级情况，并尽量取得最高版本的防毒软件

【试题 2】在以下认证方式中，最常用的认证方式是＿＿＿＿＿。

A. 基于账户名/口令认证

B. 基于摘要算法认证

C. 基于 PKI 认证

D. 基于数据库认证

【试题 3】以下＿＿＿＿＿不属于防止口令猜测的措施。

A. 严格限定从一个给定的终端进行非法认证的次数

B. 确保口令不在终端上再现

C. 防止用户使用太短的口令

D. 使用机器产生的口令

TOP37　加密

真题分析

【真题 1】目前在信息系统中使用较多的是 DES 密码算法，它属于＿＿＿＿＿类密码算法。

A. 公开密钥密码算法

B. 对称密码算法中的分组密码

C. 对称密码算法中的序列密码

D. 单向密码

解析：本题考查的是密码算法的基本知识。密码算法一般分为传统密码算法（又称为对称密码算法）和公开密钥密码算法（又称为非对称密码算法）两类。对称密钥密码体制从加密模式上可分为序列密码和分组密码两大类。分组密码的工作方式是将明文分为固定长度的组，对每一组明文用同一个密钥和同一种算法来加密，输出的密文长度也是固定的。信息系统中使用较多的 DES 密码算法属于对称密码算法中的分组密码算法。

答案：B

【真题 2】相对于 DES 算法而言，RSA 算法的＿＿(1)＿＿，因此，RSA＿＿(2)＿＿。

（1）A. 加密密钥和解密密钥是不相同的

B. 加密密钥和解密密钥是相同的

C. 加密速度比 DES 要高

D. 解密速度比 DES 要高

（2）A. 更适用于对文件加密

B. 保密性不如 DES

C. 可用于对不同长度的消息生成消息摘要

D. 可以用于数字签名

解析：本题考查有关密码的基础知识。

DES 是对称密钥密码算法，它的加密密钥和解密密钥是相同的。RSA 是非对称密钥密码算法，它使用不同的密钥分别用于加密和解密数据，还可以用于数字签名。对称密钥密码算法的效率要比非对称密钥密码算法高很多，适用于对文件等大量的数据进行加密。

答案：（1）A （2）D

题型点睛

1. 保密就是保证敏感信息不被非授权的人知道。加密是指通过将信息进行编码而使得侵入者不能够阅读或理解的方法，目的是保护数据和信息。解密是将加密的过程反过来，即将编码信息转化为原来的形式。

2. 密码技术用来进行鉴别和保密，选择一个强壮的加密算法是至关重要的。密码算法一般分为传统密码算法（又称为对称密码算法）和公开密钥密码算法（又称为非对称密码算法）两类，对称密钥密码技术要求加密解密双方拥有相同的密钥。而非对称密钥密码技术是加密解密双方拥有不相同的密钥。

对称密钥密码体制从加密模式上可分为序列密码和分组密码两大类（这两种体制之间还有许多中间类型）。非对称密码算法要求密钥成对出现，一个为加密密钥（可以公开），另一个为解密密钥（用户要保护好），并且不可能从其中一个推导出另一个。公钥加密也用来对专用密钥进行加密。

即学即练

【试题 1】为了防御网络监听，最常用的方法是_____。

A. 采用物理传输（非网络）   B. 信息加密

C. 无线网   D. 使用专线传输

【试题 2】不属于常见的危险密码是_____。

A. 与用户名相同的密码   B. 使用生日作为密码

C. 只有 4 位数的密码   D. 10 位的综合型密码

TOP38 防治计算机病毒与计算机犯罪的方法

真题分析

【真题 1】驻留在多个网络设备上的程序在短时间内同时产生大量的请求消息冲击某 Web 服务器，导致该服务器不堪重负，无法正常响应其他合法用户的请求，这属于_____。

A. 网上冲浪   B. 中间人攻击

C. DDoS 攻击   D. MAC 攻击

解析: 本题考查对网络安全中常用攻击方法的了解。多个网络设备上的程序在短时间内同时向某个服务器产生大量的请求,导致该服务器不堪重负,这是典型的分布式拒绝服务攻击(DDoS)。

答案: C

【真题 2】_____是不能查杀计算机病毒的软件。

A. 卡巴斯基

B. 金山毒霸

C. 天网防火墙

D. 江民 2,008

解析: 防火墙指的是一个由软件和硬件设备组合而成、在内部网和外部网之间、专用网与公共网之间的界面上构造的保护屏障,是一种获取安全性方法的形象说法,它是一种计算机硬件和软件的结合,使 Internet 与 Intranet 之间建立起一个安全网关(Security Gateway),从而保护内部网免受非法用户的侵入,防火墙主要由服务访问规则、验证工具、包过滤和应用网关 4 个部分组成,防火墙就是一个位于计算机和它所连接的网络之间的软件或硬件。该计算机流入、流出的所有网络通信和数据包均要经过此防火墙,不能用来查杀计算机病毒。

答案: C

题型点睛

1. 存储系统由存放程序和数据的各类存储设备及有关的软件构成,是计算机系统的重要组成部分,用于存放程序和数据。存储系统分为内存储器和外存储器。

2. 存储系统层次系统由三类存储器构成。主存和辅存构成一个层次,高速缓存和主存构成另一个层次。"高速缓存-主存"层次,这个层次主要解决存储器的速度问题;"主存-辅存"层次,这个层次主要解决存储器的容量问题。

3. 访问高速缓冲存储器的时间一般为访问主存时间的 1/10～1/4。

即学即练

【试题 1】下列_____不是计算机犯罪的特征。

A. 计算机本身的不可或缺性和不可替代性

B. 在某种意义上作为犯罪对象出现的特性

C. 行凶所使用的凶器

D. 明确了计算机犯罪侵犯的客体

【试题 2】在新刑法中,下列_____犯罪不是计算机犯罪。

A. 利用计算机犯罪

B. 故意伤害罪

C. 破坏计算机信息系统罪

D. 非法侵入国家计算机信息系统罪

【试题 3】编制或者在计算机程序中插入的破坏计算机功能或者毁坏数据,影响计算机使用,并能自我复制的一组计算机指令或者程序代码是_____。

A. 计算机程序

B. 计算机病毒

C. 计算机游戏

D. 计算机系统

TOP39　安全性分析

真题分析

【真题 1】风险发生前消除风险可能发生的根源并减少风险事件的概率,在风险事件发生后减少损失的程度；被称为_____。

 A. 回避风险 B. 转移风险 C. 损失控制 D. 自留风险

解析：本题考查信息系统开发中风险管理的基础知识。

规划降低风险的主要策略是回避风险、转移风险、损失控制和自留风险。回避风险是对可能发生的风险尽可能地规避，可以采取主动放弃或拒绝使用导致风险的方案来规避风险；转移风险是指一些单位或个人为避免承担风险损失，而有意识地将损失或与损失有关的财务后果转嫁给另外的单位或个人去承担；损失控制是指风险发生前消除风险可能发生的根源并减少风险事件的概率，在风险事件发生后减少损失的程度；自留风险又称承担风险，是由项目组织自己承担风险事件所致损失的措施。

答案：C

题型点睛

对风险进行了识别和评估后，可通过降低风险（例如安装防护措施）避免风险、转嫁风险（例如买保险）、接受风险（基于投入/产出比考虑）等多种风险管理方式得到的结果来协助管理部门根据自身特点来制定安全策略。

即学即练

【试题1】使网络服务器中充斥着大量要求回复的信息，消耗带宽，导致网络或系统停止正常服务，这属于_____攻击类型。

 A. 拒绝服务   B. 文件共享

 C. BIND 漏洞   D. 远程过程调用

【试题2】向有限的空间输入超长的字符串是_____攻击手段。

 A. 缓冲区溢出   B. 网络监听

 C. 拒绝服务   D. IP 欺骗

TOP40　安全管理

真题分析

【真题1】安全管理中的介质安全属于_____。

 A. 技术安全   B. 物理安全

 C. 环境安全   D. 管理安全

解析：物理安全是指在物理介质层次上对存储和传输的网络信息的安全保护，也就是保护计算机网络设备、设施以及其他媒体免遭地震、水灾、火灾等环境事故以及人为操作失误或错误及各种计算机犯罪行为导致的破坏过程。物理安全是信息安全的最基本保障，是整个安全系统不可缺少和忽视的组成部分。物理安全必须与其他技术和管理安全一起被实施，这样才能做到全面的保护。物理安全主要包括三个方面：环境安全、设施和设备安全、介质安全。

答案：B

【真题2】网络安全机制主要包括接入管理、_____和安全恢复三个方面。

 A. 安全报警   B. 安全监视

 C. 安全设置   D. 安全保护

解析：本题考查的是安全管理。对网络系统的安全性进行审计主要包括对网络安全机制和安全技术进行审计,包括接入管理、安全监视和安全恢复三个方面。接入管理主要处理好身份管理和接入控制,以控制信息资源的使用;安全监视主要功能有安全报警设置以及检查跟踪;安全恢复主要是及时恢复因网络故障而丢失的信息。

答案:B

【真题3】技术安全是指通过技术方面的手段对系统进行安全保护,使计算机系统具有很高的性能,能够容忍内部错误和抵挡外来攻击。它主要包括系统安全和数据安全,其中_____属于数据安全措施。

    A. 系统管理   B. 文件备份

    C. 系统备份   D. 入侵检测系统的配备

解析:本题考查的是安全管理。信息系统的数据安全措施主要分为 4 类:数据库安全,对数据库系统所管理的数据和资源提供安全保护;终端识别,系统需要对联机的用户终端位置进行核定;文件备份,备份能在数据或系统丢失的情况下恢复操作,备份的频率应与系统、应用程序的重要性相联系;访问控制,指防止对计算机及计算机系统进行非授权访问和存取,主要采用两种方式实现,一种是限制访问系统的人员,另一种是限制进入系统的用户所能做的操作。前一种主要通过用户标识与验证来实现,后一种依靠存取控制来实现。

答案:B

📖 题型点睛

    1. 技术安全管理包括如下内容:软件管理、设备管理、介质管理、涉密信息管理、技术文档管理、传输线路管理、安全审计跟踪、公共网络连接管理、灾难恢复。

    2. 网络管理是指通过某种规程和技术对网络进行管理,从而实现:①协调和组织网络资源以使网络的资源得到更有效的利用;②维护网络正常运行;③帮助网络管理人员完成网络规划和通信活动的组织。网络管理涉及网络资源和活动的规划、组织、监视、计赞和控制。国际标准化组织(ISO)在相关标准和建议中定义了网络管理的五种功能,即故障管理、配置管理、安全管理、性能管理和计费管理。

✏️ 即学即练

【试题1】信息安全风险缺口是指_____。

    A. IT 的发展与安全投入、安全意识和安全手段的不平衡

    B. 信息化中,信息不足产生的漏洞

    C. 计算机网络运行、维护的漏洞

    D. 计算中心的火灾隐患

【试题2】网络安全在多网合一时代的脆弱性体现在_____。

    A. 网络的脆弱性   B. 软件的脆弱性

    C. 管理的脆弱性   D. 应用的脆弱性

【试题3】风险评估的三个要素为_____。

    A. 政策、结构和技术

    B. 组织、技术和信息

    C. 硬件、软件和人

    D. 资产、威胁和脆弱性

【试题4】信息网络安全(风险)评估的方法为_____。

    A. 定性评估与定量评估相结合   B. 定性评估

    C. 定量评估   D. 定点评估

本章即学即练答案

序号	答案	序号	答案
TOP36	【试题 1】答案:A 【试题 2】答案:A 【试题 3】答案:B	TOP37	【试题 1】答案:B 【试题 2】答案:D
TOP38	【试题 1】答案:C 【试题 2】答案:B 【试题 3】答案:B	TOP39	【试题 1】答案:A 【试题 1】答案:A
TOP40	【试题 1】答案:A 【试题 2】答案:C 【试题 3】答案:D 【试题 4】答案:A		

第10章　计算机硬件基础

TOP41　信息系统概述

真题分析

【真题1】下图(T 为终端,WS 为工作站)所示信息系统的硬件结构属于____(1)____。系统规格说明书是信息系统开发过程中____(2)____阶段的最后结果。

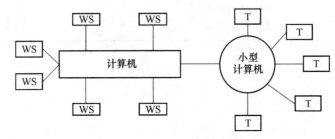

（1）A. 集中式　　　　　　　　　　B. 分布—集中式
　　　C. 分布式　　　　　　　　　　D. 混合式
（2）A. 系统分析　　　　　　　　　　B. 系统设计
　　　C. 系统实施　　　　　　　　　　D. 系统运行和维护

解析：本题考查的是信息系统中硬件结构与开发过程的基本知识。

根据教材,信息系统的结构可以分为层次结构、功能结构、软件结构和硬件结构。其中硬件结构又可分为集中式、分布集中式和分布式。选项 D 不是硬件结构分类中的类别。题图中所示为硬件结构中的分布集中式。

信息系统的开发阶段一般可以划分为系统分析阶段、系统设计阶段、系统实施阶段、系统运行和维护阶段。而系统规格说明书是系统分析阶段的最后结果,它通过一组图表和文字说明描述了目标系统的逻辑模型。

答案：(1) B　(2) A

【真题2】_____不属于面向管理控制的系统。

A. 电子数据处理系统(EDPS)　　　　B. 知识工作支持系统(KWSS)
C. 事务处理系统(TPS)　　　　　　　D. 计算机集成制造系统(CIMS)

解析：本题考查的是信息系统类型的基本知识。

根据信息服务对象的不同,企业中信息系统可以分为三类:面向作业处理的系统、面向管理控制的系统和面向决策计划的系统。其中,电子数据处理系统、知识工作支持系统和计算机集成制造系统属于面向管理控制的系统,而事务处理系统属于面向作业处理的系统。

答案：C

【真题3】根据信息系统定义,下列说法错误的是_____。

A. 信息系统的输入与输出为一一对应关系

B. 处理意味着转换与变换原始输入数据,使之成为可用的输出信息

C. 反馈是进行有效控制的重要手段

D. 计算机并不是信息系统所固有的

解析:信息系统是为了支持组织决策和管理而进行信息收集、处理、储存和传递的一组相互关联的部件组成的系统。从信息系统的定义可以确定以下内容:

① 信息系统的输入与输出类型明确,即输入是数据,输出是信息。

② 信息系统输出的信息必定是有用的,即服务于信息系统的目标,它反映了信息系统的功能或目标。

③ 信息系统中,处理意味着转换或变换原始输入数据,使之成为可用的输出信息。

④ 信息系统中,反馈用于调整或改变输入或处理活动的输出,对于管理决策者来说,反馈是进行有效控制的重要手段。

⑤ 计算机并不是信息系统所固有的。实际上,计算机出现之前,信息系统就已经存在,如动物的神经信息系统。

因此,答案 A 是错误的,信息系统的输入与输出类型是明确的,但并不存在一一对应关系。

答案:A

【真题4】为适应企业虚拟办公的趋势,在信息系统开发中,需要重点考虑的是信息系统的_____。

A. 层次结构　　　B. 功能结构　　　C. 软件结构　　　D. 硬件结构

解析:信息系统的硬件结构,又称为信息系统的物理结构或信息系统的空间结构,是指系统的硬件、软件、数据等资源在空间的分布情况,或者说避开信息系统各部分的实际工作和软件结构,只抽象地考察其硬件系统的拓扑结构。企业虚拟办公的特点是信息系统的分布式处理,重点应该考虑信息系统的硬件结构。

答案:D

【真题5】信息系统的硬件结构一般有集中式、分布式和分布—集中式三种,下面_____不是分布式结构的优点。

A. 可以根据应用需要和存取方式来配置信息资源

B. 网络上一个结点出现故障一般不会导致全系统瘫痪

C. 系统扩展方便

D. 信息资源集中,便于管理

解析:信息系统硬件结构方式中的分布式,其优点有可以根据应用需要和存取方式来配置信息资源;有利于发挥用户在系统开发、维护和信息资源管理方面的积极性和主动性,提高了系统对用户需求变更的适应性和对环境的应变能力;系统扩展方便,增加一个网络结点一般不会影响其他结点的工作,系统建设可以采取逐步扩展网络结点的渐进方式,以合理使用系统开发所需的资源;系统的健壮性好,网络中一个结点出现故障一般不会导致全系统瘫痪。信息资源集中,便于管理是集中式硬件结构的优点。分布式中信息资源是分散的,管理比较复杂。

答案:D

【真题6】信息系统的概念结构如下图所示,正确的名称顺序是_____。

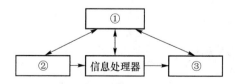

A. ①信息管理者、②信息源、③信息用户
B. ①信息源、②信息用户、③信息管理者
C. ①信息用户、②信息管理者、③信息源
D. ①信息用户、②信息源、③信息管理者

解析:信息系统从概念上来看是由信息源、信息处理器、信息用户和信息管理者4部分组成,它们之间的关系如下图所示。

答案:A

【真题7】以下叙述中,正确的是_____。

A. 信息系统可以是人工的,也可以是计算机化的
B. 信息系统就是计算机化的信息处理系统
C. 信息系统由硬件、软件、数据库和远程通信等组成
D. 信息系统计算机化一定能提高系统的性能

解析:信息系统为实现组织的目标,对整个组织的信息资源进行综合管理、合理配置与有效利用。其组成包括以下七大部分。

(1) 计算机硬件系统。包括主机(中央处理器和内存储器)、外存储器(如磁盘系统、数据磁带系统、光盘系统)、输入设备、输出设备等。

(2) 计算机软件系统。包括系统软件和应用软件两大部分。系统软件有计算机操作系统、各种计算机语言编译或解释软件、数据库管理系统等;应用软件可分为通用应用软件和管理专用软件两类。通用应用软件如图形处理、图像处理、微分方程求解、代数方程求解、统计分析、通用优化软件等;管理专用软件如管理数据分析软件、管理模型库软件、各种问题处理软件和人机界面软件等。

(3) 数据及其存储介质。有组织的数据是系统的重要资源。数据及其存储介质是系统的主要组成部分。有的存储介质已包含在计算机硬件系统的外存储设备中。另外还有录音、录像磁带、缩微胶片以及各种纸质文件。这些存储介质不仅用来存储直接反映企业外部环境和产、供、销活动以及人、财物状况的数据,而且可存储支持管理决策的各种知识、经验以及模型与方法,以供决策者使用。

(4) 通信系统。用于通信的信息发送、接收、转换和传输的设施,如无线、有线、光纤、卫星数据通信设备,以及电话、电报、传真、电视等设备;有关的计算机网络与数据通信的软件。

(5) 非计算机系统的信息收集、处理设备。如各种电子和机械的信息采集装置,摄影、录音等记录装置。因此,B,C,D错误。

(6) 规章制度。包括关于各类人员的权力、责任、工作规范、工作程序、相互关系及奖惩办法的各种规定、规则、命令和说明文件;有关信息采集、存储、加工、传输的各种技术标准和工作规范;各种设备的操作、维护规程等有关文件。

(7) 工作人员。计算机和非计算机设备的操作、维护人员,程序设计员,数据库管理员,系统分析员,信息系统的管理人员与收集、加工、传输信息的有关人员。因此A正确。

答案:A

题型点睛

1. **信息系统的概念:**信息系统是为了支持组织决策和管理而进行信息收集、处理、储存和传递的一组相互关联的部件组成的系统。

2. **信息系统的层次结构:**由于信息系统是为管理决策服务的,而管理是分层的,可以分为战略计

划、战术管理和作业处理三层,因此信息系统也可以从纵向相应分解为三层子系统。

3. 信息系统的软件结构:软件在信息系统中的组织或联系,称为信息系统的软件结构。信息系统开发与应用中使用到的软件有:操作系统、数据库管理系统、程序设计语言、网络软件、项目管理软件、应用软件以及其他工具软件等。

4. 信息系统的硬件结构,又称为信息系统的物理结构或信息系统的空间结构,是指系统的硬件、软件、数据等资源在空间的分布情况,或者说避开信息系统各部分的实际工作和软件结构,只抽象地考查其硬件系统的拓扑结构。信息系统的硬件结构一般有三种类型:集中式的、分布式的和分布—集中式的。

5. 信息系统的主要类型。根据信息服务对象的不同,企业中的信息系统可以分为三类。

(1) 面向作业处理的系统:是用来支持业务处理,实现处理自动化的信息系统。

① 办公自动化系统(Office Automation System,OAS)。

② 事务处理系统(Transaction Processing System,TPS)。

③ 数据采集与监测系统(Data Acquiring and Monitoring System,DAMS)。

(2) 面向管理控制的系统:是辅助企业管理、实现管理自动化的信息系统。

① 电子数据处理系统(EDPS),有时又称数据处理系统(DPS)或事务处理信息系统。

② 知识工作支持系统(Knowledge Work Support System,KWSS)。

③ 计算机集成制造系统(Computer Integrated Manufacturing System,CIMS)。

(3) 面向决策计划的系统

① 决策支持系统(Decision Support System,DSS)。

② 战略信息系统(Strategic Information System,SIS)。

③ 管理专家系统(Management Expert System,MES)。

即学即练

【试题1】信息系统集成可以分为几个不同层次,下面_____不属于这几个层次的集成。

A. 信息集成　　　　　B. 硬件集成　　　　　C. 系统集成　　　　　D. 软件集成

【试题2】以下_____不是系统分解的原则。

A. 可控性　　　　　B. 功能聚合性　　　　　C. 接口标准性　　　　　D. 整合性

【试题3】_____是指一个系统区别于环境或另一系统的界限。

A. 系统边界　　　　　B.　系统界限　　　　　C. 系统边缘　　　　　D. 系统框架

TOP42　信息系统工程概述

真题分析

【真题1】为了解决进程间的同步和互斥问题,通常采用一种称为__(1)__机制的方法。若系统中有5个进程共享若干个资源 R,每个进程都需要 4 个资源 R,那么使系统不发生死锁的资源 R 的最少数目是__(2)__。

(1) A. 调度　　　　　B. 信号量　　　　　C. 分派　　　　　D. 通信

(2) A. 20　　　　　B. 18　　　　　C. 16　　　　　D. 15

解析:本题考查的是操作系统中采用信号量实现进程间同步与互斥的基本知识及应用。

试题(2)的正确答案为 B。因为在系统中,多个进程竞争同一资源可能会发生死锁,若无外力作用,这些进程都将永远不能再向前推进。为此,在操作系统的进程管理中最常用的方法是采用信号量

(Semaphore)机制。信号量是表示资源的实体,是一个与队列有关的整型变量,其值仅能由 P、V 操作改变。"P 操作"检测信号量是否为正值,若不是,则阻塞调用进程;"V 操作"唤醒一个阻塞进程恢复执行。根据用途不同,信号量分为公用信号量和私用信号量。公用信号量用于实现进程间的互斥,初值通常设为 1,它所联系的一组并行进程均可对它实施 P、V 操作;私用信号量用于实现进程间的同步,初始值通常设为 0 或 n。

试题(2)的正确答案为 C。因为本题中有 5 个进程共享若干个资源 R,每个进程都需要 4 个资源 R,若系统为每个进程各分配了 3 个资源,即 5 个进程共分配了 15 个单位的资源 R,此时只要再有 1 个资源 R,就能保证有一个进程运行完毕,当该进程释放其占有的所有资源,其他进程又可以继续运行,直到所有进程运行完毕。因此,使系统不发生死锁的资源 R 的最少数目是 16。

答案:(1) B (2) C

【真题 2】若进程 P1 正在运行,操作系统强行终止 P1 进程的运行,让具有更高优先级的进程 P2 运行,此时 P1 进程进入_____状态。

A. 就绪   B. 等待   C. 结束   D. 善后处理

解析:本题考查操作系统进程管理方面的基础知识。进程一般有 3 种基本状态:运行、就绪和阻塞。当一个进程在处理机上运行时,则称该进程处于运行状态。显然对于单处理机系统,处于运行状态的进程只有一个。

一个进程获得了除处理机外的一切所需资源,一旦得到处理机即可运行,则称此进程处于就绪状态。

阻塞状态也称等待或睡眠状态,一个进程正在等待某一事件发生(例如请求 I/O 而等待 I/O 完成等)而暂时停止运行,这时即使把处理机分配给进程也无法运行,故称该进程处于阻塞状态。

综上所述,进程 P1 正在运行,操作系统强行终止 P1 进程的运行,并释放所占用的 CPU 资源,让具有更高优先级的进程 P2 运行,此时 P1 进程处于就绪状态。

答案:A

【真题 3】某系统的进程状态转换如下图所示,图中 1、2、3 和 4 分别表示引起状态转换时的不同原因,原因 4 表示 __(1)__ ;一个进程状态转换会引起另一个进程状态转换的是 __(2)__ 。

(1) A. 就绪进程被调度   B. 运行进程执行了 P 操作
    C. 发生了阻塞进程等待的事件   D. 运行进程时间片到了

(2) A. 1—2   B. 2—1   C. 3—2   D. 2—4

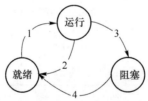

解析:本题考查的是计算机操作系统进程管理方面的基础知识。图中原因 1 由于调度程序的调度引起;原因 2 由于时间片用完引起;原因 3 由于请求引起,例如进程执行了 P 操作,由于申请的资源得不到满足进入阻塞队列;原因 4 是由于 I/O 完成引起的,例如某进程执行了 V 操作将信号量值减 1,若信号量的值小于 0,意味着有等待该资源的进程,将该进程从阻塞队列中唤醒使其进入就绪队列。因此试题(1)的正确答案是 C。

试题(2)选项 A"1—2"不可能,因为调度程序从就绪队列中调度一个进程投入运行,不会引起另外一个进程时间片用完;选项 B"2—1"可能,因为当现运行进程的时间片用完,会引起调度程序调度另外一个进程投入运行;选项 C"3—2"不可能,因为现运行进程由于等待某事件被阻塞,使得 CPU 空闲,此时调度程序会从处于就绪状态的进程中挑选一个新进程投入运行;选项 D "2-4"不可能,一般一个进程从阻塞状态变化到就绪状态时,不会引起另一个进程从就绪状态变化到运行状态。

答案:(1) C　(2) B

【真题 4】在操作系统的进程管理中,若系统中有 10 个进程使用互斥资源 R,每次只允许 3 个进程进入互斥段(临界区),则信号量 S 的变化范围是_____。

A. −7～1　　　　　B. −7～3　　　　　C. −3～0　　　　　D. −3～10

解析:本题考查操作系统信号量与 P、V 操作的基础知识。由于系统中有 10 个进程使用互斥资源 R,每次只允许 3 个进程进入互斥段(临界区),因此信号量 S 的初值应为 3。由于每当有一个进程进入互斥段时信号量的值需要减 1,故信号量 S 的变化范围是−7～3。

答案:B

题型点睛

1. 信息系统工程是用系统工程的原理、方法来指导信息系统建设与管理的一门工程技术学科。它是一个特定的工程类型,是工程的理论与方法在信息系统领域的应用。

2. 计算机操作系统进程:进程一般有 3 种基本状态:运行、就绪和阻塞。其中运行状态表示当一个进程在处理机上运行时,则称该进程处于运行状态。显然对于单处理机系统,处于运行状态的进程只有一个。就绪状态表示一个进程获得了除处理机外的一切所需资源,一旦得到处理机即可运行,则称此进程处于就绪状态。阻塞状态也称等待或睡眠状态,一个进程正在等待某一事件发生(例如请求 I/O 而等待 I/O 完成等)而暂时停止运行,这时即使把处理机分配给进程也无法运行,故称该进程处于阻塞状态。

即学即练

【试题 1】信息系统工程的研究方法是_____。

A. 技术方法　　　　　　　　　　　B. 行为方法

C. 社会技术系统方法　　　　　　　D. 以上三者都是

【试题 2】建立企业信息系统应该遵循一定的原则,以下原则不适当的是_____。

A. 必须支持企业的战略目标

B. 应该自上而下地规划和实现

C. 应该支持企业各个管理层的需求

D. 应该向整个企业提供一致的信息

TOP43　信息系统开发概述

真题分析

【真题 1】在软件项目管理中可以使用各种图形工具来辅助决策,下面对甘特(Gantt)图的描述中,不正确的是_____。

A. Gantt 图表现了各个活动的持续时间

B. Gantt 图表现了各个活动的起始时间

C. Gantt 图反映了各个活动之间的依赖关系

D. Garitt 图表现了完成各个活动的进度

解析:本题考查甘特图的使用方法。甘特图表现了一个系统开发过程中各个活动(子任务)的时间安排,也反映了各个活动的持续时间和软件开发的进度,但是不能反映各个活动之间的依赖关系。活动之间的依赖关系要用工程网络图(又称活动图)来表现。

答案:C

【真题2】某待开发的信息系统,具体功能需求不明确,需求因业务发展需要频繁变动,适用于此信息系统的开发方法是_____。

A. 螺旋模型　　　　　　　　　　　B. 原型方法

C. 瀑布模型　　　　　　　　　　　D. 面向系统的方法

解析:螺旋模型、原型方法、瀑布模型都是信息系统开发中的软件过程模型,每个模型都有自己的特点,重点解决软件开发中的部分问题。螺旋模型首次提出对软件风险的管理;瀑布模型强调的是软件开发中过程的明确分割,强调有着明确的需求;原型方法则针对的是需求不明确,而且需求在开发过程中可能会频繁变动的信息系统。适用于此信息系统的开发方法是原型方法。

答案:B

【真题3】在信息系统建设中,为了使开发出来的目标系统能满足实际需要,在着手编程之前应认真考虑以下问题:

① 系统所要求解决的问题是什么?

② 为解决该问题,系统应干些什么?

③ 系统应该怎么去干?

其中第②个问题在 __(1)__ 阶段解决,第③个问题在 __(2)__ 阶段解决。

(1) A. 信息系统总体规划　　　　　B. 信息系统分析

　　 C. 信息系统设计　　　　　　　D. 信息系统实施

(2) A. 信息系统总体规划　　　　　B. 信息系统分析

　　 C. 信息系统设计　　　　　　　D. 信息系统实施

解析:在总体规划阶段,通过初步调查和可行性分析,建立了信息系统的目标,已经回答了"系统所要求解决的问题是什么";而"为解决该问题系统应干些什么"的问题,正是系统分析阶段的任务;"系统应该怎么去干"则由系统设计阶段解决。

答案:(1) B　(2) C

【真题4】某企业欲开发基于互联网的业务系统,前期需求不明确,同时在市场压力下,要求尽快推向市场。此时适宜使用的软件开发过程模型是_____。

A. 瀑布模型　　　B. 螺旋模型　　　C. V模型　　　D. 原型化模型

解析:本题考查信息系统开发的基础知识。

瀑布模型简单易用,开发进程比较严格,要求在项目开发前,项目需求已经被很好地理解,也很明确,项目实施过程中发生需求变更的可能性小。V模型在瀑布模型的基础上,强调测试过程与开发过程的对应性和并行性,同样要求需求明确,而且很少有需求变更的情况发生。

螺旋模型表现为瀑布模型的多次迭代,主要是针对风险比较大的项目而设计的一种软件开发过程模型,主要适用于规模很大的项目,或者采用了新技术以及不确定因素和风险限制了项目进度的项目。

原型模型是在需求阶段快速构建一部分系统的生存期模型,主要是在项目前期需求不明确,或者需要减少项目不确定性的时候采用。原型化可以尽快地推出一个可执行的程序版本,有利于尽早占领市场。

综上所述,该企业应该采用原型化模型。

答案:D

【真题5】在面向对象软件开发过程中,_____不属于面向对象分析阶段的活动。

A. 评估分析模型　　　B. 确定接口规格　　　C. 构建分析模型　　　D. 识别分析类

解析:面向对象的软件开发过程包括分析、系统设计、开发类、组装测试和应用维护等。其中分析过程包括问题域分析、应用分析,此阶段主要识别对象及对象之间的关系,最终形成软件的分析模型,并进行评估。设计阶段主要构造软件总的模型,实现相应源代码,在此阶段,需要发现对象的过程,确定接口规格。因此,选择 B。

　　答案:B

🅰 题型点睛

　　1. 信息系统的开发阶段:

　　(1) 系统分析阶段:在着手编程之前,首先必须要有一定的时间用来认真考虑以下问题:

　　　　——系统所要求解决的问题是什么?

　　　　——为解决该问题,系统应干些什么?

　　　　——系统应该怎么去干?

　　在总体规划阶段,通过初步调查和可行性分析,建立了目标系统的目标,已经回答了上面的第一个问题。而第二个问题的解决,正是系统分析的任务,第三个问题则由系统设计阶段解决。

　　简单说来,系统分析阶段是将目标系统目标具体化为用户需求,再将用户需求转换为系统的逻辑模型,系统的逻辑模型是用户需求明确、详细的表示。

　　(2) 系统设计阶段:系统设计工作应该自顶向下地进行。首先设计总体结构,然后再逐层深入,直至进行每一个模块的设计。总体设计主要是指在系统分析的基础上,对整个系统的划分(子系统)、设备(包括软、硬设备)的配置、数据的存储规律以及整个系统实现规划等方面进行合理的安排。系统设计的主要任务是进行总体设计和详细设计。总体设计包括系统模块结构设计和计算机物理系统的配置方案设计。详细设计主要有处理过程设计以确定每个模块内部的详细执行过程,包括局部数据组织、控制流、每一步的具体加工要求等,一般来说,处理过程模块详细设计的难度已不太大,关键是用一种合适的方式来描述每个模块的执行过程,常用的有流程图、问题分析图、IPO 图和过程设计语言等;除了处理过程设计,还有代码设计、界面设计、数据库设计、输入/输出设计等。系统设计阶段的结果是系统设计说明书,它主要由模块结构图、模块说明书和其他详细设计的内容组成。

　　(3) 系统实施阶段:一般来说,系统实施阶段主要有以下几个方面的工作:物理系统的实施;程序设计;系统调试;人员培训;系统切换。

　　(4) 系统运行和维护阶段。

　　2. 选择一个适当的软件生命周期对项目来说至关重要。在项目策划的初期,就应该确定项目所采用的软件生命周期,统筹规划项目的整体开发流程。一个组织通常能为多个客户生产软件,而客户的要求也是多样化的,一种软件生命周期往往不能适合所有的情况。常见的软件生命周期有瀑布模型、迭代模型和快速原型开发模型 3 种。

　　瀑布模型的优点是:强调开发的阶段;强调早期计划及需求调查;强调产品测试。

　　瀑布模型的缺点是:依赖于早期进行的需求调查,不能适应需求的变化,单一流程,开发中的经验教训不能反馈应用于本产品的过程;风险通常到开发后期才能显露,失去及早纠正的机会。

　　瀑布模型的适合项目:需求简单清楚,在项目初期就可以明确所有的需求;阶段审核和文档控制要求做好;不需要二次开发。

　　迭代模型的优点是:开发中的经验教训能及时反馈;信息反馈及时;销售工作有可能提前进行;采取早期预防措施,增加项目成功的几率。

　　迭代模型的缺点是:如果不加控制地让用户接触开发中尚未测试稳定的功能,可能对开发人员及用户都产生负的影响。

　　迭代模型的适合项目:事先不能完整定义产品的所有需求;计划多期开发。

　　快速原型开发模型的优点:直观、开发速度快。

　　快速原型开发模型的缺点:设计方面考虑不周全。

　　快速原型开发模型适合项目:需要很快给客户演示的产品。

　　软件开发的生命周期包括两方面的内容,首先是项目应包括哪些阶段,其次是这些阶段的顺序如何。一般的软件开发过程包括:需求分析(RA)、软件设计(SD)、编码(Coding)及单元测试(Unit Test)、集成及系统测试(Integration and System Test)、安装(Install)、实施(Implementation)等阶段。

维护阶段实际上是一个微型的软件开发生命周期,包括:对缺陷造成更改申请进行分析即需求分析(RA),分析影响即软件设计(SD),实施变更即进行编程(Coding),然后进行测试(Test)。在维护生命周期中,最重要的就是对变更的管理。在软件开发完成并投入使用后,由于多方面的原因,软件不能继续适应用户的要求。要延续软件的使用寿命,就必须对软件进行维护。软件的维护包括纠错性维护和改进性维护两个方面。

即学即练

【试题1】_____也称为生命周期模型或线性顺序模型,是一种系统化的、线性的开发方法,由 W. Royce 于 1970 年首先提出。

A. 结构化方法　　　　B. 顺序模型　　　　　C. 瀑布模型　　　　　D. 原型化方法

【试题2】结构式语言是一种_____。

A. 机器语言

B. 介于计算机程序设计语言和人们日常所用的自然语言之间的语言形式

C. 自然语言

D. 编程语言

本章即学即练答案

序号	答案	序号	答案
TOP41	【试题1】答案:C 【试题2】答案:D 【试题3】答案:A	TOP42	【试题1】答案:D 【试题2】答案:B
TOP43	【试题1】答案:C 【试题2】答案:B		

第11章　信息系统开发的管理知识

TOP44　计算机的基本组成

真题分析

【真题1】_____是项目与其他常规运作的最大区别。

A. 生命周期的有限性　　　　　　　　B. 目标的明确性

C. 实施的一次性　　　　　　　　　　D. 组织的临时性

解析:本题考查的是项目的主要特点。

在现实生活和工作中,我们会遇到很多项目,到底哪些属于项目,这就必须掌握项目的特性。识别项目的标志有很多,但作为项目最大的特点就是一次性。

答案:C

【真题2】下面说法不是项目基本特征的是_____。

A. 项目具有一次性　　　　　　　　　B. 项目需要确定的资源

C. 项目有一个明确目标　　　　　　　D. 项目组织采用矩阵式管理

解析:本题考查信息系统开发中项目管理的基础知识。

项目是为了创造一个唯一的产品或提供一个唯一的服务而进行的临时性的努力。其具备的特征有目标性、相关性、周期性、独特性、约束性、不确定性和结果的不可逆转性。题中的 A 选项属于独特性,B 选项属于约束性,C 选项属于目标性,而项目组织采用的机构组织管理模型和项目的基本特征无关,因此答案为 D。

答案:D

题型点睛

1. 所谓项目,简单地说,就是在既定的资源和要求的约束下,为实现某种目的而相互联系的一次性工作任务。这个定义包括三层意思:一定的资源约束、一定的目标、一次性任务。这里的资源包括时间资源、经费资源、人力资源等。项目的定义包含三层含义:第一,项目是一项有待完成的任务,且有特定的环境与要求;第二,在一定的组织机构内,利用有限资源(人力、物力、财力等)在规定的时间内完成任务;第三,任务要满足一定性能、质量、数量、技术指标等要求。这三层含义对应这项目的三重约束——时间、费用和性能。项目的目标就是满足客户、管理层和供应商在时间、费用和性能(质量)上的不同要求。

2. 信息系统项目的特点有:

(1)信息系统项目的目标不精确;

(2)信息系统项目的任务边界模糊;

(3)信息系统项目的质量要求主要由项目团队定义;

(4)在信息系统项目的开发过程中,客户的需求不断被激发,不断地被进一步明确;

（5）在信息系统项目的开发过程中，客户需求随项目进展而变化；

（6）在信息系统项目的开发过程中，项目的进度、费用等计划会不断更改；

（7）信息系统项目是智力密集、劳动密集型项目，受人力资源影响最大；

（8）信息系统项目的项目成员的结构、责任心、能力和稳定性对信息系统项目的质量以及是否成功有决定性影响。

3. 项目三要素的关系：三要素相互影响；为了缩短项目时间，就需要增加项目成本（资源）或减少项目范围；为了节约项目成本，减小项目范围或延长项目时间；如果需求变化导致增加项目范围，就需要增加项目成本（资源）或延长项目时间。因此，它们相互应影响，一个因素变化就会影响其他因素，就需要同时考虑这些影响。

即学即练

【试题1】新项目与过去成功开发过的一个项目类似，但规模更大，这时应该使用_____进行项目开发设计。

A. 原型法 　　　　B. 变换模型 　　　　C. 瀑布模型 　　　　D. 螺旋模型

TOP45　信息系统项目管理

真题分析

【真题1】项目三角形的概念中，不包含项目管理中的_____要素。

A. 范围 　　　　B. 时间 　　　　C. 成本 　　　　D. 质量

解析：项目三角形是指项目管理中范围、时间、成本 3 个因素之间的互相影响的关系。项目三角形的范围，除了要考虑对项目直接成果的要求，还要考虑与之相关的在人力资源管理、质量管理、沟通管理、风险管理等方面的工作要求。项目三角形的成本，主要来自于所需资源的成本。

质量处于项目三角形的中心，质量会影响三角形的每条边，对三条边中的任何一条所作的更改都会影响质量。质量不是三角形的要素，它是时间、费用和范围协调的结果。

答案：D

题型点睛

目前比较流行的项目管理知识体系是美国项目管理协会（PMI）开发的项目管理知识体系（Project Management Bode of Knowledge，PMHOK）。该知识体系把项目管理划分为 9 个知识领域：范围管理、进度管理、成本管理、质量管理、人力资源管理、沟通管理、采购管理、风险管理和综合管理。

即学即练

【试题1】项目整体管理的主要过程是_____。

A. 制订项目管理计划、执行项目管理计划、项目范围变更控制

B. 制订项目管理计划、指导和管理项目执行、项目整体变更控制

C. 项目日常管理、项目知识管理、项目管理信息系统

D. 制订项目管理计划、确定项目组织、项目整体变更控制

【试题 2】需求变更提出来之后,接着应该进行下列中的_____工作。

A. 实施变更　　　　　　　　　　B. 验证变更

C. 评估变更　　　　　　　　　　D. 取消变更

【试题 3】项目发生变更在所难免。项目经理应让项目干系人(特别是业主)认识到_____。

A. 在项目策划阶段,变更成本较高

B. 在项目策划阶段,变更成本较低

C. 在项目策划阶段,变更带来的附加值较低

D. 在项目执行阶段,变更成本较低

【试题 4】项目范围是否完成和产品范围是否完成分别以_____作为衡量标准。

A. 项目管理计划,产品需求

B. 范围说明书,WBS

C. 范围基线,范围定义

D. 合同,工作说明书

TOP46　信息系统开发的管理工具

真题分析

【真题 1】P3 E 的企业项目结构(EPS)使得企业可按多重属性对项目进行随意层次化的组织,可基于 EPS 层次化结构的任一点进行项目执行情况的_____。

A. 进度分析　　　　B. 计划分析　　　　C. 成本分析　　　　D. 财务分析

解析:本题考查的是信息系统开发管理工具 P3/P3 E 的主要作用。

信息系统开发的管理工具主要由 Microsoft Project 98/2000、P3/P3 E 和 ClearQuest 构成。Microsoft Project Project 98 作为桌面项目管理工具,用户界面友好,操作灵活,在企业中被广泛应用;Microsoft Project 2000 主要是帮助项目经理进行计划制定、管理和控制,实现项目进度和成本分析、进行预测和控制等;P3 软件是全球用户最多的项目进度控制软件,可以进行进度计划编制、进度计划优化,以及进度跟踪反馈、分析和控制;P3 E 使得企业可基于 EPS 层次化结构的任一点进行项目执行情况的财务分析;ClearQuest 可以使管理人员和开发人员轻松了解对软件的各种修改和更新升级。

答案:D

【真题 2】极限编程(eXtreme Programming)是一种轻量级软件开发方法,_____不是它强调的准则。

A. 持续的交流和沟通　　　　　　B. 用最简单的设计实现用户需求

C. 用测试驱动开发　　　　　　　D. 关注用户反馈

解析:极限编程(eXtreme Programming,XP)是于 1998 年由 Kent Beck 首先提出的,这是一种轻量级的软件开发方法,同时也是一种非常严谨和周密的方法。这种方法强调交流、简单、反馈和勇气 4 项原则,也就是说一个软件项目可以从 4 个方面进行改善:加强交流;从简单做起;寻求反馈;勇于实事求是。XP 是一种近螺旋式的开发方法,它将复杂的开发过程分解为一个个相对比较简单的小周期;通过积极的交流、反馈以及其他一系列的方法,开发人员和客户可以非常清楚开发进度、变化、特解决的问题和可能存在的困难等,并根据实际情况及时地调整开发过程。

答案:C

题型点睛

1. Microsoft Project 2000 供项目经理使用,进行计划制定、管理和控制。Microsoft Project 2000 不仅可以快速、准确地建立项目计划,使项目管理者从大量烦琐的计算绘图中解脱出来,而且可以帮助项

目经理实现项目进度和成本分析、预测、控制等靠人工根本无法实现的功能,使项目工期大大缩短,资源得到有效利用,提高了经济效益。

2. Primavera Project Planner(P3)工程项目管理软件是美国 Primavera 公司的产品,是国际上流行的高档项目管理软件,已成为项目管理的行业标准。P3 软件是全球用户最多的项目进度控制软件,它在如何进行进度计划编制、进度计划优化,以及进度跟踪反馈、分析、控制方面一直起到方法论的作用。P3 软件适用于任何工程项目,能有效地控制大型复杂项目,并可以同时管理多个工程。

即学即练

【试题 1】某 ERP 系统投入使用后,经过一段时间,发现系统变慢,进行了初步检测之后,要找出造成该问题的原因,最好采用_____方法。

A. 质量审计
B. 散点图
C. 因果分析图
D. 统计抽样

【试题 2】_____不是管理项目团队的工具及技术。

A. 观察与对话
B. 角色定义
C. 项目绩效评估
D. 冲突管理

【试题 3】Microsoft Project 98/2000 一般不用于_____。

A. 时间管理
B. 安全管理
C. 成本管理
D. 风险管理

本章即学即练答案

序号	答案	序号	答案
TOP44	【试题 1】答案:C	TOP45	【试题 1】答案:B 【试题 2】答案:C 【试题 3】答案:B 【试题 4】答案:A
TOP46	【试题 1】答案:C 【试题 2】答案:B 【试题 3】答案:B		

第 12 章　信息系统分析

TOP47　系统分析任务

真题分析

【真题1】软件需求分析阶段的主要任务是确定_____。

A. 软件开发方法
B. 软件系统功能
C. 软件开发工具
D. 软件开发费用

解析:软件需求分析过程主要完成对目标软件的需求进行分析并给出详细描述,然后编写软件需求说明书、系统功能说明书;概要设计和详细设计组成了完整的软件设计过程,其中概要设计过程需要将软件需求转化为数据结构和软件的系统结构,并充分考虑系统的安全性和可靠性,最终编写概要设计说明书、数据库设计说明书等文档;详细设计过程完成软件各组成部分内部的算法和数据组织的设计与描述,编写详细设计说明书等;编码阶段需要将软件设计转换为计算机可接收的程序代码,且代码必须和设计一致。

答案:B

题型点睛

系统分析是应用系统的思想和方法,把复杂的对象分解成简单的组成部分,并找出这些部分的基本属性和彼此间的关系。系统分析主要回答新系统"做什么"这个关键性的问题。只有明确了问题,才有可能回答"怎么做",才有可能解决问题。系统分析的主要任务是理解和表达用户对系统的应用需求。通过深入调查,和用户一起充分了解现行系统是怎样工作的,理解用户对现行系统的改进要求和对新系统的要求。在此基础上,把和用户共同理解的新系统用恰当的工具表达出来。

即学即练

【试题1】信息系统对管理职能的支持,归根结底是对_____的支持。

A. 计划
B. 组织
C. 控制
D. 决策

【试题2】一般子系统的划分是在系统_____阶段,根据对系统的功能/数据分析的结果提出的。

A. 需求分析
B. 物理设计
C. 总体设计
D. 详细设计

【试题3】制定开发管理信息系统之前,首先要做好系统开发的_____。

A. 可行性研究
B. 新系统的逻辑设计和物理设计
C. 系统化分析
D. 总体预算

【试题4】衡量系统开发质量的首要标准是_____。

A. 满足技术指标   B. 满足设计者要求

C. 满足用户要求   D. 技术规范

TOP48 结构化分析方法

真题分析

【真题1】在信息系统分析阶段,对数据流图的改进,包括检查数据流图的正确性和提高数据流图的易理解性,下面说法不正确的是_____。

A. 数据流图中,输入数据与输出数据必须匹配

B. 数据流图的父图和子图必须平衡

C. 任何一个数据流至少有一端是处理框

D. 数据流图中适当的命名,可以提高易理解性

解析:本题考查的是信息系统设计中数据流图的知识。数据是否守恒,即输入数据与输出数据是否匹配。数据不匹配并不一定是错误,但必须认真推敲。

答案:A

【真题2】实体联系图(E-R)的基本成分不包括_____。

A. 实体   B. 联系   C. 属性   D. 方法

解析:本题考查的是实体关系图的知识。实体联系图的基本成分是实体、联系和属性。

答案:D

【真题3】数据流图(DFD)是一种描述数据处理过程的工具,常在_____活动中使用。

A. 结构化分析   B. 结构化设计

C. 面向对象分析与设计   D. 面向构件设计

解析:数据流图(Data Flow Dlagram,DFD)采用图形方式描述了数据在系统内部的移动和变换过程,是结构化分析方法中的主要工具之一。数据流图的要素包括数据流、加工、数据源点、数据汇点、数据文件,其中加工将输入数据流变换为输出数据流,数据文件保存数据,既可以是文件,也可以是数据库中的表。通常需要相应的数据字典对数据流图中各成分的含义给出定义。

答案:A

【真题4】__(1)__是一种最常用的结构化分析工具,它从数据传递和加工的角度,以图形的方式刻画系统内数据的运行情况。通常使用__(2)__作为该工具的补充说明。

(1) A. 数据流图   B. 数据字典   C. E-R 图   D. 判定表

(2) A. 数据流图   B. 数据字典   C. E-R 图   D. 判定表

解析:数据流图是一种常用的结构化分析工具,它从数据传递和加工的角度,以图形的方式刻画系统内数据的运行情况。数据流图是一种能全面描述信息系统逻辑模型的主要工具,它可以用少数几种符号综合地反映出信息在系统中的流动、处理和存储的情况。

通常使用数据字典对数据流图加以补充说明。数据字典是以特定格式记录下来的、对系统的数据流图中各个基本要素的内容和特征所做的完整的定义和说明。

答案:(1) A (2) B

【真题5】_____从数据传递和加工的角度,以图形的方式刻画系统内部数据的运动情况。

A. 数据流图   B. 数据字典   C. 实体关系图   D. 判断树

解析:本题考查信息系统开发中分析阶段的基础知识。数据流图从数据传递和加工的角度,以图形的方式刻画系统内部数据的运动情况。数据字典是以特定格式记录下来的,对系统的数据流图中各个基本要素的内容和特征所做的完整的定义和说明,是对数据流图的重要补充和说明。实体关系图(E-R图)是指以实体、关系和属性三个基本概念概括数据的基本结构,从而描述静态数据结构的概念模

式,多用于数据库概念设计。判断树是用来表示逻辑判断问题的一种图形工具,它用"树"来表达不同条件下的不同处理,比语言、表格的方式更为直观。

答案:A

【真题 6】在采用结构化方法进行软件分析时,根据分解与抽象的原则,按照系统中数据处理的流程,用_____来建立系统的逻辑模型,从而完成分析工作。

A. E-R 图　　　　　B. 数据流图　　　　　C. 程序流程图　　　　　D. 软件体系结构

解析:本题考查结构化分析方法中图形工具的作用。数据流图摆脱系统的物理内容,在逻辑上描述系统的功能、输入/输出和数据存储等,是系统逻辑模型的重要组成部分。

答案:B

【真题 7】下列选项中,_____不属于结构化分析方法所使用的工具。

A. 数据流图　　　　　　　　　　　B. 判定表和判定树

C. 系统流程图　　　　　　　　　　D. E-R(实体联系)图

解析:本题考查的是信息系统分析工具的基本知识。信息系统分析阶段,结构化分析方法使用的主要工具有:数据流图、数据字典、实体关系图(E-R 图)、结构化语言、判定树和判定表。系统流程图是表达系统执行过程的描述工具,是系统设计阶段使用的工具。

答案:C

题型点睛

1. 结构化分析方法是一种单纯的自顶向下逐步求精的功能分解方法,它按照系统内部数据传递,以变换的关系建立抽象模型,然后自顶向下逐层分解,由粗到细、由复杂到简单。

2. 结构化分析方法使用了以下几个工具:数据流图、数据字典、实体关系图、结构化语言、判定表和判定树,以下将介绍前 4 种工具。

(1) 数据流图(Data Flow Diagram,DFD)是一种最常用的结构化分析工具,它从数据传递和加工的角度,以图形的方式刻画系统内数据的运动情况。数据流图用到 4 个基本符号,即外部实体、数据流、数据存储和处理逻辑。

(2) 数据字典是以特定格式记录下来的、对系统的数据流图中各个基本要素(数据流、处理逻辑、数据存储和外部实体)的内容和特征所做的完整的定义和说明。它是结构化系统分析的重要工具之一,是对数据流图的重要补充和说明。

(3) 实体联系图(Entity-Relationship Diagram,E-R 图),可用于描述数据流图中数据存储及其之间的关系,最初用于数据库概念设计。在实体联系图中,有实体、联系和属性三个基本成分。

(4) 结构化语言没有严格的语法规定,使用的词汇也比形式化的计算机语言广泛,但使用的语句类型后缀少,结构规范,表达的内容清晰、准确、易理解,不易产生歧义。适于表达数据加工的处理功能和处理过程。

结构化语言使用的语句类型只有以下三种:

* 祈使语句;
* 条件语句;
* 循环语句。

即学即练

【试题 1】信息系统开发的结构化方法的一个主要原则是_____。

A. 自顶向下原则　　　　　　　　　B. 自底向上原则

C. 分步实施原则　　　　　　　　　D. 重点突破原则

【试题 2】一般而言,信息系统的开发阶段分为四个阶段:系统分析阶段、系统设计阶段、系统实施阶段、系统运行和维护阶段。在着手编程之前,首先必须要有一定的时间用来认真考虑以下问题:

——系统所要求解决的问题是什么？

——为解决该问题，系统应干些什么？

——系统应该怎么去干？

在总体规划阶段，通过初步调查和可行性分析，建立了目标系统的目标，已经回答了上面的第一个问题。而第二个问题的解决，正是系统分析的任务，第三个问题则由系统设计阶段解决。

【问题1】（5分）

简单说来，系统分析阶段是将目标系统目标具体化为用户需求，再将用户需求转换为系统的逻辑模型，系统的逻辑模型是用户需求明确、详细的表示。

系统设计工作应该 ___(1)___ 地进行。首先设计 ___(2)___ ，然后再逐层深入，直至进行 ___(3)___ 的设计。总体结构设计主要是指在系统分析的基础上，对整个系统的划分（子系统）、设备（包括软、硬设备）的配置、数据的存储规律以及整个系统实现规划等方面进行合理的安排。

【问题2】（5分）

系统设计的主要任务是进行总体设计和详细设计。

总体设计包括 ___(4)___ 。

在总体设计基础上，第二步进行的是详细设计，主要有 ___(5)___ 以确定每个模块内部的详细执行过程，包括局部数据组织、控制流、每一步的具体加工要求等。

系统设计阶段的结果是 ___(6)___ ，它主要由 ___(7)___ 、 ___(8)___ 和其他详细设计的内容组成。

【问题3】（5分）

当系统分析与系统设计的工作完成以后，开发人员的工作重点就从分析、设计和创造性思考的阶段转入实践阶段。在此期间，将投入大量的人力、物力及占用较长的时间进行物理系统的实施、程序设计、程序和系统调试、人员培训、系统转换、系统管理等一系列工作，这个过程称为 ___(9)___ 。

系统实施阶段的目标就是把系统设计的物理模型转换成 ___(10)___ 的新系统。系统实施阶段既是成功实现新系统，又是取得用户对新系统信任的关键阶段。

系统实施是一项复杂的工程，信息系统的规模越大，实施阶段的任务越复杂。一般来说，系统实施阶段步骤主要有以下几个方面的工作： ___(11)___ ； ___(12)___ ； ___(13)___ ； ___(14)___ ； ___(15)___ 。

TOP49 系统分析工具——统一建模语言（UML）

真题分析

【真题1】在UML的关系中，表示特殊与一般的关系是 _____ 。

A. 依赖关系　　　　B. 泛化关系　　　　C. 关联关系　　　　D. 实现关系

解析：本题考查的是UML中关系的基本知识。

在UML中，泛化关系表示特殊与一般；依赖关系表示两个事物之间的语义关系，其中一个事物发生变化会影响另一个事物的语义；关联关系是一种结构关系，它描述了一组链，链是对象之间的连接；实现关系是类元之间的语义关系，其中的一个类元指定了由另一个类元保证执行的契约。

答案：B

【真题2】下列选项中，符合UML动态建模机制的是 _____ 。

A. 状态图　　　　B. 用例　　　　C. 类图　　　　D. 对象图

解析：本题考查的是UML中图的知识。

在UML中静态建模的图一般有用例图、类图、对象图、构件图和配置图，动态建模的图有状态图、顺序图等。

答案：A

【真题3】统一建模语言（UML）是面向对象开发方法的标准化建模语言。采用UML对系统建模时，用_____描述系统的全部功能，等价于传统的系统功能说明。

A. 分析模型　　　　　B. 设计模型　　　　　C. 用例模型　　　　　D. 实现模型

解析:用例模型是系统功能和系统环境的模型,它通过对软件系统的所有用例及其与用户之间关系的描述,表达了系统的功能性需求,可以帮助客户、用户和开发人员在如何使用系统方面达成共识。用例是贯穿整个系统开发的一条主线,同一个用例模型既是需求工作流程的结果,也是分析设计工作以及测试工作的前提和基础。

答案:C

【真题 4】下面关于 UML 的说法不正确的是_____。

A. UML 是一种建模语言　　　　　B. UML 是一种构造语言
C. UML 是一种可视化的编程语言　　　　　D. UMI 是一种文档化语言

解析:UML 是一种可视化语言,是一组图形符号,是一种图形化语言;UML 并不是一种可视化的编程语言,但用 UML 描述的模型可与各种编程语言直接相连,这意味着可把 UML 描述的模型映射成编程语言,甚至映射成关系数据库或面向对象数据库的永久存储。UML 是一种文档化语言,适于建立系统体系结构及其所有的细节文档,UML 还提供了用于表达需求和用于测试的语言,最终 UML 提供了对项目计划和发布管理的活动进行建模的语言。

答案:C

【真题 5】在需求分析阶段,可以使用 UML 中的_____来捕获用户需求,并描述对系统感兴趣的外部角色及其对系统的功能要求。

A. 用例图　　　　　B. 类图　　　　　C. 顺序图　　　　　D. 状态图

解析:用例图从用户角度描述系统功能,并指出各功能的操作者,因此可在需求阶段用于获取用户需求并建立用例模型;类图用于描述系统中类的静态结构;顺序图显示对象之间的动态合作关系,强调对象之间消息发送的顺序,同时显示对象之间的交互;状态图描述类的对象所有可能的状态以及事件发生时状态的转移条件。

答案:A

【真题 6】UML 中,用例属于_____。

A. 结构事物　　　　　B. 行为事物　　　　　C. 分组事物　　　　　D. 注释事物

解析:本题考查信息系统开发中 UML 的基础知识。包含 4 种事物,分别是结构事物、行为事物、分组事物和注释事物。

① 结构事物:UML 模型中的静态部分,描述概念或物理元素,共有类、接口、协作、用例、活动类、组件和结点 7 种结构事物。

② 行为事物:UML 模型的动态部分,描述了跨越时间和空间的行为,有交互和状态机两种主要的行为事物。

③ 分组事物:UML 模型的组织部分,最主要的分组事物是包。

④ 注释事物:UML 模型的解释部分,用来描述、说明和标注模型的任何元素,主要注释事物是注解。

答案:A

【真题 7】_____是类元之间的语义关系,其中的一个类元指定了由另一个类元保证执行的契约。

A. 依赖关系　　　　　B. 关联关系
C. 泛化关系　　　　　D. 实现关系

解析:本题考查信息系统开发中 UML 的基础知识。

UML 中有 4 种关系:

(1) 依赖关系,是两个事物间的语义关系,其中一个事物发生变化会影响另一个事物的语义。

(2) 关联关系,是一种结构关系,它描述了一组链,链是对象之间的连接。聚合是一种特殊类型的关联,描述了整体和部分间的特殊关系。

(3) 泛化关系,是一种特殊/一般关系,特殊元素的对象可替代一般元素的对象。

(4) 实现关系,是类元之间的语义关系,其中的一个类元指定了由另一个类元保证执行的契约。

答案:D

【真题 8】_____属于 UML 中的交互图。

A. 用例图　　　　　 B. 类图　　　　　　 C. 顺序图　　　　　 D. 组件图

解析: 本题考查信息系统开发中 UML 的基础知识。

UML 中的图分为:

(1) 用例图,从用户角度描述系统功能,并指出各功能的操作者。

(2) 静态图,包括类图、对象图和包图。

(3) 行为图,描述系统的动态模型和组成对象之间的交互关系,包括状态图和活动图。

(4) 交互图,描述对象之间的交互关系,包括顺序图和协作图。

(5) 实现图,包括组件图和配置图。

答案: C

【真题 9】采用 UML 对系统建模时,用_____描述系统的全部功能。

A. 分析模型　　　　 B. 设计模型　　　　 C. 用例模型　　　　 D. 实现模型

解析: 用例模型是系统功能和系统环境的模型,它通过软件系统的所有用例及其与用户之间关系的描述,表达了系统的功能性需求,可以帮助客户、用户和开发人员在如何使用系统方面达成共识。用例是贯穿整个系统开发的一条主线,同一个用例模型既是需求工作流程的结果,也是分析设计工作以及测试工作的前提和基础。因此选择 C。

答案: C

【真题 10】UML 是一种_____。

A. 面向对象的程序设计语言　　　　　　　 B. 面向过程的程序设计语言

C. 软件系统开发方法　　　　　　　　　　 D. 软件系统建模语言

解析: UML 是一种可视化语言,是一组图形符号,是一种图形化语言;UML 并不是一种可视化的编程语言,但用 UML 描述的模型可与各种编程语言直接相连,这意味着可把用 UML 描述的模型映射成编程语言,甚至映射成关系数据库或面向对象数据库的永久存储。UML 是一种文档化语言,适于建立系统体系结构及其所有的细节文档,UML 还提供了用于表达需求和用于测试的语言,最终 UML 提供了对项目计划和发布管理的活动进行建模的语言。

答案: D

【真题 11】采用 UML 进行软件设计时,可用_____关系表示两类事物之间存在的特殊/一般关系。

A. 依赖　　　　　　 B. 聚集　　　　　　 C. 泛化　　　　　　 D. 实现

解析: 本题考查信息系统开发中 UML 的基础知识。

UML 中有 4 种关系:

(1) 依赖关系,是两个事物间的语义关系,其中一个事物发生变化会影响另一个事物的语义。

(2) 关联关系,是一种结构关系,它描述了一组链,链是对象之间的连接。聚合是一种特殊类型的关联,描述了整体和部分间的特殊关系。

(3) 泛化关系,是一种特殊/一般关系,特殊元素的对象可替代一般元素的对象。

(4) 实现关系,是类元之间的语义关系,其中的一个类元指定了由另一个类元保证执行的契约。

答案: C

【真题 12】_____是一种面向数据流的开发方法,其基本思想是软件功能的分解和抽象。

A. 结构化开发方法　　　　　　　　　　　 B. Jackson 系统开发方法

C. Booch 方法　　　　　　　　　　　　　 D. UML(统一建模语言)

解析: 结构化开发方法是一种面向数据流的开发方法。Jackson 开发方法是一种面向数据结构的开发方法。Booch 和 UML 方法是面向对象的开发方法。

答案: A

【真题 13】以下关于 UML 的表述中,不正确的是_____

A. UML 是一种文档化语言　　　　　　　　 B. UML 是一种构造语言

C. UML 是一种编程语言　　　　　　　　　 D. UML 是统一建模语言

解析:UML 是一种可视化语言,是一组图形符号,是一种图形化语言;UML 并不是一种可视化的编程语言,但用 UML 描述的模型可与各种编程语言直接相连,这意味着可把用 UML 描述的模型映射成编程语言,甚至映射成关系数据库或面向对象数据库的永久存储。UML 是一种文档化语言,适于建立系统体系结构及其所有的细节文档,UML 还提供了用于表达需求和用于测试的语言,最终 UML 提供了对项目计划和发布管理的活动进行建模的语言。因此,C 不正确。

答案:C

【真题 14】在需求分析阶段,可利用 UML 中的_____描述系统的外部角色和功能要求。

A. 用例图　　　　　B. 静态图　　　　　C. 交换图　　　　　D. 实现图

解析:用例图从用户角度描述系统功能,并指出各功能的操作者,因此可在需求阶段用于获取用户需求并建立用例模型;类图用于描述系统中类的静态结构;顺序图显示对象之间的动态合作关系,强调对象之间消息发送的顺序,同时显示对象之间的交互;状态图描述类的对象所有可能的状态以及事件发生时状态的转移条件。因此,可利用用例图描述系统的外部角色和功能要求。

答案:A

🕮 题型点睛

1. UML(Unified Modeling Language)是一种定义良好、易于表达、功能强大且普遍实用的建模语言。它融入了软件工程领域的新思想、新方法和新技术。它不仅可以支持面向对象的分析与设计,更重要的是能够有力地支持从需求分析开始的软件开发的全过程。UML 是一种建模语言,而不是一种方法。

2. UML 是一种可视化语言、一种构造语言、一种文档化语言。

3. UML 的目的是建模,在 UML 中,建立的模型有三个要素:

- 事物,事物是对模型中最具有代表性的成分的抽象。
- 关系,关系把事物结合在一起。
- 图,图聚集了相关的事物。

4. UML 包含 4 种事物,分别是结构事物、行为事物、分组事物和注释事物。

① 结构事物:UML 模型中的静态部分,描述概念或物理元素,共有类、接口、协作、用例、活动类、组件和结点 7 种结构事物。

② 行为事物:UML 模型的动态部分,描述了跨越时间和空间的行为,有交互和状态机两种主要的行为事物。

③ 分组事物:UML 模型的组织部分,最主要的分组事物是包。

④ 注释事物:UML 模型的解释部分,用来描述、说明和标注模型的任何元素,主要注释事物是注解。

5. UML 中有 4 种关系:

(1) 依赖关系,是两个事物间的语义关系,其中一个事物发生变化会影响另一个事物的语义。

(2) 关联关系,是一种结构关系,它描述了一组链,链是对象之间的连接。聚合是一种特殊类型的关联,描述了整体和部分间的特殊关系。

(3) 泛化关系,是一种特殊/一般关系,特殊元素的对象可替代一般元素的对象。

(4) 实现关系,是类元之间的语义关系,其中的一个类元指定了由另一个类元保证执行的契约。

✍ 即学即练

【试题 1】在 UML 提供的图中,_____用于按时间顺序描述对象间的交互。

A. 网络图　　　　　B. 状态图　　　　　C. 协作图　　　　　D. 序列图

【试题 2】下列关于 UML 叙述正确的是_____。

A. UML 是一种语言，语言的使用者不能对其扩展

B. UML 仅是一组图形的集合

C. UML 仅适用于系统的分析与设计阶段

D. UML 是独立于软件开发过程的

本章即学即练答案

序号	答案	序号	答案
TOP47	【试题 1】答案：D 【试题 2】答案：A 【试题 3】答案：A 【试题 4】答案：C	TOP48	【试题 1】答案：A 【试题 2】 问题 1 答案： (1) 自顶向下 (2) 总体设计 (3) 每一个模块 问题 2 答案： (4) 系统模块结构设计和计算机物理系统的配置方案设计 (5) 过程设计 (6) 系统设计说明书 (7) 模块结构图 (8) 模块说明书 问题 3 答案： (9) 系统实施 (10) 可实际运行 (11) 物理系统的实施 (12) 程序设计 (13) 系统调试 (14) 人员培训 (15) 系统切换
TOP49	【试题 1】答案：D 【试题 2】答案：D		

第13章 信息系统设计

TOP50 系统设计概述

真题分析

【真题1】不属于系统设计阶段的是_____。

A. 总体设计
B. 系统模块结构设计
C. 程序设计
D. 物理系统配置方案设计

解析：本题考查信息系统开发的基础知识。

系统设计阶段的主要工作是总体设计（包括系统模块结构设计和计算机物理系统配置方案设计）、详细设计和编写系统设计说明书。程序设计不属于系统设计阶段的工作，而是属于系统实施阶段的工作。

答案：C

题型点睛

1. 系统设计阶段要回答的中心问题就是系统"怎么做"，即如何实现系统规格说明书所规定的系统功能，满足业务的功能处理需求。在进行系统设计时，要根据实际的技术、人员、经济和社会条件确定系统的实施方案，建立起信息系统的物理模型。

2. 系统设计的内容和任务因系统目标的不同和处理问题不同而各不同，但一般而言，系统设计包括总体设计（也称为概要设计）和详细设计。在实际系统设计工作中，这两个设计阶段的内容往往是相互交叉和关联的。

即学即练

【试题1】下面_____不是系统设计阶段的主要活动。

A. 系统总体设计
B. 系统硬件设计
C. 系统详细设计
D. 编写系统实施计划

【试题2】在系统设计过程中采用模块化结构，是为了满足_____。

A. 系统性的要求
B. 灵活性的要求
C. 可靠性的要求
D. 经济性的要求

TOP51 结构化设计方法和工具

真题分析

【真题1】在结构化设计方法和工具中，IPO图描述了_____。

A. 数据在系统中传输时所通过的存储介质和工作站点与物理技术的密切联系

B. 模块的输入/输出关系、处理内容、模块的内部数据和模块的调用关系

C. 模块之间的调用方式，体现了模块之间的控制关系

D. 系统的模块结构及模块间的联系

解析：IPO意味着"输入—处理—输出"，IPO图描述了多个处理模块处理数据的关系。

答案：B

【真题2】在结构化设计中，_____描述了模块的输入/输出关系、处理内容、模块的内部数据和模块的调用关系，是系统设计的重要成果，也是系统实施阶段编制程序设计任务书和进行程序设计的出发点和依据。

A. 系统流程图　　　B. IPO图　　　　C. HIPO图　　　D. 模块结构图

解析：系统流程图是表达系统执行过程的描述工具；IPO图描述了模块的输入/输出关系、处理内容、模块的内部数据和模块的调用关系；HIPO图描述了系统自顶向下的模块关系；模块结构图描述了系统的模块结构以及模块间的关系，同时也描述了模块之间的控制关系。

答案：B

【真题3】模块设计中常用的衡量指标是内聚和耦合，内聚程度最高的是　(1)　；耦合程度最低的是　(2)　。

(1) A. 逻辑内聚　　　B. 过程内聚　　　C. 顺序内聚　　　D. 功能内聚

(2) A. 数据耦合　　　B. 内容耦合　　　C. 公共耦合　　　D. 控制耦合

解析：本题考查信息系统开发中设计阶段的基础知识。

模块设计中常用的衡量指标是内聚和耦合。耦合是模块间相互依赖程度的度量，耦合的强弱取决于模块间接口的复杂程度。耦合按照从低到高可以分为间接耦合、数据耦合、标记耦合、控制耦合、公共耦合和内容耦合。内聚指的是模块内各个成分彼此结合的紧密程度，即模块内部的聚合能力。内聚从低到高可以分为偶然内聚、逻辑内聚、时间内聚、过程内聚、通信内聚、顺序内聚和功能内聚。

模块设计追求的目标是高内聚、低耦合。

答案：(1) D　(2) A

【真题4】模块设计时通常以模块的低耦合为目标，下面给出的四项耦合中，最理想的耦合形式是_____。

A. 数据耦合　　　B. 控制耦合　　　C. 公共耦合　　　D. 内容耦合

解析：数据耦合是指两个模块之间有调用关系，传递的是简单的数据值，相当于高级语言的值传递。

一个模块访问另一个模块时，彼此之间是通过简单数据参数（不是控制参数、公共数据结构或外部变量）来交换输入、输出信息的。因此以低耦合为目标的最理想耦合形式为数据耦合。

答案：A

【真题5】在结构化设计中，程序模块设计的原则不包括_____。

A. 规模适中　　　B. 单入口、单出口　　　C. 接口简单　　　D. 功能齐全

解析：程序模块设计的原则包括功能齐全、性能优良、复杂度小、容错特性好、可靠性高和价格适中、规模适中等。

答案：B

【真题 6】_____是一种面向数据结构的开发方法。

A. 结构化方法　　　　　　　　　　B. 原型化方法

C. 面向对象开发方法　　　　　　　D. Jackson 方法

解析:结构化开发方法是一种面向数据流的开发方法。Jackson 开发方法是一种面向数据结构的开发方法。Booch 和 UML 方法是面向对象的开发方法。因此,选择 D。

答案:D

【真题 7】在结构化开发中,数据流图是_____阶段产生的成果。

A. 总体设计　　　　B. 程序编码　　　　C. 详细设计　　　　D. 需求分析

解析:软件开发各阶段会产生一些图表和文档。

需求分析:数据流图、数据字典、软件需求说明书等。

总体(概要)设计:系统结构图、层次图、输入/处理/输出图、概要设计说明书等。

详细设计:程序流程图、盒图、问题分析图、伪码、详细设计说明书等。

程序编码:相应的文档与源代码。

因此,选择 D。

答案:D

题型点睛

1. 结构化方法规定了一系列模块的分解协调原则和技术,提出了结构化设计的基础是模块化,即将整个系统分解成相对独立的若干模块,通过对模块的设计和模块之间关系的协调来实现整个软件系统的功能。

2. IPO 图是一种反映模块的输入、处理和输出的图形化表格。其中 I、P、O 分别代指输入(input)、处理(process)和输出(output)。它描述了模块的输入/输出关系、处理内容、模块的内部数据和模块的调用关系,是系统设计的重要成果,也是系统实施阶段编制程序设计任务书和进行程序设计的出发点和依据。

3. 分层次自顶向下分解系统,将每个模块的输入、处理和输出关系表示出来就得到了 HIPO 图。

4. 控制结构图描述了模块之间的调用方式,体现了模块之间的控制关系。基本调用方式主要有三种:直接调用、条件调用和重复调用。

5. 结构化设计采用结构图(Structured Chart)描述系统的模块结构及模块间的联系。从数据流图出发,绘制 HIPO 图,再加上控制结构图中的模块控制与通信标志,实际上就构成了模块结构图。

6. 结构图简明易懂,是系统设计阶段最主要的表达工具和交流工具。它可以由系统分析阶段绘制的数据流程图转换而来。但是,结构图与数据流程图有着本质的差别:数据流程图着眼于数据流,反映系统的逻辑功能,即系统能够"做什么";结构图着眼于控制层次,反映系统的物理模型,即怎样逐步实现系统的总功能。从时间上说,数据流程图在前,控制结构图在后。数据流程图是绘制结构图的依据。总体设计阶段的任务就是要针对数据流程图规定的功能,设计一套实现办法。因此,绘制结构模块图的过程就是完成这个任务的过程。结构图也不同于程序框图(Flow Chart),后者用于说明程序的步骤,先做什么,再做什么。结构图描述各模块的"责任",例如一个组织机构图用于描述各个部门的隶属关系与职能。

即学即练

【试题 1】对于结构化设计思想的描述_____是错误的。

A. 在结构化设计中,模块的功能应当简单明确,易于理解

B. 自顶向下,逐步求精

C. 设计者应先设计顶层模块

D. 越下层模块,其功能越具体,越复杂

【试题2】信息系统建设的结构化方法中用户必须参与的原则是用户必须参与_____。

A. 系统建设中各阶段工作   B. 系统分析工作

C. 系统设计工作   D. 系统实施工作

【试题3】信息系统开发的结构化方法的一个主要原则是 _____。

A. 自顶向下原则   B. 自底向上原则

C. 分步实施原则   D. 重点突破原则

【试题4】结构化生命周期法的主要缺点之一是 _____。

A. 系统开发周期长   B. 缺乏标准、规范

C. 用户参与程度低   D. 主要工作集中在实施阶段

TOP52 系统总体设计

真题分析

【真题1】在系统的功能模块设计中,要求适度控制模块的扇入/扇出。下图中模块 C 的扇入和扇出系数分别为 (1) 。经验证明,扇出系数最好是 (2) 。

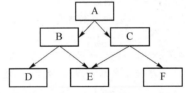

(1) A. 1 和 2   B. 0 和 2   C. 1 和 1   D. 2 和 1

(2) A. 1 或 2   B. 3 或 4   C. 5 或 6   D. 7 或 8

解析: 本题考查的是信息系统功能模块设计的知识。

模块的扇入是指模块直接上级模块的个数。模块的直属下级模块个数即为模块的扇出。模块 C 的直接上级模块是 A,直接下级模块为 E 和 F,所以模块 C 的扇入和扇出分别为 1 和 2。

提高聚合程度,降低模块之间的耦合程度是模块设计应该遵循的最重要的两个原则。经验证明,扇出的个数最好是 3 或 4。

答案: (1) A   (2) B

【真题2】模块的独立程度有两个定性指标:聚合和耦合。在信息系统的模块设计中,追求的目标是_____。

A. 模块内的高聚合以及模块之间的高耦合

B. 模块内的高聚合以及模块之间的低耦合

C. 模块内的低聚合以及模块之间的高耦合

D. 模块内的低聚合以及模块之间的低耦合

解析: 模块的独立程度有两个定性标准度量:聚合和耦合。聚合衡量模块内部各元素结合的紧密程度。耦合度量不同模块间互相依赖的程度。提高聚合程度,降低模块之间的耦合程度是模块设计应该遵循的最重要的两个原则。集合与耦合是相辅相成的两个设计原则,模块内的高聚合往往意味着模块之间的松耦合。而要想提高模块内部的聚合性,必须减少模块之间的联系。

答案: B

【真题3】下列聚合类型中聚合程度最高的是_____。

A. 偶然聚合   B. 时间聚合   C. 功能聚合   D. 过程聚合

解析:模块的独立程度有两个定性标准度量:聚合和耦合。聚合衡量模块内部各元素结合的紧密程度。耦合度量不同模块间互相依赖的程度。按照聚合程度从低到高排列,聚合包括偶然聚合、逻辑聚合、时间聚合、过程聚合、通信聚合、顺序聚合和功能聚合,其中功能聚合的聚合程度最高。按照耦合程度从低到高的排列,耦合包括数据耦合、控制耦合、公共耦合和内容耦合,其中数据耦合的耦合程度最低。

答案:C

🎯 题型点睛

1. 软件系统结构设计的原则:分解-协调原则、信息隐蔽和抽象的原则、自顶向下原则、一致性原则、面向用户原则。

2. 模块化概念:模块化是将系统划分为若干模块的工作。模块化设计可以使整个系统设计简单,结构清晰,可维护性增强。模块化设计的目标是:每个模块完成一个相对独立的特定功能;模块之间的结构简单。简而言之就是要保证模块之间的独立性,提高每个模块的独立程度。

3. 模块独立性的度量:功能独立而且和其他模块之间没有过多相互作用和信息传递的模块被称为独立的模块。模块的独立程度可有两个定性标准度量:聚合(cohesion)和耦合(coupling)。聚合衡量模块内部各元素结合的紧密程度。耦合度量不同模块间互相依赖的程度。

4. 聚合,聚合度量模块内部各元素的关系,即其紧凑程度,表现在模块内部各元素为了执行处理功能而组合在一起的程度。模块的聚合有7种不同的类型:偶然聚合、逻辑聚合、时间聚合、过程聚合、通信聚合、顺序聚合、功能聚合,其中前三种聚合属于弱聚合。

5. 耦合,耦合用于度量系统内不同模块之间的互联程度。耦合强弱取决于模块间连接形式及接口的复杂程度。模块之间的耦合程度直接影响系统的可读性、可维护性及可靠性。在系统设计中应改进可能追求松散耦合的系统,因为模块连接越简单,错误传播的可能性就会越大,而且在这样的系统中测试、维护任何一个模块并不需要对其他模块有很多了解。模块之间的连接形式有数据耦合、控制耦合、公共耦合和内容耦合4种类型。

6. 聚合和耦合是相辅相成的两个设计原则,是进行模块设计的有力工具,模块内的高聚合往往意味着模块之间的松耦合。要想提高模块内部的聚合性,必须减少模块之间的联系。

7. 提高聚合程度,降低模块之间的耦合程度是模块设计应该遵循的最重要的两个原则。

8. 数据流图到模块结构图的变换:结构化系统设计方法与结构化系统分析有着密切的联系。系统分析阶段,用结构化分析方法获得用DFD等工具描述的系统说明书。设计阶段则以DFD为基础设计系统的模块结构。

✍ 即学即练

【试题1】关于模块间调用的规则_____是错误的。

A. 下层模块可直接与同级模块进行通信

B. 下层模块只有接到上级模块调用命令才能执行

C. 上下级模块之间可直接通信

D. 模块调用顺序自上而下

【试题2】模块间出现下列哪一项是改动模块时发生错误的主要来源?_____

A. 数据耦合　　　　B. 控制耦合　　　　C. 内容耦合　　　　D. 以上都不是

【试题3】下面哪一项不是系统设计阶段的主要活动?_____

A. 系统总体设计　　　　　　　　　B. 系统硬件设计

C. 系统详细设计　　　　　　　　　D. 编写系统实施计划

【试题4】信息系统设计主要包括概要设计和详细设计。详细设计的主要任务是对每个模块完成的功能进行具体描述，并将功能描述转变为精确的、结构化的过程描述。详细设计一般包括代码设计、数据库设计、输入/输出设计、处理过程设计和用户界面设计等。其中，数据库设计分为四个主要阶段，在对应用对象的功能、性能和限制等要求进行分析后，进入对应用对象进行抽象和概括阶段，完成企业信息模型；处理过程设计是用一种合适的表达方法来描述每个模块的执行过程，并可由此表示方法直接导出用编程语言表示的程序。

【问题1】(4分)

请指出数据库设计过程主要包括哪四个阶段。

【问题2】(4分)

概念结构设计最常用的方法是什么？请简要说明其设计过程主要包括哪些步骤？

【问题3】(7分)

请指出处理过程设计常用的描述方式是哪三种，常用的图形表示方法是哪两种图？

TOP53 系统详细设计

真题分析

【真题1】下列选项中，不属于详细设计的是＿＿＿＿＿＿＿。

A. 模块结构设计　　　　　　　　　B. 代码设计

C. 数据库设计　　　　　　　　　　D. 人机界面设计

解析：本题考查的是信息系统设计的基本知识。

详细设计的内容一般包含代码设计、数据库设计、人机界面设计、输入/输出设计、处理过程设计等。模块结构设计不属于详细设计，应该属于系统体系结构设计的内容。

答案：A

【真题2】在开发信息系统的过程中，程序设计语言的选择非常重要。下面选项中，选择准则＿＿＿＿＿＿＿是错误的。

A. 是否容易把设计转换为程序

B. 满足信息系统需要的编译效率

C. 有良好的开发工具支持

D. 技术越先进的程序设计语言越好

解析：本题考查的是信息系统实施阶段，程序设计语言特性与选择的基本知识。

选择一个适合的、好的程序语言，一般的选择准则有：是否容易把设计转换为程序，保证编写程序的正确性；编译效率，程序设计语言的编译器的性能决定目标代码的运行效率；可移植性；是否有开发工具的支持，以减少编写源程序的时间，提高质量。在语言选择上，并不是技术越先进的语言越好，其中涉及开发人员的水平、项目的运行环境等各种因素。

答案：D

【真题3】软件开发过程包括需求分析、概要设计、详细设计、编码、测试、维护等活动。程序流程设计在　(1)　活动中完成，软件的总体结构设计在　(2)　活动中完成并在　(3)　中进行说明。

(1) A. 需求分析　　B. 概要设计　　　C. 详细设计　　　　D. 编码

(2) A. 需求分析　　B. 概要设计　　　C. 详细设计　　　　D. 编码

(3) A. 系统需求说明书　　　　　　　B. 概要设计说明书

　　C. 详细设计说明书　　　　　　　D. 数据规格说明书

解析：软件需求分析过程主要完成对目标软件的需求进行分析并给出详细描述，然后编写软件需求说明书、系统功能说明书；概要设计和详细设计组成了完整的软件设计过程，其中概要设计过程需要将软件需求转化为数据结构和软件的系统结构，并充分考虑系统的安全性和可靠性，最终编写概要设计说明书、数据库设计说明书等文档；详细设计过程完成软件各组成部分内部的算法和数据组织的设计与描述，编写详细设计说明书等；编码阶段需要将软件设计转换为计算机可接受的程序代码，且代码必须和设计一致。

答案：(1) C　 (2) B　 (3) B

【真题 4】不属于程序或模块的序言性注释的是_____。

A. 程序对硬件、软件资源要求的说明

B. 重要变量和参数说明

C. 嵌在程序之中的相关说明，与要注释的程序语句匹配

D. 程序开发的原作者、审查者、修改者、编程日期等

解析：在每个程序或模块开头的一段说明，起到对程序理解的作用，称之为序言性注释，一般包括：程序的表示、名称和版本号；程序功能描述；接口与界面描述，包括调用及被调用关系、调用形式、参数含义以及相互调用的程序名；输入/输出数据说明，重要变量和参数说明；开发历史，包括原作者、审查者和日期等；与运行环境有关的信息，包括对硬件、软件资源的要求，程序存储与运行方式。

解释性注释一般嵌在程序之中，与要注释的部分匹配。

答案：C

【真题 5】_____是主程序设计过程中进行编码的依据。

A. 程序流程图　　　 B. 数据流图　　　 C. E-R 图　　　 D. 系统流程图

解析：系统开发的生命周期分为系统规划、系统分析、系统设计、系统实施、系统运行和维护五个阶段。系统设计的主要内容包括：系统流程图的确定、程序流程图的确定、编码、输入/输出设计、文件设计、程序设计等。因此，程序流程图是进行编码的依据。

答案：A

【真题 6】在软件设计过程中，_____设计指定各组件之间的通信方式以及各组件之间如何相互作用。

A. 数据　　　 B. 接口　　　 C. 结构　　　 D. 模块

解析：在模块化程序设计过程中，当将问题分割成模块后，就要建立各模块间的相互作用方式及通信方式，该技术称为模块接口技术。软件工程的一个最基本的原则是将接口和实现分开，头文件是一项接口技术，实现的代码部分就是源程序文件。头文件要提供一组导出的类型、常量、变量和函数定义。模块要导入对象时，必须包含导出这些对象的模块的头文件。设计接口的一般原则是：保持接口的稳定、内部对象私有化、巧妙使用全局变量、避免重复包含。

答案：D

【真题 7】用户界面的设计过程不包括_____。

A. 用户、任务和环境分析　　　　 B. 界面设计

C. 置用户于控制之下　　　　　　 D. 界面确认

解析：界面设计是一个复杂的有不同学科参与的工程，认知心理学、设计学、语言学等在此都扮演着重要的角色。用户界面设计的三大原则是：置界面于用户的控制之下；减少用户的记忆负担；保持界面的一致性。因此 C 选项"置用户于控制之下"不属于设计过程。

答案：C

【真题 8】在软件设计和编码过程中，采取_____的做法将使软件更加容易理解和维护。(2012 年 5 月)

A. 良好的程序结构，有无文档均可

B. 使用标准或规定之外的语句

C. 良好的程序结构，编写详细正确的文档

D. 尽量减少程序中的注释

解析：软件的易理解程度和可维护程度是衡量软件质量的重要指标，对于程序是否容易修改有重要影响。为使得软件更加容易理解和维护，需要从多方面做出努力。首先，要有详细且正确的软件文档，同时文档应始终与软件代码保持一致；其次，编写的代码应该具有良好的编程风格，如采用较好的程序结构，增加必要的程序注释，尽量使用行业或项目规定的标准等。

答案：C

【真题 9】在数据库设计过程的_____阶段，完成将概念结构转换为某个 DBMS 所支持的数据模型，并对其进行优化。

A. 需求分析   B. 概念结构设计   C. 逻辑结构设计   D. 物理结构设计

解析：逻辑结构设计阶段是将概念结构转换为某个 DBMS 所支持的数据模型，并对其进行优化。

答案：C

题型点睛

1. 详细设计的内容一般包含代码设计、数据库设计、人机界面设计、输入/输出设计、处理过程设计等。

2. 软件需求分析过程主要完成对目标软件的需求进行分析并给出详细描述，然后编写软件需求说明书、系统功能说明书；概要设计和详细设计组成了完整的软件设计过程，其中概要设计过程需要将软件需求转化为数据结构和软件的系统结构，并充分考虑系统的安全性和可靠性，最终编写概要设计说明书、数据库设计说明书等文档；详细设计过程完成软件各组成部分内部的算法和数据组织的设计与描述，编写详细设计说明书等；编码阶段需要将软件设计转换为计算机可接受的程序代码，且代码必须和设计一致。

3. 软件设计各阶段的设计要点如下：①需求分析：准确了解与分析用户需求（包括数据与处理）。②概念结构设计：通过对用户需求进行综合、归纳与抽象，形成一个独立于具体 DBMS 的概念模型。③逻辑结构设计：将概念结构转换为某个 DBMS 所支持的数据模型，并对其进行优化。④数据库物理设计：为逻辑数据模型选取一个最适合应用环境的物理结构（包括存储结构和存取方法）。⑤数据库实施：设计人员运用 DBMS 提供的数据语言、工具及宿主语言，根据逻辑设计和物理设计的结果建立数据库，编制与调试应用程序，组织数据入库，并进行试运行。⑥数据库运行和维护：在数据库系统运行过程中对其进行评价、调整与修改。

即学即练

【试题1】数据库的逻辑结构设计是将_____。

A. 逻辑模型转换成数据模型

B. 数据模型转换成物理模型

C. 概念数据模型转换为数据模型

D. 逻辑模型转换为物理模型

【试题2】代码结构中设置检验位是为了保证_____。

A. 计算机内部运算不出错   B. 代码的合理性

C. 代码输入的正确性   D. 代码的稳定性

【试题3】在大型程序设计过程中，最后考虑的是程序的_____。

A. 可维护性   B. 可靠性   C. 可理解性   D. 效率

本章即学即练答案

序号	答案	序号	答案
TOP50	【试题 1】答案:D 【试题 2】答案:A	TOP51	【试题 1】答案:D 【试题 2】答案:A 【试题 3】答案:A 【试题 4】答案:A
TOP52	【试题 1】答案:A 【试题 2】答案:C 【试题 3】答案:D 【试题 4】 问题 1 答案: 需求分析 概念结构设计 逻辑结构设计 物理结构设计 问题 2 答案: ① 实体-联系或 E-R。 ② 选择局部应用、逐一设计分 E-R 图、E-R 图合并、修改重构、消除冗余。 问题 3 答案: ① 图形、语言和表格。 ② 流程图(程序框图)、盒图(或 NS 图)。	TOP53	【试题 1】答案:C 【试题 2】答案:C 【试题 3】答案:D

第14章 信息系统实施

TOP54 系统实施概述

真题分析

【真题1】系统实施阶段任务复杂,风险程度高。人们总结出系统实施的 4 个关键因素,其中不包括_____。

A. 软件编制 　　　 B. 进度安排 　　　 C. 人员组织 　　　 D. 任务分解

解析: 本题考查的是信息系统实施的基本知识。信息系统实施的关键因素有 4 个,分别是:进度的安排、人员的组织、任务的分解和开发环境的构建。软件编制不属于信息系统实施的关键因素之一。

答案: A

题型点睛

1. 在系统分析阶段,系统分析员的主要任务是调查研究、分析问题、与用户一起充分理解用户要求;在系统设计阶段,系统设计人员的任务是精心设计、提出合理方案;在实施阶段,他们的任务是组织协调、督促检查。他们要制定逐步实现物理模型的具体计划,协调各方面的任务,检查工作进度和质量,组织全系统的调试,完成旧系统向新系统的转换。

2. 系统实施阶段的主要任务:硬件配置、软件编制、人员培训、数据准备。

即学即练

【试题1】系统实施阶段的主要任务不包括_____。

A. 硬件配置 　　　 B. 软件编制 　　　 C. 系统配置 　　　 D. 数据准备

TOP55 结构化程序设计

真题分析

【真题1】在结构化程序设计中,_____的做法会导致不利的程序结构。

A. 避免使用 GOTO 语句

B. 对递归定义的数据结构尽量不使用递归过程

C. 模块功能尽可能单一,模块间的耦合能够清晰可见

D. 利用信息隐蔽,确保每一个模块的独立性

解析: 在信息系统实施阶段的程序语句的结构上,一般原则是语句简明、直观,直接反映程序设计

意图,避免过分追求程序技巧性,不能为追求效率而忽视程序的简明性、清晰性。因此,A、C、D有利于程序结构。而采用递归来定义数据结构,则对该数据结构的操作也应该采用递归过程,否则会使得程序结构变得不清晰,不利于程序结构。

答案:B

题型点睛

1. 程序设计即编码(coding),也就是为各个模块编写程序。这是系统实现阶段的核心工作。程序设计阶段是系统生命周期中详细设计之后的阶段。系统设计是程序设计工作的先导和前提条件。程序设计的任务是使用选定的语言设计程序,把系统设计阶段所得到的程序设计说明书中对信息处理过程的描述,转换成能在计算机系统运行的源程序。

2. 对程序设计的质量要求如下:程序的正确性、源程序的可读性、较高的效率。

3. 要使程序可读性好,总的要求是使程序简单、清晰。人们总结了使程序简单、清晰的种种技巧和方法,包括的内容如下:

- 用结构化方法进行详细设计。
- 程序中包含说明性材料。
- 良好的程序书写格式。
- 良好的编程风格。

4. 通常认为结构化程序设计包括以下 4 方面的内容:

(1) 限制使用 GOTO 语句;

(2) 逐步求精的设计方法;

(3) 自顶向下的设计、编码和调试;

(4) 主程序员制的组织形式。

即学即练

【试题 1】结构化程序设计主要强调的是_____。

A. 程序的规模　　　　　　　　　　B. 程序的易读性

C. 程序的执行效率　　　　　　　　D. 程序的可移植性

【试题 2】下面描述中,符合结构化程序设计风格的是_____。

A. 使用顺序、选择和重复(循环)三种基本控制结构表示程序的控制逻辑

B. 模块只有一个入口,可以有多个出口

C. 注重提高程序的执行效率

D. 不使用 GOTO 语句

TOP56　面向对象方法

真题分析

【真题 1】下面关于可视化编程技术的说法错误的是_____。

A. 可视化编程的主要思想是用图形化工具和可重用部件来交互地编写程序

B. 可视化编程一般基于信息隐蔽的原理

C. 一般可视化工具由应用专家或应用向导提供模板

D. OOP 和可视化编程开发环境的结合,使软件开发变得更加容易

解析:可视化编程技术的主要思想是用图形工具和可重用部件来交互地编写程序;可视化编程一般基于事件驱动的原理。一般可视化编程工具还有应用专家或应用向导提供模板,按照步骤对使用者进行交互式指导,让用户定制自己的应用,然后就可以生成应用程序的框架代码,用户再在适当的地方添加或修改以适应自己的需求。面向对象编程技术和可视化编程开发环境的结合,改变了应用软件只有经过专门技术训练的专业编程人员才能开发的状况,使得软件开发变得容易,从而扩大了软件开发队伍。

答案:B

题型点睛

面向对象的程序设计(OOP):在 OOP 方法中,一个对象即是一个独立存在的实体,对象有各自的属性和行为,彼此以消息进行通信,对象的属性只能通过自己的行为来改变,实现了数据封装,这便是对象的封装性。而相关对象在进行合并分类后,有可能出现共享某些性质,通过抽象后使多种相关对象表现为一定的组织层次,低层次的对象继承其高层次对象的特性,这便是对象的继承性。另外,对象的某一种操作在不同的条件环境下可以实现不同的处理,产生不同的结果,这就是对象的多态性。现有的 OOP 中都不同程度地实现了对象的以上三个性质,即封装性、继承性、多态性。

即学即练

【试题1】下面概念中,不属于面向对象方法的是_____。

A. 对象   B. 继承   C. 类   D. 过程调用

【试题2】下面对对象概念描述错误的是_____。

A. 任何对象都必须有继承性   B. 对象是属性和方法的封装体

C. 对象间的通信靠消息传递   D. 操作是对象的动态性属性

【试题3】面向对象的设计方法与传统的面向过程的方法有本质不同,它的基本原理是_____。

A. 模拟现实世界中不同事物之间的联系

B. 强调模拟现实世界中的算法而不强调概念

C. 使用现实世界的概念抽象地思考问题从而自然地解决问题

D. 鼓励开发者在软件开发的绝大部分中都用实际领域的概念去思考

TOP57 系统测试

真题分析

【真题1】软件开发中经常说到的 b 测试是由用户进行的,属于_____。

A. 模块测试   B. 联合测试   C. 使用性测试   D. 白盒测试

解析:本题考查的是软件测试的基本知识。

模块测试是对一个模块进行测试,根据模块的功能说明,检查模块是否有错误。联合测试即通常所说的联调。白盒测试指的是一种测试方法,也被称为结构测试。将软件堪称透明的白盒,根据程序内部结构和逻辑来测试用例,对程序的路径和过程进行测试,检查是否满足设计的需要。b 测试是由用户进行,属于使用性测试。

答案：C

【真题2】下面有关测试的说法正确的是 _____。

A. 测试人员应该在软件开发结束后开始介入

B. 测试主要是软件开发人员的工作

C. 要根据软件详细设计中设计的各种合理数据设计测试用例

D. 严格按照测试计划进行，避免测试的随意性

解析：本题考查的是软件测试的基本知识。

测试应该在需求阶段即开始介入，以及早了解测试的内容等。传统观念中测试主要是软件开发人员的工作，这是错误的。测试应由专门的测试人员进行。测试时不应只考虑各种合理的测试数据或用例，更多的应考虑各种可以引起错误的数据。测试应该严格按照测试计划进行，禁止测试的随意性。

答案：D

【真题3】针对下面的程序和对应的流程图，找出对应的判定覆盖路径 ___(1)___ 和语句覆盖的路径 ___(2)___ 。

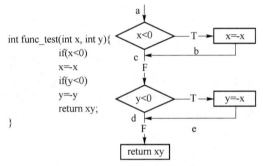

（1）A. acd 和 abe　　　B. acd 和 ace　　　C. abd 和 abe　　　D. ace 和 abe

（2）A. acd　　　　　　B. abd　　　　　　C. ace　　　　　　D. abe

解析：本题考查的是软件白盒测试的基本知识。

在软件白盒测试中，进行测试用例的设计时，主要的设计技术有逻辑覆盖法和基本路径测试等。判定覆盖也被称为分支覆盖，就是设计若干个检测用例，使得程序中的每个判断的取真分支和取假分支至少被执行一次。上图中的判定覆盖的路径为 acd 和 abe。语句覆盖就是设计若干个检测用例，使得程序中的每条语句至少被执行一次。上图中的语句覆盖的路径为 abe。

答案：(1)A(2)D

【真题4】在信息系统的组装测试中，模块自顶向下的组合方式如下图所示，按照先深度后宽度的增量测试方法，测试顺序为 _____。

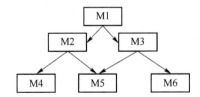

A. M1—M2—M4—M3—M5—M6

B. M1—M2—M3—M4—M5—M6

C. M4—M5—M6—M2—M3—M1

D. M1—M2—M4—M5—M6—M3

解析：本题考查的是组装测试的基本知识。组装测试也被称为集成测试。通常组装测试有两种方法：非增量式集成和增量式集成。增量式测试技术有自顶向下和自底向上的增量测试方法。而自顶向

下的增量方式是模块按照程序的控制结构,从上到下的组合方式,在增加测试模块时有先深度后宽度和先宽度后深度两种次序。先深度后宽度的方法是把程序结构中的一条路径上的模块相组合,上图的测试顺序是 M1—M2—M4—M3—M5—M6。

答案: A

【真题5】 白盒测试主要用于测试 _____ 。

A. 程序的内部逻辑　　　　　　　　B. 程序的正确性

C. 程序的外部功能　　　　　　　　D. 结构和理性

解析: 本题考查测试中白盒测试和黑盒测试的基本概念。

黑盒测试也称为功能测试,将软件看成黑盒子,在完全不考虑软件内部结构和特性的情况下,测试软件的外部特性。白盒测试也称为结构测试,将软件看成透明的白盒,根据程序的内部结构和逻辑来设计测试用例,对程序的路径和过程进行测试,检查是否满足设计的需要。

答案: A

【真题6】 在调试中,调试人员往往分析错误的症状,猜测问题的位置,进而验证猜测的正确性来找到错误的所在。该方法是 _____ 。

A. 试探法　　　　B. 回溯法　　　　C. 归纳法　　　　D. 演绎法

解析: 常用的调试方法有试探法、回溯法、对分查找法、归纳法和演绎法。试探法是调试人员分析错误的症状,猜测问题的位置,进而验证猜测的正确性来找到错误的所在;回溯法是调试人员从发现错误症状的位置开始,人工沿着程序的控制流程往回跟踪程序代码,直到找出错误根源为止;归纳法就是从测试所暴露的错误出发,收集所有正确或不正确的数据,分析它们之间的关系,提出假想的错误原因,用这些数据来证明或反驳,从而查出错误所在;演绎法是根据测试结果,列出所有可能的错误原因,分析已有的数据,排除不可能的和彼此矛盾的原因,对余下的原因选择可能性最大的;利用已有的数据完善该假设,使假设更具体,并证明该假设的正确性。

答案: A

【真题7】 下面关于测试的说法错误的是 _____ 。

A. 测试是为了发现错误而执行程序的过程

B. 测试的目的是为了证明程序没有错误

C. 好的测试方案能够发现迄今为止尚未发现的错误

D. 测试工作应避免由原开发软件的人或小组来承担

解析: 《软件测试的艺术》指出,测试是为了发现错误而执行程序的过程;好的测试方案能够发现迄今为止尚未发现的错误,而并不是为了证明程序没有错误。同时测试时应遵循的原则之一是,测试工作应避免由原开发软件的人或小组来承担。

答案: B

【真题8】 某软件计算职工的带薪年假天数。根据国家劳动法规定,职工累计工作已满 1 年不满 10 年的,年休假为 5 天;已满 10 年不满 20 年的,年休假为 10 天;已满 20 年的,年休假为 15 天。该软件的输入参数为职工累计工作年数 X。根据等价类划分测试技术,X 可以划分为 _____ 个等价类。

A. 3　　　　　　　　B. 4　　　　　　　　C. 5　　　　　　　　D. 6

解析: 等价类划分是比较典型的黑盒测试技术,其主要思想是程序的输入数据都可以按照程序说明划分为若干个等价类,每一个等价类对于输入条件可划分为有效的输入和无效的输入,然后再对一个有效的等价类和无效的等价类设计测试用例。在测试时,只需从每个等价类中取一组输入数据进行测试即可。

根据题意,可以得出 3 个有效等价类:满 1 年不满 10 年的;满 10 年不满 20 年的;满 20 年的。一个无效等价类为小于 1 年的。因此,X 可以划分为 4 个等价类。

答案: B

【真题9】 以下关于测试的描述中,错误的是 _____ 。

A. 测试工作应避免由该软件的开发人员或开发小组来承担(单元测试除外)

B. 在设计测试用例时,不仅要包含合理、有效的输入条件,还要包括不合理、失效的输入条件

C. 测试一定要在系统开发完成之后才进行

D. 严格按照测试计划来进行,避免测试的随意性

解析:题中的 A、B、D 为在进行信息系统测试时应遵循的基本原则。同时,应尽早并不断地进行测试。有的人认为"测试是在应用系统开发完之后才进行",将这种想法应用于测试工作中是非常危险的。尽早进行测试,可以尽快地发现问题,将错误的影响缩小到最小范围。

答案:C

【真题 10】在信息系统的系统测试中,通常在_____中使用 MTBF 和 MTTR 指标。

A. 恢复测试　　　　B. 安全性测试　　　　C. 性能测试　　　　D. 可靠性测试

解析:对于系统分析说明书中提出的可靠性要求,通常使用以下两个指标来衡量系统的可靠性:平均失效间隔时间(Mean Time Between Failures,MTBF)和因故障而停机时间(Mean Time To Repairs,MTTR)。

答案:D

【真题 11】从测试所暴露的错误出发,收集所有正确或不正确的数据,分析它们之间的关系,提出假想的错误原因,用这些数据来证明或反驳,从而查出错误所在,是属于排错调试方法中的_____。

A. 回溯法　　　　B. 试探法　　　　C. 归纳法　　　　D. 演绎法

解析:无论哪种调试方法,其目的都是为了对错误进行定位。目前常用的调试方法有试探法、回溯法、对分查找法、演绎法和归纳法。归纳法就是从测试所暴露的错误出发,收集所有正确或不正确的数据,分析它们之间的关系,提出假想的错误原因,用这些数据来证明或反驳,从而查出错误所在。

答案:C

【真题 12】软件测试是软件开发过程中不可缺少的一项任务,通常在代码编写阶段需要进行 (1) ,而检查软件的功能是否与用户要求一致是 (2) 的任务。

(1) A. 验收测试　　B. 系统测试　　　　C. 单元测试　　　　D. 集成测试

(2) A. 验收测试　　B. 系统测试　　　　C. 单元测试　　　　D. 集成测试

解析:Unit Testing(单元测试),指一段代码的基本测试,其实际大小是未定的,通常是一个函数或子程序,一般由开发者执行。

Integration Testing(集成测试),被测试系统的所有组件都集成在一起,找出被测试系统组件之间关系和接口中的错误。该测试一般在单元测试之后进行。

Acceptance Testing(验收测试),系统开发生命周期方法论的一个阶段,这时相关的用户和/或独立测试人员根据测试计划和结果对系统进行测试与接收。它让系统用户决定是否接收系统。它是一项确定产品是否能够满足合同或用户所规定需求的测试。这是管理性和防御性控制。

因此,通常在代码编写阶段需要进行单元测试,而检查软件的功能是否与用户要求一致是验收测试的任务。

答案:(1) C　(2) A

【真题 13】为验证程序模块 A 是否实现了系统设计说明书的要求,需要进行 (1) ;该模块能否与其他模块按照规定方式正确工作,还需要进行 (2) 。

(1) A. 模块测试　　B. 集成测试　　　　C. 确认测试　　　　D. 系统测试

(2) A. 模块测试　　B. 集成测试　　　　C. 确认测试　　　　D. 系统测试

解析:模块测试也被称为单元测试,主要从模块的 5 个特征进行检查:模块结构、局部数据结构、重要的执行路径、出错处理和边界条件。联合测试也称为组装测试或集成测试,主要是测试模块组装之后可能会出现的问题。验收测试也被称为确认测试,是以用户为主的测试,主要验证软件的功能、性能、可移植性、兼容性、容错性等,测试时一般采用实际数据。测试就是属于验收测试。系统测试是将已经确认的软件、计算机硬件、外设、网络等其他元素结合在一起,进行信息系统的各种组装测试和确认,其

目的是通过与系统的需求相比较,发现所开发的系统与用户需求不符或矛盾的地方。

是否实现系统设计说明书的要求是指模块结构和数据结构检查,模块能否与其他模块按照规定方式正确工作是模块的兼容性检查。因此,分别选择 A 和 B。

答案:(1) A (2) B

题型点睛

1. 测试的定义:"为了发现错误而执行程序的过程"。通俗地说,测试是根据开发各阶段的需求、设计等文档或程序的内部结构,精心设计测试用例(即输入数据和预期的输出结果),并利用该测试用例来运行程序以便发现错误的过程。

2. 测试有模块测试、联合测试、验收测试、系统测试 4 种类型。

3. 信息系统测试与工程产品的测试方法一样,常用的有两种方法。黑盒测试:不了解产品的内部结构,但对具体的功能有要求,可通过检测每一项功能是否能被正常使用来说明产品是否合格。白盒测试:知道产品的内部过程,通过检测产品的内部动作是否按照说明书的规定正常运行来考察产品是否合格。

4. 对软件进行测试的主要方法分为人工测试和机器测试。人工测试包括个人复查、走查和会审。机器测试分为黑盒测试和白盒测试。

5. 白盒测试是对软件的过程性细节做详细检查。通过对程序内部结构和逻辑的分析来设计测试用例。适合于白盒测试的设计技术主要有:逻辑覆盖法、基本路径测试等。黑盒测试是在测试时把软件看成一个黑盒子,完全不考虑程序的内部结构及其逻辑,重点考察程序功能是否与需求说明书的要求一致。适合于黑盒测试的设计技术主要有:等价类划分、边界值分析、错误推测法、因果图、功能图等。

6. 软件测试实际上分成 4 步:单元测试、组装测试、确认测试和系统测试,它们将按顺序进行。

单元测试(Unit Testing)是对源程序中的每一个程序单元进行测试,验证每个模块是否满足系统设计说明书的要求。

组装测试(Integration Testing)是将已测试过的模块组合成子系统,重点测试各模块之间的接口和联系。

确认测试(Validation Testing)是对整个软件进行验收,根据系统分析说明书来考察软件是否满足要求。

系统测试(System Testing)是将软件、硬件、网络等系统的各个部分连接起来,对整个系统进行总的功能测试。

即学即练

【试题1】下列_____指的是试验程序的内部逻辑和遍历具体的执行路径。

A. 单元测试　　　　B. 功能测试　　　　C. 性能测试　　　　D. 结构测试

【试题2】在结构测试用例设计中,有语句覆盖、条件覆盖、判定覆盖、路径覆盖等,其中_____是最强的覆盖准则。

A. 语句覆盖　　　　B. 条件覆盖　　　　C. 判定覆盖　　　　D. 路径覆盖

【试题3】测试是软件开发的重要内容,应从_____阶段开始制订测试计划。

A. 测试　　　　　　B. 编码　　　　　　C. 详细设计　　　　D. 需求分析

【试题4】人们常说的 α、β 测试,属于_____。

A. 模块测试　　　　B. 联合测试　　　　C. 验收测试　　　　D. 系统测试

【试题5】在测试方法中,下面不属于人工测试的是_____。

A. 白盒测试　　　　　B. 个人复查　　　　　C. 走查　　　　　D. 会审

【试题6】不属于系统测试的是_____。

A. 路径测试　　　　　B. 验收测试　　　　　C. 安装测试　　　　D. 压力测试

【试题7】_____主要用于发现程序设计(编程)中的错误。

A. 模块测试　　　　　B. 集成测试　　　　　C. 确认测试　　　　D. 系统测试

【试题8】采用白盒测试方法时,应根据和指定的覆盖标准确定测试数据。

A. 程序的内部逻辑　　　　　　　　　　B. 程序的复杂结构

C. 使用说明书的内容　　　　　　　　　D. 程序的功能

【试题9】在执行设计的测试用例后,对测试结果进行分析,找出错误原因和具体的位置,并进行纠正(排除)的检测方法通常是指_____。

A. 黑盒测试　　　　　B. 排错测试　　　　　C. 白盒测试　　　　D. 结构测试

TOP58　系统的试运行和转换

真题分析

【真题1】新旧信息系统的转换方式不包括_____。

A. 直接转换　　　　B. 逐个模块转换　　　C. 并行转换　　　D. 分段转换

解析:本题考查的是信息系统试运行和转换的基本知识。

系统的试运行是系统调试工作的延续。新系统试运行成功之后,就可以进行系统和旧系统之间互相转换。新旧系统之间的转换方式有3种,分别是直接转换、并行转换和分段转换。

答案:B

【真题2】在进行新旧信息系统转换时,_____的转换方式风险最小。

A. 直接转换　　　　B. 并行转换　　　　C. 分段转换　　　　D. 分块转换

解析:对于系统分析说明书中提出的可靠性要求,通常使用以下两个指标来衡量系统的可靠性:平均失效间隔时间(Mean Time Between Failures,MTBF)和因故障而停机时间(Mean Time To Repairs,MTTR)。

答案:B

题型点睛

1. 系统试运行阶段的工作主要包括:对系统进行初始化、输入各种原始数据记录;记录系统运行的数据和状况;核对新系统输出和旧系统(人工或计算机系统)输出的结果;对实际系统的输入方式进行考查(是否方便、效率如何、安全可靠性、误操作保护等);对系统实际运行速度、响应速度(包括运算速度、传输速度、查询速度、输出速度等)进行实际测试。

2. 新系统试运行成功之后,就可以进行系统和旧系统之间互相转换。新旧系统之间的转换方式有三种,分别是直接转换、并行转换和分段转换。第一种方式简单,但风险大,一旦新系统运行不起来,就会给工作造成混乱,这只在系统较小且不重要或时间要求不高的情况下采用。第二种方式无论从工作安全上,还是从心理状态上均是较好的。这种方式的缺点就是费用高,所以在系统太大时,费用开销更多。第三种方式是克服第二种方式缺点的混合方式,因而对较大系统较为合适,当系统规模较小时不如使用第二种方便。

即学即练

【试题1】下面_____转换方式简单,但风险大。

A. 直接转换　　　　B. 逐个模块转换　　　C. 并行转换　　　　D. 分段转换

【试题 2】下面_____转换方式对较大系统较为合适。

A. 直接转换　　　　B. 分块转换　　　　　C. 并行转换　　　　D. 分段转换

本章即学即练答案

序号	答案	序号	答案
TOP54	【试题1】答案:C	TOP55	【试题1】答案:B 【试题2】答案:A
TOP56	【试题1】答案:D 【试题2】答案:A 【试题3】答案:C	TOP57	【试题1】答案:D 【试题2】答案:D 【试题3】答案:D 【试题4】答案:C 【试题5】答案:A 【试题6】答案:A 【试题7】答案:A 【试题8】答案:A 【试题9】答案:B
TOP58	【试题1】答案:A 【试题2】答案:D		

第 15 章　信息化与标准化

TOP59　信息化战略与策略

真题分析

【真题1】企业信息化的最终目标是实现各种不同业务信息系统间跨地区、跨行业、跨部门的_____。

　　A. 信息共享和业务协同　　　　　　　　B. 技术提升

　　C. 信息管理标准化　　　　　　　　　　D. 数据标准化

　　解析：本题考查的是公司级的数据管理和企业信息化的最终目标。

　　企业信息化建设是企业适应信息技术快速发展的客观要求，企业信息化建设涉及方方面面，既有硬件建设，也有软件建设；既包括组织建设，也需要员工个人素质的全面提高；它不仅仅是部门内部的建设，更是部门间的资源共享和业务协同。因此企业信息化的最终目标是实现各种不同业务信息系统间跨地区、跨行业、跨部门的信息共享和业务协同。

　　答案：A

【真题2】国家信息化建设的信息化政策法规体系包括信息技术发展政策、_____、电子政务发展政策、信息化法规建设四个方面。

　　A. 信息产品制造业政策　　　　　　　　B. 通信产业政策

　　C. 信息产业发展政策　　　　　　　　　D. 移动通信业发展政策

　　解析：国家信息化建设的信息化政策法规体系包括信息技术发展政策、信息产业发展政策、电子政务发展政策和信息化法规建设4个方面。

　　① 信息技术发展政策。信息技术是第一推动力，信息技术政策在信息化政策体系发挥着重要作用。

　　② 信息产业发展政策。包括通信产业政策和信息产品制造业政策两类。

　　③ 电子政务发展政策。电子政务是国民经济和社会信息化的一个重要领域。

　　④ 信息化法规建设。在制定信息化政策时，信息化立法是基础。

　　答案：C

【真题3】企业信息化建设需要大量的资金投入，成本支出项目多且数额大。在企业信息化建设的成本支出项目中，系统切换费用属于_____。

　　A. 设备购置费用　　　　　　　　　　　B. 设施费用

　　C. 开发费用　　　　　　　　　　　　　D. 系统运行维护费用

　　解析：在信息化建设过程中，随着技术的发展，原有的信息系统不断被功能更强大的新系统所取代，所以需要系统转换。系统转换，也就是系统切换与运行，是指以新系统替换旧系统的过程。系统成本分为固定成本和运行成本。其中设备购置费用、设施费用、软件开发费用属于固定成本，为购置长期使用的资产而发生的成本。而系统切换费用属于系统运行维护费用。

　　答案：D

【真题 4】在我国，软件著作权_____产生。

    A. 通过国家版权局进行软件著作权登记后

    B. 通过向版权局申请，经过审查、批准后

    C. 自软件开发完成后自动

    D. 通过某种方式发表后

    解析：计算机软件著作权是指软件的开发者或者其他权利人依据有关著作权法律的规定，对于软件作品所享有的各项专有权利。就权利的性质而言，它属于一种民事权利，具备民事权利的共同特征。著作权是知识产权中的例外，因为著作权的取得无须经过个别确认，这就是人们常说的"自动保护"原则。软件经过登记后，软件著作权人享有发表权、开发者身份权、使用权、使用许可权和获得报酬权。本题的正确答案为 A。

    答案：A

【真题 5】某软件公司研发的财务软件产品在行业中技术领先，具有很强的市场竞争优势。为确保其软件产品的技术领先及市场竞争优势，公司采取相应的保密措施，以防止软件技术秘密的外泄，并且，还为该软件产品冠以某种商标，但未进行商标注册。此情况下，公司享有该软件产品的_____。

    A. 软件著作权和专利权

    B. 商业秘密权和专利权

    C. 软件著作权和商业秘密权

    D. 软件著作权和商标权

    解析：计算机软件著作权是指软件的开发者或者其他权利人依据有关著作权法律的规定，对于软件作品所享有的各项专有权利。商业秘密权的性质是在商业秘密法律保护中亟待解决的一个关键性问题。学者们认为商业秘密权或是财产权、人格权、企业权、知识产权，甚至是一种全新的权利类型。从周延的保护商业秘密权的本质出发，运用法经济学有关产权界定和法理中有关民事权利分类的理论来分析，可以发现，将商业秘密权界定为一种新兴的知识产权是恰当的。由它们的定义再结合题目，可知本题选择 C。

    答案：C

【真题 6】甲经销商未经许可擅自复制并销售乙公司开发的办公自动化软件光盘，已构成侵权。丙企业在不知甲经销商侵犯乙公司著作权的情况下从甲经销商处购入 20 张并已安装使用。以下说法正确的是_____。

    A. 丙企业的使用行为不属于侵权，可以继续使用这 20 张软件光盘

    B. 丙企业的使用行为属于侵权，需承担相应法律责任

    C. 丙企业向乙公司支付合理费用后，可以继续使用这 20 张软件光盘

    D. 丙企业与甲经销商都应承担赔偿责任

    解析：本题考查的是知识产权。侵权复制品，是指未经著作权人许可，非法复制发行著作权人的文字作品、音乐、电影、电视、录像制品、计算机软件及其他作品；或者是未经录音、录像制作者许可，非法复制发行的录音录像。根据高法《解释》规定，个人违法所得数额在 10 万元以上，单位违法所得数额在 50 万元以上，属于违法所得数额巨大。刑法规定非法复制他人作品数量较大或者数量在 500 张以上的都要承担刑事责任，明知是非法复制品销售也是违法的。丙属于不知情，单处罚金就可以继续使用这 20 张软件光盘。

    答案：C

【真题 7】李某是 M 国际运输有限公司计算机系统管理员。任职期间，李某根据公司的业务要求开发了"空运出口业务系统"，并由公司使用。随后，李某向国家版权局申请了计算机软件著作权登记，并取得了《计算机软件著作权登记证书》。证书明确软件名称是"空运出口业务系统 V1.0"。以下说法中，正确的是_____。

    A. 空运出口业务系统 V1.0 的著作权属于李某

B. 空运出口业务系统 Vl.0 的著作权属于 M 公司

C. 空运出口业务系统 Vl.0 的著作权属于李某和 M 公司

D. 李某获取的软件著作权登记证是不可以撤销的

解析:计算机软件著作权是指软件的开发者或者其他权利人依据有关著作权法律的规定,对于软件作品所享有的各项专有权利。就权利的性质而言,它属于一种民事权利,具备民事权利的共同特征。著作权是知识产权中的例外,因为著作权的取得无须经过个别确认,这就是人们常说的"自动保护"原则。软件经过登记后,软件著作权人享有发表权、开发者身份权、使用权、使用许可权和获得报酬权。本题的正确答案为 A。

答案:A

【真题 8】张某为完成公司交给的工作,做出了一项发明。张某认为虽然没有与公司约定专利申请权归属,但该项发明主要是自己利用业余时间完成的,可以个人名义申请专利。关于此项发明的专利申请权应归属_____享有。

A. 张某 　　　　　　　　　　　　B. 张某和公司

C. 公司 　　　　　　　　　　　　D. 张某和公司约定的一方

解析:根据《专利法》职务发明创造的确认:职务发明是指发明创造人执行本单位的任务或者主要是利用本单位的物质技术条件所完成的发明创造。职务发明包括执行本单位的任务所完成的发明创造。具体包括:在本职工作中做出的发明创造。履行本单位交付的本职工作之外的任务所完成的发明创造。退职、退休或者调动工作后 1 年内做出的,与其在原单位承担的本职工作或者原单位分配的任务有关的发明创造。因此,此项发明的专利申请权应归属公司享有。

答案:C

【真题 9】M 画家将自己创作的一幅美术作品原件赠予了 L 公司,L 公司未经该画家的许可,擅自将这幅美术作品作为商标注册,且取得商标权,并大量复制用于该公司的产品上。L 公司的行为侵犯了 M 画家的_____

A. 著作权 　　　B. 发表权 　　　C. 商标权 　　　D. 展览权

解析:美术等作品原件所有权的转移,不视为作品著作权的转移,但美术作品原件的展览权由原件或者其继承人行使,著作权仍属于画家,因此,侵犯了画家的著作权,选择 A。

答案:A

【真题 10】某软件公司的软件产品注册商标为 S,为确保公司在市场竞争中占据优势,对员工进行了保密的约束。在此情形下,该公司不享有该软件产品的_____。

A. 商业秘密权 　　B. 著作权 　　　C. 专利权 　　　D. 商标权

解析:专利权是指政府有关部门向发明人授予的在一定期限内生产、销售或以其他方式使用发明的排他权利。该公司只获得注册商标,并没有申请相关专利或者获得有关专利权的授予,因此,不享有专利权,选择 C。

答案:C

【真题 11】王某是一名软件设计师,每当软件开发完成后,按公司规定编写的软件文档属于职务作品,_____。

A. 著作权由公司享有

B. 著作权由软件设计师享有

C. 除署名权以外,著作权的其他权利由软件设计师享有

D. 著作权由公司和软件设计师共同享有

解析:软件归属权问题:当公民作为某个单位的雇员时,如其开发的软件属于执行本职工作的结果,该软件著作权应当归单位享有。若开发的软件不是执行本职工作的结果,其著作权就不属于单位享有。如果该雇员主要使用了单位的设备则著作权不能属于该雇员个人享有。因此,选择 A。

答案:A

【真题 12】M 软件公司的软件工程师张某兼职于 Y 科技公司,为完成 Y 科技公司交给的工作,做出了一项涉及计算机程序的发明。张某认为自己主要是利用业余时间完成的发明,可以以个人名义申请专利。此项专利申请权应归属_____。

A. 张某
B. M 软件公司
C. Y 科技公司
D. 张某和 Y 科技公司

解析:根据《专利法》职务发明创造的确认:职务发明是指发明创造人执行本单位的任务或者主要是利用本单位的物质技术条件所完成的发明创造。职务发明包括执行本单位的任务所完成的发明创造。具体包括:在本职工作中做出的发明创造。履行本单位交付的本职工作之外的任务所完成的发明创造。退职、退休或者调动工作后 1 年内做出的,与其在原单位承担的本职工作或者原单位分配的任务有关的发明创造。因此,此项发明的专利申请权应归属公司享有。

答案:C

【真题 13】违反_____而造成不良后果时,将依法根据情节轻重受到行政处惩罚或追究刑事责任。

A. 强制性国家标准
B. 推荐性国家标准
C. 实物标准
D. 推荐性软件行业标准

解析:GB 8567-88《计算机软件产品开发文件编制指南》是强制性国家标准,违反该标准而造成不良后果时,将依法根据情节轻重受到行政处罚或追究刑事责任。

答案:A

【真题 14】企业信息化建设的根本目的是_____。

A. 解决管理问题,侧重于对 IT 技术管理、服务支持以及日常维护等
B. 解决技术问题,尤其是对 IT 基础设施本身的技术性管理工作
C. 实现企业战略目标与信息系统整体部署的有机结合
D. 提高企业的业务运作效率,降低业务流程的运作成本

解析:企业信息化建设是企业适应信息技术快速发展的客观要求,企业信息化建设涉及方方面面,既有硬件建设,也有软件建设;既包括组织建设,也需要员工个人素质的全面提高;它不仅仅是部门内部的建设,更是部门间的资源共享和业务协同。因此企业信息化的最终目标是实现各种不同业务信息系统间跨地区、跨行业、跨部门的信息共享和业务协同。因此,企业信息化建设的根本目的是实现一种有机结合,选择 C。

答案:C

🏵 题型点睛

1. 信息化是指培育、发展以智能化工具为代表的新的生产力并使之造福于社会的历史过程。智能工具一般必须具备信息获取、信息传递、信息处理、信息再生和信息利用的功能。

2. 国家信息化就是在国家统一规划和组织下,在农业、工业、科学技术、国防和社会生活各个方面应用现代信息技术,深入开发、广泛利用信息资源,发展信息产业,加速实现国家现代化的进程。国家信息化体系包括 6 个要素,即信息资源,国家信息网络,信息技术应用,信息技术和产业,信息化人才,信息化政策、法规和标准。这个体系是根据中国国情确定的,与国外提出的国家信息基础有所不同。

3. 企业信息化指的是挖掘先进的管理理念,应用先进的计算机网络技术去整合企业现有的生产、经营、设计、制造、管理,及时地为企业的"三层决策"系统(战术层、战略层、决策层)提供准确而有效的数据信息,以便对需求做出迅速的反应,其本质是加强企业的"核心竞争力"。

企业信息化建设是企业适应信息技术快速发展的客观要求,企业信息化建设涉及方方面面,既有硬件建设,也有软件建设;既包括组织建设,也需要员工个人素质的全面提高;它不仅仅是部门内部的建设,更是部门间的资源共享和业务协同。因此企业信息化的最终目标是实现各种不同业务信息系统

间跨地区、跨行业、跨部门的信息共享和业务协同。

企业的信息化建设可以按照不同的分类方式进行分类。常用的分类方式有按照行业、企业运营模式和企业的应用深度等进行分类。按所处的行业分为：制造业的信息化、商业的信息化、金融业的信息化、服务业务的信息化等。按照企业的运营模式分为：离散型企业的信息化建设和流程型企业的信息化。目前比较流行的企业信息化有企业资源计划（ERP）、客户关系管理（CRM）、供应链管理（SCM）、知识管理系统（ABC），等等。

4. 信息化政策体系包括信息技术发展政策、信息产业发展政策、电子政务发展政策以及与信息化有关的法令法规体系的建设。

即学即练

【试题1】是电子政务系统的核心问题之一，主要是由于政府的某些工作领域对出现差错的允许度很低，出现差错影响面大。

A. 互操作性　　　　B. 可靠性　　　　C. 安全性　　　　D. 兼容性

【试题2】电子政务与　之间互相作用，互为前提，产生交互影响。

A. 国民经济信息化　　B. 企业信息化　　C. 社会信息化　　D. 国家信息化

【试题3】_____和电子政府发展的不平衡都带来了政府电子化公共服务发展的不平衡。

A. 信息基础设施的不平衡

B. 地区间经济发展的不平衡

C. 文化发展的不平衡

D. 受教育程度发展的不平衡

【试题4】实现企业信息化，有助于推动企业在生产、经营、管理等各个层面采用计算机、通信、网络等现代信息技术，充分开发、广泛利用企业内外_____资源，改造传统产业，加快结构调整和产业升级，增强创新能力，完善现代企业制度，建立具有竞争力的现代企业。

A. 人力　　　　　　B. 财力　　　　　C. 物质　　　　　D. 信息

【试题5】信息化战略规划的主要步骤包括基础信息调研、现状评估与问题分析、信息化战略目标设计和制定，其中下列_____不属于基础信息调研。

A. 信息化的现状和发展趋势调研

B. 组织信息化需求调研

C. 信息化需要解决的问题调研

D. 信息化建设基础条件调研

TOP60　信息化趋势

真题分析

【真题1】当前，无论是政府、企业、学校、医院，还是每个人的生活，无不受信息化广泛而深远的影响。

信息化有助于推进四个规代化，同时也有赖于广泛应用现代信息技术。信息化既涉及国家信息化、国民经济信息化、社会信息化，也涉及企业信息化、学校信息化、医院信息化等。

国家信息化就是在国家统一规划和组织下，在农业、工业、科学技术、国防和社会生活各个方面应用现代信息技术，深入开发、广泛利用信息资源，发展信息产业，加速实现国家现代化的过程。

而企业信息化是挖掘企业先进的管理理念，应用先进的计算机网络技术整合企业现有的生产、经营、设计、制造、管理,及时地为企业的"三层决策"系统提供准确而有效的数据信息。

【问题1】

本题说明中关于国家信息化的定义包含了哪四个方面的含义?

【问题2】

企业的"三层决策"系统指的是哪三个层次?

【问题3】

企业的信息化有不同的分类方式,可按企业所处行业分类,或按企业的运营模式分类。下列企业信息化的类型,哪些是按照所处的行业划分的? 哪些是按照企业的运营模式划分的? _____。

A. 离散型企业的信息化
B. 流程型企业的信息化
C. 制造业的信息化
D. 商业的信息化
E. 金融业的信息化
F. 服务业的信息化

【问题4】

在企业信息化建设中,目前比较常用的企业信息化建设的应用软件主要有 ERP、CRM、SCM 和 ABC,请分别写出它们的中文名称。

解析: 本试题主要考查信息化与标准化章节相关知识。

国家信息化就是在国家统一规划和组织下,在农业、工业、科学技术、国防和社会生活各个方面应用现代信息技术,深入开发、广泛利用信息资源,发展信息产业,加速实现国家现代化的进程。这个定义包含 4 层含义:一是实现四个现代化离不开信息化,信息化要服务于现代化;二是国家要统一规划、统一组织;三是各个领域要广泛应用现代信息技术,开发利用信息资源;四是信息化是一个不断发展的过程。

企业信息化指的是挖掘先进的管理理念,应用先进的计算机网络技术去整合企业现有的生产、经营、设计、制造、管理,及时地为企业的"三层决策"系统(战术层、战略层、决策层)提供准确而有效的数据信息,以便对需求做出迅速的反应,其本质是加强企业的"核心竞争力"。

企业的信息化建设可以按照不同的分类方式进行分类。常用的分类方式有按照行业、企业运营模式和企业的应用深度等进行分类。按所处的行业分为:制造业的信息化、商业的信息化、金融业的信息化、服务业务的信息化等。按照企业的运营模式分为:离散型企业的信息化建设和流程型企业的信息化。

目前比较流行的企业信息化有企业资源计划(ERP)、客户关系管理(CRM)、供应链管理(SCM)、知识管理系统(ABC)等。企业资源计划系统(Enterprise Resource Planning,ERP)是指建立在信息技术基础上,以系统化的管理思想,为企业决策层及员工提供决策运行手段的管理平台。ERP 系统集中信息技术与先进的管理思想于一身,成为现代企业的运行模式,反映时代对企业合理调配资源、最大化地创造社会财富的要求,成为企业在信息时代生存、发展的基石。

答案:

【问题1】 国家信息化这个定义包含 4 层含义:

一是实现四个现代化离不开信息化,信息化要服务于现代化;二是国家要统一规划、统一组织;三是各个领域要广泛应用现代信息技术,开发利用信息资源;四是信息化是一个不断发展的过程。

【问题2】 战术层、战略层、决策层

【问题3】 按所处的行业分为:制造业的信息化、商业的信息化、金融业的信息化、服务业务的信息化等。选 C、D、E、F。

按照企业的运营模式分为:离散型企业的信息化建设和流程型企业的信息化。选 A、B。

【问题4】 ERP 为企业资源计划、CRM 为客户关系管理、SCM 为供应链管理、ABC 为知识管理系统

题型点睛

信息化以互联网技术及其应用技术为中心,朝着数字化、网络化与智能化发展,在信息化的基础

上,出现了许多新生的事物、概念和生活方式,如远程教育、电子商务、电子政务等。

即学即练

【试题1】一个计算机网络是由_____、设备、软件和网络规则组成的。

A. 通信介质　　　　B. 磁盘介质　　　　C. 纸介质　　　　D. 空气介质

【试题2】加速企业信息化进程、服务企业是电子政务的目标之一,也是电子政务_____模式的应用对象与运作范畴。

A. G2B　　　　B. G2C　　　　C. G2G　　　　D. B2G

TOP61　企业信息资源管理

真题分析

【真题1】面向组织,特别是企业组织的信息资源管理的主要内容有信息系统的管理,信息产品与服务的管理_____,信息资源管理中的人力资源管理,信息资源开发和利用的标准、规范、法律制度的制订与实施等。

A. 信息资源的效率管理　　　　　　B. 信息资源的收集管理

C. 信息资源的安全管理　　　　　　D. 信息资源的损耗管理

解析:一个信息系统就是信息资源为实现某类目标的有序组合,因此系统建设与管理就成了组织内信息资源配置与运用的主要手段。面向组织,特别是企业组织的信息资源管理的主要内容如下:

① 信息系统的管理,包括信息系统开发项目的管理、信息系统运行与维护管理、信息系统评价。

② 信息资源开发和利用的标准、规范、法律制度的制订与实施。

③ 信息产品与服务的管理。

④ 信息资源的安全管理。

⑤ 信息资源管理中的人力资源管理。

答案:C

【真题2】企业信息资源管理不是把资源整合起来就行了,而是需要一个有效的信息资源管理体系,其中最为关键的是_____。

A. 从事信息资源管理的人才队伍建设

B. 有效、强大的市场分析

C. 准确地把握用户需求

D. 信息资源的标准和规范

解析:企业信息资源管理不是把资源整合起来就行了,而是需要一个有效的信息资源管理体系,其中最为关键的是从事信息资源管理的人才队伍建设。其次是架构问题,在信息资源建设阶段,规划是以建设进程为主线,在信息资源管理阶段,规划应以架构为主线,主要涉及的是这个信息化运营体系的架构,这个架构要消除以往分散建设所导致的信息孤岛,实现大范围内的信息共享、交换和使用,提升系统效率,达到信息资源的最大增值。

答案:A

题型点睛

1. 信息资源管理指的是为了确保信息资源的有效利用,以现代信息技术为手段,对信息资源实施计划、预算、组织、指挥、控制、协调的人类管理活动。信息资源管理的思想、方法和实践,对信息时代的企业管理具有重要意义;它为提高企业管理绩效提供了新的思路;它确立了信息资源在企业中的战略地位;它支持企业参与市场竞争;它成为知识经济时代企业文化建设的重要组成部分。

2. 信息资源管理的目标,总的说来就是通过人们的计划、组织、协调等活动,实现对信息资源的科学地开发、合理地配置和有效地利用,以促进社会经济的发展。对于一个组织,特别是企业组织来说,信息资源管理的目标是为实现组织的整体目标服务的。

3. 信息资源管理的内容:一个现代社会组织的信息资源主要有:计算机和通信设备;计算机系统软件与应用软件;数据及其存储介质;非计算机信息处理存储装置;技术、规章、制度、法律;从事信息活动的人,等等。一个信息系统就是这些信息资源为实现某类目标的有序组合,因此信息系统的建设与管理就成了组织内信息资源配置与运用的主要手段。

📐 即学即练

【试题1】企业信息不包括_____。
A. 沉淀信息
B. 积累信息
C. 随机信息
D. 即时信息

【试题2】广义信息资源包括信息及其生产者和_____。
A. 信息分析
B. 信息挖掘
C. 信息技术
D. 信息检索

TOP62　标准化基础

📖 真题分析

【真题1】上海市标准化行政主管部门制定并发布的工业产品的安全、卫生要求的标准,在其行政区域内是_____。
A. 强制性标准　　B. 推荐性标准　　C. 自愿性标准　　D. 指导性标准

解析:《标准化法》第二章第七条规定"国家标准、行业标准分为强制性标准和推荐性标准。保障人体健康,人身、财产安全的标准和法律、行政法规规定强制执行的标准是强制性标准,其他标准是推荐性标准。省、自治区、直辖市标准化行政主管部门制定的工业产品的安全、卫生要求的地方标准,在本行政区域内是强制性标准"。按照我国《标准化法》的规定,上海市标准化行政主管部门制定并发布的工业产品的安全、卫生要求的标准,在其行政区域内是强制性标准。

答案:A

【真题2】按制定标准的不同层次和适应范围,标准可分为国际标准、国家标准、行业标准和企业标准等,_____制定的标准是国际标准。
A. IEEE 和 ITU　　B. ISO 和 IEEE　　C. ISO 和 ANSI　　D. ISO 和 IEC

解析:国际标准是由国际标准化团体制定、公布和通过的标准。通常,国际标准是指 ISO、IEC 以及 ISO 所出版的国际标准题目关键词索引(KWIC Index)中收录的其他国际组织制定、发布的标准等。国际标准在世界范围内统一使用,没有强制的含义,各国可以自愿采用。

答案:D

【真题3】为了便于研究和应用,可以从不同角度和属性将标准进行分类。根据适用范围分类,我国标准分为_____级。

 A. 7   B. 6   C. 4   D. 3

 解析:依据我国《标准化法》,我国标准可分为国家标准、行业标准、地方标准和企业标准。其中,国家标准、行业标准、地方标准又可分为强制性标准和推荐性标准。它们分别具有其代号和编号,通过标准的代号可确定标准的类别。

 答案:C

 【真题4】以下我国的标准代码中,_____表示行业标准。

 A. GB   B. GJB   C. DB11   D. Q

 解析:依据我国《标准化法》,我国标准可分为国家标准、行业标准、地方标准和企业标准。GB 是指国家标准,GJB 是指军标,属于行业标准,DB11 是地方标准,Q 是指企业标准。本题的正确答案为 B。

 答案:B

🎯 题型点睛

 标准化的级别和分类:根据适用范围分类,标准分为国际标准、国家标准、区域标准、行业标准、企业标准和项目规范。

 (1) 国际标准(International Standard):由国际标准化组织(ISO)、国际电工委员会(IEC)所制定的标准,以及 ISO 出版的《国际标准题内关键字索引(KWIC Index)》中收录的其他国际组织制定的标准。

 (2) 国家标准(National Standard):由政府或国家级的机构制定或批准的,适用于全国范围的标准,是一个国家标准体系的主体和基础,国内各级标准必须服从且不得与之相抵触。如 GB、ANSI、BS、NF、DIN、JIS 等是中、美、英、法、德、日等国的国家标准的代号。

 (3) 区域标准(Regional Standard):泛指世界上按地理、经济或政治划分的某一区域标准化团体制定,并公布开发布的标准。它是为了某一区域的利益而建立的标准。如欧洲标准化委员会(CEN)发布的欧洲标准(EN)就是区域标准。

 (4) 行业标准(Specialized Standard):由行业机构、学术团体或国防机构制定,并适用于某个业务领域的标准,又称为团体标准。如美国的材料与试验协会(ASTM)、石油学会标准(API)、机械工程师协会标准(ASME)、英国的劳氏船级社标准(LR),都是国际上有权威性的团体标准,在各自的行业内享有很高的信誉。

 (5) 企业标准(Company Standard):有些国家又将其称为公司标准,是由企业或公司批准、发布的标准,也是"根据企业范围内需要协调、统一的技术要求,管理要求和工作要求"所制定的标准。如美国波音飞机公司、德国西门子电器公司、新日本钢铁公司等企业发布的企业标准都是国际上有影响的先进标准。

 (6) 项目规范(Project Specification):由某一科研生产项目组织制定,并为该项任务专用的软件工程规范。如计算机集成制造系统(CIMS)的软件工程规范。

✏️ 即学即练

 【试题1】_____是为了在一定的范围内获得最佳秩序,对现实问题或潜在问题制定共同的和重复使用的条款的活动。

 A. 标准化   B. 标准化设施   C. 系统文档   D. 标准

 【试题2】_____是标准化最基本的方法。

 A. 简化   B. 统一   C. 组合   D. 程序化

TOP63　标准化应用

📑 真题分析

【真题1】下列标准代号中，_____为推荐性行业标准的代号。

A. SJ/T　　　　B. Q/T 11　　　　C. GB/T　　　　D. DB11/T

解析：依据我国《标准化法》，我国标准可分为国家标准、行业标准、地方标准和企业标准。其中，国家标准、行业标准、地方标准又可分为强制性标准和推荐性标准。它们分别具有其代号和编号，通过标准的代号可确定标准的类别。行业标准是由行业标准化组织制定和公布适应于其业务领域标准，其推荐性标准，由行业汉字拼音大写字母加"/T"组成，已正式公布的行业代号有QJ(航天)、SJ(电子)、JB(机械)和JR(金融系统)等。试题中给出的供选择答案，分别依序是行业推荐性标准、企业标准、国家推荐性标准和地方推荐性标准。

答案：A

【真题2】GB 8567—88《计算机软件产品开发文件编制指南》是_____标准。

A. 强制性国家　　B. 推荐性国家　　C. 强制性行业　　D. 推荐性行业

解析：我国1983年5月成立"计算机与信息处理标准化技术委员会"，下设13个分技术委员会，其中程序设计语言分技术委员会和软件工程技术委员会与软件相关。现已得到国家批准的软件工程国家标准包括如下几个文档标准：

计算机软件产品开发文件编制指南(GB 8567—88)；

计算机软件需求说明编制指南(GB/T 9385—88)；

计算机软件测试文件编制指南(GB/T 9386—88)。

因此，GB 8567—88《计算机软件产品开发文件编制指南》是强制性国家标准。

答案：A

【真题3】下列标准中，_____是强制性国家标准。

A. GB 8567—1988　　　　　　　　B. JB/T 6987—1993

C. HB 6698—1993　　　　　　　　D. GB/T 11457—2006

解析：解析见真题2。

答案：A

🎯 题型点睛

1. 标准的代号和编号：

(1) ISO的代号和编码：ISO标准国家代码有三种代码，分别为两位字母代码、三位字母代码以及联合国统计局的三位数字代码。如"中国"用这三个代码表示为：CN、CHN、156。

(2) 国家标准的代号和编号：我国国家标准的代号由大写汉字拼音字母构成，强制性国家标准代号为GB，推荐性国家标准的代号为GB/T。国家标准的编号由国家标准的代号、标准发布顺序号和标准发布年代号(4位数)组成。

(3) 行业标准的代号和编号：行业标准代号由汉字拼音大写字母组成。行业标准的编号由行业标准代号、标准发布顺序及标准发布年代号(4位数)组成。

(4) 地方标准的代号和编号：由汉字"地方标准"大写拼音"DB"加上省、自治区、直辖市行政区划代码的前两位数字，再加上斜线T组成推荐性地方标准；不加斜线T为强制性地方标准。地方标准的编号由地方标准代号、地方标准发布顺序号、标准发布年代号(4位数)三部分组成。

（5）企业标准的代号由汉字"企"大写拼音字母"Q"加斜线再加企业代号组成,企业代号可用大写拼音字母或阿拉数字或两者兼用所组成。企业标准的编号由企业标准代号、标准发布顺序号和标准发布年代号(4 位数)组成。

2.（1）国际标准化组织:ISO 和 IEC 是世界上两个最大的、最具有权威的国际化标准组织。IEC 负责有关电工、电子领域的国际标准化工作,其他领域则由 ISO 负责。除此之外,还有国际计量局(BI-PM)、联合国教科文组织(UNESCO)、世界卫生组织(WHO)、世界知识产权组织(WIPO)等国际组织。

（2）区域标准化组织:如欧洲标准化委员会(CEN)、欧洲电工标准化委员会(CENELEC)、欧洲电信标准协会(ETSI)、太平洋地区标准大会(PASC)、泛美技术标准委员会(COPANT)、非洲地区标准化组织(ARSO)等。

（3）行业标准化组织:如美国电气电子工程师学会(IEEE)、美国电子工业协会(EIA)等。

（4）国家标准化组织:如美国国家标准学会(ANSI)、英国标准学会(BSI)、德国标准化学会(DIN)等。

3. ISO/IEC JTC1 已经制定了一些信息技术标准,有关信息识别方面的信息技术基础标准有:条形码、代码和 IC 卡、计算机进行电子数据交换(EDI)、软件工程。

即学即练

【试题 1】国际标准化组织的代号为＿＿＿＿＿。
A. ITU　　　　　　　B. IEC　　　　　　　C. ISO　　　　　　　　D. IEEE

【试题 2】＿＿＿＿＿是指在国家范围内建立的标准化机构,以及政府承认的标准化团体或者接受政府标准化管理机构指导并具有权威性的民间标准团体。

A. 国家标准化组织　　　　　　　　　　B. 国际化标准组织
C. 行业标准　　　　　　　　　　　　　D. 地区标准

本章即学即练答案

序号	答案	序号	答案
TOP59	【试题 1】答案:B 【试题 2】答案:D 【试题 3】答案:A 【试题 4】答案:A 【试题 5】答案:C	TOP60	【试题 1】答案:A 【试题 2】答案:A
TOP61	【试题 1】答案:C 【试题 2】答案:C	TOP62	【试题 1】答案:A 【试题 2】答案:A
TOP63	【试题 1】答案:C 【试题 2】答案:A		

第16章 系统管理规划

TOP64 系统管理的定义

真题分析

【真题1】传统的 IT 管理大量依靠熟练管理人员的经验来评估操作数据、确定工作负载、进行性能调整以及解决问题,而在当今企业分布式的复杂 IT 环境下,如果要获得最大化业务效率,企业迫切需要对其 IT 环境进行有效的_____,确保业务的正常运行。

A. 系统日常操作管理   B. 问题管理

C. 性能管理   D. 自动化管理

解析:在当今电子商务环境越来越复杂的情况下,新的策略需要获得最大化业务效率,需要实现自修复和自调整功能,因此,企业迫切需要对其 IT 环境进行有效的自动化管理,以确保业务的正常运行。企业级的系统管理需要考虑多个因素。自动化管理符合业界的一些最佳实践标准,提供集成统一的管理体系,着重考虑服务水平的管理,将 IT 管理与业务优先级紧密联系在一起。因此,选择 D。

答案:D

【真题2】目前,企业越来越关注解决业务相关的问题,往往一个业务需要跨越几个技术领域的界限。例如,为了回答一个简单的问题"为什么订单处理得这么慢",管理人员必须分析_____以及运行的数据库和系统、连接的网络等。

A. 硬盘、文件数据以及打印机

B. 网络管理工具

C. 支持订单处理的应用软件性能

D. 数据链路层互连设备,如网桥、交换器等

解析:解决业务相关的问题的首要步骤就是从该应用软件的自身性能出发进行优化与管理。因此,解决订单处理速度缓慢的首要步骤就是改善订单业务软件的性能,选择 C。

答案:C

【真题3】系统管理指的是 IT 的高效运作和管理,它是确保战略得到有效执行的战术性和运作性活动,其核心目标是_____。

A. 掌握企业 IT 环境,方便管理异构网络

B. 管理客户(企业部门)的 IT 需求,并且有效运用 IT 资源恰当地满足业务部门的需求

C. 保证企业 IT 环境整体可靠性和整体安全性

D. 提高服务水平,加强服务的可靠性,及时可靠地维护各类服务数据

解析:系统管理指的是 IT 的高效运作和管理,而不是 IT 战略规划。IT 规划关注的是组织的 IT 方面的战略问题,而系统管理是确保战略得到有效执行的战术性和运作性活动。系统管理核心目标是管理客户(业务部门)的 IT 需求,如何有效利用 IT 资源恰当地满足业务部门的需求是它的核心使命。因此,选择 B。

答案:B

【真题4】企业 IT 战略规划不仅要符合企业发展的长远目标,而且战略规划的范围控制应该_____。

A. 紧密围绕如何提升企业的核心竞争力来进行

B. 为企业业务的发展提供一个安全可靠的信息技术支撑

C. 考虑在企业建设的不同阶段做出科学合理的投资成本比例分析

D. 面面俱到,全面真正地实现 IT 战略与企业业务的一致性

解析:企业 IT 战略规划进行战略性思考的时候可以从以下几方面考虑。

(1) IT 战略规划目标的制定要具有战略性,确立与企业战略目标相一致的企业 IT 战略规划目标,并且以支撑和推动企业战略目标的实现作为价值核心。

(2) IT 战略规划要体现企业核心竞争力要求,规划的范围控制要紧密围绕如何提升企业的核心竞争力来进行,切忌面面俱到的无范围控制。

(3) IT 战略规划目标的制定要具有较强的业务结合性,深入分析和结合企业不同时期的发展要求,将建设目标分解为合理可行的阶段性目标,并最终转化为企业业务目标的组成部分。

(4) IT 战略规划对信息技术的规划必须具有策略性,对信息技术发展的规律和趋势要具有敏锐的洞察力,在信息化规划时就要考虑到目前以及未来发展的适应性问题。

(5) IT 战略规划对成本的投资分析要有战术性,既要考虑到总成本投资的最优,又要结合企业建设的不同阶段做出科学合理的投资成本比例分析,为企业获得较低的投资收益比。

(6) IT 战略规划要对资源的分配和切入时机进行充分的可行性评估。

答案:A

【真题5】从生命周期的观点来看,无论硬件或软件,大致可分为规划和设计、开发(外购)和测试、实施、运营和终止等阶段。从时间角度来看,前三个阶段仅占生命周期的 20%,其余 80% 的时间基本上是在运营。因此,如果整个 IT 运作管理做得不好,就无法获得前期投资的收益,IT 系统不能达到它所预期的效果。为了改变这种现象,必须_____。

A. 不断购置硬件、网络和系统软件   B. 引入 IT 财务管理

C. 引入 IT 服务理念   D. 引入服务级别管理

解析:企业的 IT 部门和业务部门之间存在"结构性"障碍,即 IT 部门一般不精通业务,业务部门一般不精通 IT 技术,而双方都认为自己是正确的。在处理 IT 运营管理之前,必须首先解决好 IT 运营和业务之间的融合问题。基本的 IT 运营管理模式不外乎以下三种:技术型、职能型(系统管理、网络管理和环境管理等)和服务型。其中,前两种模式虽然可以解决 IT 本身的问题,但是它们无法解决 IT 与业务的融合问题;第三种模式,即服务型,可以较好地解决这个问题。依据这个思路,世界上许多企业和政府部门进行了长期的探索和实践。以这些企业的经验和成果为基础,逐渐发展出一套新的 IT 运营管理方法论,那就是 ITSM (IT Service Management,IT 服务管理)。

答案:C

【真题6】IT 系统管理的通用体系架构分为三个部分,分别为 IT 部门管理、业务部门 IT 支持和 IT 基础架构管理。其中业务部门 IT 支持_____。

A. 通过帮助服务台来实现用户日常运作过程中的故障管理、性能及可用性管理、日常作业管理等

B. 包括 IT 组织结构和职能管理,通过达成的服务水平协议实现对业务的 IT 支持,不断改进 IT 服务

C. 从 IT 技术角度,监控和管理 IT 基础架构,提供自动处理功能和集成化管理,简化 IT 管理复杂度

D. 保障 IT 基础架构有效、安全、持续地运行,并且为服务管理提供 IT 支持

解析:① IT 部门管理包括 IT 组织结构及职能管理,以及通过达成的服务水平协议(Service Level Agreement,SLA)实现对业务的 IT 支持,不断改进 IT 服务。包括 IT 财务管理、服务级别管理、问题管理、配置及变更管理、能力管理、IT 业务持续性管理等。

② 业务部门IT支持通过帮助服务台(Help Services Desk)实现在支持用户的日常运作过程中涉及的故障管理、性能及可用性管理、日常作业调度、用户支持等。

③ IT基础架构管理会从IT技术的角度监控和管理IT基础架构,提供自动处理功能和集成化管理,简化IT管理复杂度,保障IT基础架构有效、安全、持续地运行,并且为服务管理提供IT支持。

答案:A

【真题7】企业生产及管理过程中所涉及的一切文件、资料、图表和数据等总称为_____,它不同于其他资源(如材料、能源资源),是人类活动的高级财富。

A. 人力资源　　　　B. 数据资源　　　　C.财力资源　　　　D. 自然资源

解析:信息资源是企业生产及管理过程中所涉及的一切文件、资料、图表和数据等信息的总称。它涉及企业生产和经营活动过程中所产生、获取、处理、存储、传输和使用的一切信息资源,贯穿于企业管理的全过程。信息资源与企业的人力、财力、物力和自然资源一样同为企业的重要资源,且为企业发展的战略资源。同时,它又不同于其他资源(如材料、能源资源),是可再生的、无限的、可共享的,是人类活动的最高级财富。信息资源也即数据资源。

答案:B

【真题8】IT系统管理工作可以按照一定的标准进行分类。在按系统类型的分类中_____,作为企业的基础架构,是其他方面的核心支持平台,包括广域网、远程拨号系统等。

A. 信息系统　　　　B. 网络系统　　　　C. 运作系统　　　　D. 设施及设备

解析:IT系统管理工作可以按照两个标准予以分类:一是按流程类型分类,分为侧重于IT部门的管理、侧重于业务部门的IT支持及日常作业、侧重于IT基础设施建设;二是按系统类型分类,分为信息系统、网络系统、运作系统、设施及设备,其中网络系统作为企业的基础架构,是其他方面的核心支持平台,包括广域网、远程拨号系统等。

答案:B

【真题9】在现实的企业中,IT管理工作自上而下是分层次的,一般分为三个层级。在下列选项中,不属于企业IT管理工作三层架构的是_____。

A. 战略层　　　　B. 战术层　　　　C. 运作层　　　　D. 行为层

解析:本题考查企业IT管理工作的架构问题。企业的IT管理工作既是一个技术问题,又是一个管理问题。企业IT管理工作分为三层架构:战略层、战术层和运作层。

答案:D

【真题10】项目经理在进行项目管理的过程中用时最多的是_____。

A. 计划　　　　B. 控制　　　　C. 沟通　　　　D. 团队建设

解析:项目经理的主要职责包括开发计划、组织实施和项目控制,其中组织实施包括团队建设。但是在项目中,要做到及时成功地完成并能达到或者超过预期的结果是很不容易的。项目组中必须有一个灵活而容易使用的沟通方法,从而使一些重要的项目信息及时更新,做到实时同步。

在IT项目中,许多专家认为:对于成功威胁最大的就是沟通的失败。IT项目成功的三个主要因素:用户的积极参与、明确的需求表达和管理层的大力支持,都依赖于良好的沟通技巧。统计表明,项目经理80%以上的时间用在了沟通管理。

答案:C

【真题11】企业的IT管理工作,既是一个技术问题,又是一个管理问题。在企业IT管理工作的层级结构中,IT管理流程属于_____。

A. IT战略管理　　　B. IT系统管理　　　C. IT技术管理　　　D. IT运作管理

解析:企业的IT管理工作,既是一个技术问题,又是一个管理问题。企业的IT管理工作有3层架构:IT战略管理,主要包括IT战略制定、IT治理和IT投资管理;IT系统管理,主要包括IT管理流程、组织设计、管理制度和管理工具等;IT技术及运作管理,主要包括IT技术管理、服务支持和日常维护等。

答案：B

【真题12】系统管理预算可以帮助 IT 部门在提供服务的同时加强成本、收益分析，以合理利用资源，提高 IT 投资效益。在 IT 企业的实际预算中，所需硬件设备的预算属于　__(1)__，故障处理的预算属于　__(2)__。

(1) A. 组织成本　　　B. 技术成本　　　C. 服务成本　　　D. 运作成本

(2) A. 组织成本　　　B. 技术成本　　　C. 服务成本　　　D. 运作成本

解析：本题考查的是系统管理预算的主要预算项目。

一般来说，在运作层级的系统管理中，都要进行系统管理的预算，预算的主要内容包括技术成本预算，主要是硬件和基础设施的预算；服务成本预算，主要是软件开发与维护、故障处理、帮助台支持等方面的预算；组织成本预算，主要包括会议、日常开支方面的预算等。预算工作做好了，可以帮助 IT 部门在提供服务的同时加强成本/收益分析，从而合理利用资源，提高 IT 投资效益。

答案：(1) B　(2) C

【真题13】在系统管理标准中，以流程为基础，以客户为导向的 IT 服务管理指导框架采用的是_____，它已在 IT 管理领域广泛传播。

A. ITIL 标准　　　B. COBIT 标准　　　C. ITSM 参考模型　　　D. MOF

解析：本题考查的是系统管理标准的基本知识。

OGC 发布的 ITIL 标准已经成为 IT 管理领域事实上的标准，它作为一种以流程为基础、以客户为导向的 IT 服务管理指导框架，摆脱了传统 IT 管理以技术管理为焦点的弊端，实现了从技术管理到流程管理，再到服务管理的转换。COBIT 标准首先由 IT 审查者协会提出，主要目的是实现商业的可说明性和可审查性。其他影响较大的标准有微软公司的 MOF(管理运营框架)和 HP 公司的 HP ITSM Reference Model。

答案：A

🎯 题型点睛

1. IT 系统管理的基本目标有 4 个方面：

(1) 实现对企业业务的全面管理；

(2) 保证企业 IT 环境的可靠性和整体安全性，或保证企业 IT 环境的整体性能；

(3) 对用户进行全面跟踪与管理，对风险进行有效控制；

(4) 维护服务数据，提高服务水平。

2. 用于管理的关键 IT 资源可以归为如下 4 类：

(1) 硬件资源。包括各类服务器(小型机、Linux 和 Windows 等)、工作站、台式计算机/笔记本、各类打印机和扫描仪等硬件设备。

(2) 软件资源。是指在企业整个环境中运行的软件和文档，其中包括操作系统、中间件、市场上买来的和本公司开发的应用软件、分布式环境软件、服务于计算机的工具软件以及所提供的服务等。文档包括应用表格、合同、手册和操作手册等。

(3) 网络资源。包括通信线路，即企业的网络传输介质；企业网络服务器，运行网络操作系统，提供硬盘、文件数据及打印机共享等服务功能，是网络系统的核心；网络传输介质互联设备(T 型连接器、调制解调器等)、网络物理层互联设备(中继器、集线器等)、数据链路层互联设备(网桥、交换机等)以及应用层互联设备(网关、多协议路由器等)；企业所用到的网络软件，例如网络操作系统、网络管理控制软件和网络协议等服务软件。

(4) 数据资源。是企业生产与管理过程中所涉及的一切文件、资料、图表和数据等的总称，它涉及企业生产和经营活动过程中所产生、获取、处理、存储、传输和使用的一切数据资源，贯穿于企业管理的全过程。

3. IT 系统管理的通用体系架构分为 3 个部分：

(1) IT 部门管理。主要是 IT 组织结构及职能管理。

(2) 业务部门 IT 支持。主要是业务需求、开发软件和故障管理、性能和可用性管理、日常作业调度、用户支持等。

(3) IT 基础架构管理。从 IT 技术的角度建立、监控及管理 IT 基础架构。提供自动处理功能和集成化管理。

即学即练

【试题 1】以下哪一项不是系统方法的内容？ _____。

A. 系统观念　　　　B. 系统测试　　　　C. 系统分析　　　　D. 系统管理

【试题 2】以下哪个不属于项目管理的辅助知识领域？ _____。

A. 项目质量管理　　　　　　　　　　B. 人力资源管理

C. 沟通管理　　　　　　　　　　　　D. 风险管理

【试题 3】以下哪一项不是项目的属性？ _____。

A. 项目是临时性的　　　　　　　　　B. 项目需要使用资源

C. 项目是周而复始的活动　　　　　　D. 项目有一个发起人

【试题 4】项目整体管理的主要过程是 _____。

A. 制定项目管理计划、执行项目管理计划、项目范围变更控制

B. 制定项目管理计划、指导和管理项目执行、项目整体变更控制

C. 项目日常管理、项目知识管理、项目管理信息系统

D. 制定项目管理计划、确定项目组织、项目整体变更控制

【试题 5】定义清晰的项目目标将最有利于 _____。

A. 提供一个开放的工作环境　　　　　B. 及时解决问题

C. 提供项目数据以利决策　　　　　　D. 提供定义项目成功与否的标准

TOP65　系统管理服务

真题分析

【真题 1】为了真正了解各业务部门的 IT 服务需求，并为其提供令人满意的 IT 服务，企业需要进行 _____，也就是定义、协商、订约、检测和评审提供给客户的服务质量水准的流程。

A. 服务级别管理　　B. 服务协议管理　　C. 服务需求管理　　D. 服务目标管理

解析：IT 系统管理职能范围：IT 财务管理、服务级别管理、问题管理、配置及变更管理、能力管理、IT 业务持续性管理等。服务级别管理是定义、协商、订约、检测和评审提供给客户服务的质量水准的流程。它的作用是：①准确了解业务部门的服务需求，节约组织成本，提高 IT 投资效益；②对服务质量进行量化考核；③监督服务质量；④明确职责，对违反服务级别协议的进行惩罚。因此，选择 A。

答案：A

【真题 2】为 IT 服务定价是计费管理的关键问题，"IT 服务价格-IT 服务成本＋X％"属于 _____。

A. 价值定价法　　B. 成本定价法　　C. 现行价格法　　D. 市场价格法

解析：IT 服务的价格等于提供服务的成本加成的定价方法，表示为"IT 服务价格-IT 服务成本＋X％"。其中 $X％$ 是加成比例，这个比例是由组织设定的，它可以参照其他投资的收益率，并考虑 IT 部门满足整个组织业务目标的需要情况适当调整。

答案：B

【真题 3】按照信息服务对象进行划分，专家系统属于面向_____的系统。

A. 作业处理　　　　　B. 管理控制　　　　　C. 决策计划　　　　　D. 数据处理

解析：本题考查信息系统开发的基础知识。

根据信息服务对象的不同，企业中的信息系统可以分为三类：

① 面向作业处理的系统。包括办公自动化系统、事务处理系统、数据采集与监测系统。

② 面向管理控制的系统。包括电子数据处理系统、知识工作支持系统和计算机集成制造系统。

③ 面向决策计划的系统。包括决策支持系统、战略信息系统和管理专家系统。

因此专家系统属于面向决策计划的系统。

答案：C

题型点睛

服务级别管理是定义、协商、订约、检测和评审提供给客户服务的质量水准的流程。它的作用是：①准确了解业务部门的服务需求，节约组织成本，提高 IT 投资效益；②对服务质量进行量化考核；③监督服务质量；④明确职责，对违反服务级别协议的进行惩罚。服务级别管理的主要目标在于，根据客户的业务需求和相关的成本预算，制定恰当的服务级别目标，并将其以服务级别协议（Service Level Agreements，SLA）的形式确定下来。在服务级别协议中确定的服务级别目标，既是 IT 服务部门监控和评价实际服务品质的标准，也是协调 IT 部门和业务部门之间有关争议的基本依据。

即学即练

【试题 1】以下哪一项不属于项目管理的核心知识领域？_____。

A. 项目质量管理　　　　　　　　B. 项目范围管理

C. 项目沟通管理　　　　　　　　D. 项目成本管理

【试题 2】以下哪个流程包含恢复计划？_____。

A. IT 服务连续性管理　　　　　　B. 问题管理

C. 能力管理　　　　　　　　　　D. 可用性管理

【试题 3】IT 服务流程需要基础数据，比如对象和结果，除此之外，还需要_____。

A. 活动　　　　　　　　　　　　B. 授权

C. 环境　　　　　　　　　　　　D. 配置管理数据库（CMDB）

【试题 4】从_____可以找到所有 IT 服务内容。

A. 运作级别管理 OLA　　　　　　B. 服务目录列表

C. 服务级别管理 SLA　　　　　　D. 服务窗口

TOP66　IT 财务管理

真题分析

【真题 1】IT 会计核算包括的活动主要有：IT 服务项目成本核算、投资评价以及_____。这些活动分别实现了对 IT 项目成本和收益的事中和事后控制。

A. 投资预算　　　　　　　　　　B. 差异分析和处理

C. 收益预算　　　　　　　　　　D. 财务管理

解析：IT 会计核算子流程的主要目标在于，通过量化 IT 服务运作过程中所耗费的成本和收益，为

IT服务管理人员提供考核依据和决策信息。该子流程所包括的活动主要有：IT服务项目成本核算、投资评价、差异分析和处理。这些活动分别实现了对IT项目成本和收益的事中和事后控制。因此，选择B。

答案：B

【真题2】企业通过_____对IT服务项目的规划、实施以及运作进行量化管理，解决IT投资预算、IT成本、效益核算和投资评价等问题，使其走出"信息悖论"或"IT"黑洞。

A. IT资源管理　　　　　　　　　B. IT可用性管理

C. IT性能管理　　　　　　　　　D. IT财务管理

解析：IT财务管理作为重要的IT系统管理流程，可以解决IT投资预算、IT成本、效益核算和投资评价等问题，从而为高层管理提供决策支持。因此，企业要走出"信息悖论"的沼泽，通过IT财务管理流程对IT服务项目的规划、实施和运作进行量化管理是一种有效的手段。因此，选择D。

答案：D

【真题3】_____作为重要的IT系统管理流程，可以解决IT投资预算、IT成本、效益核算和投资评价等问题，从而为高层管理者提供决策支持。

A. IT财务管理　　　　　　　　　B. IT可用性管理

C. IT性能管理　　　　　　　　　D. IT资源管理

解析：IT服务财务管理流程，是负责对IT服务运作过程中所涉及的所有资源进行货币化管理的流程。该服务管理流程又包括三个子流程，它们分别是IT投资预算（Budgeting）子流程、IT会计核算（Accounting）子流程和IT服务计费（Charging）子流程。这三个子流程形成了一个IT服务项目量化管理的循环。

答案：A

【真题4】在IT财务管理中，IT服务项目成本核算的第一步是_____。

A. 投资评价　　　　　　　　　　B. 定义成本要素

C. 收益差异分析　　　　　　　　D. 工作量差异分析

解析：对成本要素进行定义是IT服务项目成本核算的第一步。成本要素是成本项目进一步细分的结果，如硬件可以进一步分为办公室硬件、网络硬件以及中央服务器硬件等。成本要素一般可以按部门、客户或产品等划分标准进行定义。而对于IT服务部门而言，理想的方法应该是按照服务要素结构来定义成本要素。

答案：A

【真题5】

【说明】随着信息技术的快速发展，信息技术对企业发展的战略意义已广泛被企业认同，当企业不惜巨资进行信息化建设的时候，IT项目的投资评价就显得尤为重要。IT财务管理作为重要的IT系统管理流程，可以解决IT投资预算、IT成本、效益核算和投资评价等问题，从而为高层管理提供决策支持。

【问题1】IT财务管理，是负责对IT服务运作过程中所涉及的所有资源进行货币化管理的流程。该服务流程一般包括3个环节，分别是：

（1）IT服务计费；

（2）IT投资预算；

（3）IT会计核算。

请将上述3项内容按照实施顺序填在下图的3个空白方框里。

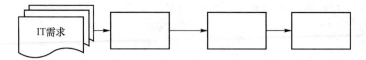

【问题2】IT 投资预算与 IT 服务计费的主要目的和作用是什么？

【问题3】IT 会计核算的主要目标是什么？它包括的活动主要有哪些？在 IT 会计核算中,用于 IT 项目投资评价的指标主要有哪两个？

解析:本题主要考查 IT 财务管理流程的基本概念和知识。

IT 财务管理,是负责对 IT 服务运作过程中所涉及的所有资源进行货币化管理的流程。该服务流程一般包括如下 3 个环节:

(1) IT 投资预算。其主要目的是对 IT 投资项目进行事前规划和控制。通过预算,可以帮助高层管理人员预测 IT 项目的经济可行性,也可以作为 IT 服务实施和运作过程中控制的依据。

(2) 会计核算。主要目标在于通过量化 IT 服务运作过程中所耗费的成本和收益,为 IT 服务管理人员提供考核依据和决策信息。IT 会计核算的活动包括 IT 服务项目成本核算、投资评价、差异分析和处理。这些活动分别实现了对 IT 项目成本与收益的事中和事后控制。IT 项目投资评价的指标主要有投资回报率和资本报酬率。为了达到控制目的,IT 会计人员需要将每月、每年的实际数据与相应的预算、计划数据进行比较,发现差异,调查、分析差异产生的原因,并对差异进行适当处理。

(3) IT 服务计费。负责向使用 IT 服务的业务部门(客户)收取相应费用。通过向客户收取 IT 服务费用,构建一个内部市场并以价格机制作为合理配置资源的手段,迫使业务部门有效地控制自身的需求,降低总体服务成本,从而提高 IT 投资的效率。

答案:

【问题1】正确的顺序是:(1) IT 投资预算、(2) IT 会计核算、(3) IT 服务计费。

【问题2】

IT 投资预算的目的:对 IT 投资项目进行事前规划和控制。

IT 投资预算的作用:通过预算,可以帮助高层管理人员预测 IT 项目的经济可行性,也可以作为 IT 服务实施和运作过程中控制的依据。

IT 服务计费的目的:通过向客户收取 IT 服务费用,构建一个内部市场并以价格机制作为合理配置资源的手段。

IT 服务计费的作用:通过服务计费,迫使业务部门有效地控制自身的需求,降低总体服务成本,从而提高 IT 投资的效率。

【问题3】

IT 会计核算的目标:通过量化 IT 服务运作过程中所耗费的成本和收益,为 IT 服务管理人员提供考核依据和决策信息。

IT 会计核算的活动:IT 服务项目成本核算、投资评价、差异分析和处理。

IT 项目投资评价的指标:投资回报率和资本报酬率。

题型点睛

1. IT 财务管理作为重要的 IT 系统管理流程,可以解决 IT 投资预算、IT 成本、效益核算和投资评价等问题,从而为高层管理提供决策支持。因此,企业要走出"信息悖论"的沼泽,通过 IT 财务管理流程对 IT 服务项目的规划、实施和运作进行量化管理是一种有效的手段。

2. IT 财务管理,是负责对 IT 服务运作过程中所涉及的所有资源进行货币化管理的流程。该服务管理流程包括三个环节,它们分别如下:

(1) IT 投资预算:主要包括技术成本(硬件和基础设施)、服务成本(软件开发与维护、偶发事件的校正、帮助台支持)和组织成本(会议、日常开支)。

(2) IT 会计核算:所包括的活动主要有 IT 服务项目成本核算、投资评价、差异分析和处理。

(3) IT 服务计费:通过向客户收取 IT 服务费用,构建一个内部市场并以价格机制作为合理配置资源的手段,迫使业务部门有效地控制自身的需求,降低总体服务成本,从而提高了 IT 投资的效率。

📐 **即学即练**

【试题1】成本管理计划包含的描述是_____。

A. 所有成本
B. 如何分配资源
C. 预算以及它们是如何计算的
D. 如何管理成本偏差

【试题2】在IT部门内,财务管理流程通过三个主要的流程来得以实施的,这三个流程不包括_____。

A. 预算
B. 会计核算
C. 计费
D. 报告

TOP67 制定系统管理计划

📋 **真题分析**

【真题1】在用户方的系统管理计划中_____,可以作为错综复杂的IT系统提供"中枢神经系统",这些系统不断地收集有关的硬件、软件和网络服务信息,从组件、业务系统和整个企业的角度来监控电子商务。

A. IT性能和可用性管理
B. 用户参与IT管理
C. 终端用户安全管理
D. 帮助服务台

解析:本题考查的是系统管理规划。IT性能和可用性管理可以为错综复杂的IT系统提供"中枢神经系统",这些系统不断地收集有关的硬件、软件和网络服务信息,可以分别从组件、业务系统和整个企业的角度来监控电子商务。该管理计划可以有效识别重大故障、疑难故障和不良影响,然后会通知支持人员采取适当措施,或者在许多情况下进行有效修复以避免故障发生。因此,选择A。

答案:A

【真题2】对IT管理部门而言,IT部门内部职责的有效划分、让职工了解自身的职责以及定期的职员业绩评定是_____的首要目的。

A. IT人员管理
B. 财务管理
C. IT资源管理
D. IT能力管理

解析:本题考查IT部门人员管理:IT组织及职责设计、IT人员的教育与培训、第三方/外包的管理。因此,选项A是最符合的。

答案:A

【真题3】企业IT管理含三个层次:IT战略规划、IT系统管理、IT技术管理及支持。其中IT战略规划这部分工作主要由公司的_____完成。

A. 高层管理人员
B. IT部门员工
C. 一般管理人员
D. 财务人员

解析:IT战略及投资管理,这一部分主要由公司的高层及IT部门的主管及核心管理人员组成,其主要职责是制定IT战略规划以支撑业务发展,同时对重大IT授资项目予以评估决策。

IT系统管理,这一部分主要是对公司整个IT活动的管理,主要包括IT财务管理、服务级别管理、IT资源管理、性能及能力管理、系统安全管理、新系统运行转换职能,从而保证高质量地为业务部门(客户)提供IT服务。

IT技术及运作支持,这一部分主要是IT基础设施的建设及业务部门IT支持服务,包括IT基础设施建设、IT日常作业管理、帮助服务台管理、故障管理及用户支持、性能及可用性保障等,从而保证业务部门(客户)IT服务的可用性和持续性。

答案:A

【真题4】IT组织结构的设计受到很多因素的影响和限制,同时需要考虑和解决客户位置、IT员工工作地点以及职能、与 IT 基础架构的特性等问题。

  A. IT 服务组织的规模　　　　　　　　B. IT 人员培训

  C. IT 技术及运作支持　　　　　　　　D. 服务级别管理

  解析:组织结构的设计受到许多因素的影响和限制,同时需要考虑和解决以下问题:

  客户位置:(1)是否需要本地帮助台、本地系统管理员或技术支持人员;(2)如果实行远程管理 IT 服务的话,是否会拉开 IT 服务人员与客户之间的距离。

  IT 员工工作地点:(1)不同地点的员工之间是否存在沟通和协调困难;(2)哪些职能可以集中化;(3)哪些职能应该分散在不同位置(如是否为客户安排本地系统管理员)。

  IT 服务组织的规模:(1)是否所有服务管理职能能够得到足够的支持,对所提供的服务而言,这些职能是否都是必要的;(2)大型组织可以招聘和留住专业化人才,但存在沟通和协调方面的风险;(3)小型组织虽然沟通和协调方面的问题比大型组织小,但通常很难留住专业人才。

  IT 基础架构的特性:(1)组织支持单一的还是多厂商架构,为支持不同硬件和软件,需要哪些专业技能;(2)服务管理职能和角色能否根据单一平台划分。

  支持工具的可用性:使用服务管理支持工具能否有效降低成本和提高信息流通效率。

  答案:A

  【真题5】下面的表述中,最能全面体现 IT 部门定位的是_____。

  A. 组织的 IT 部门是组织的 IT 核算中心

  B. 组织的 IT 部门是组织的 IT 职能中心

  C. 组织的 IT 部门是组织的 IT 成本中心

  D. 组织的 IT 部门是组织的 IT 责任中心

  解析:传统的 IT 部门仅仅是核算中心,只是简单地核算一些预算项目的投入成本。这种政策的整个 IT 会计系统集中于成本的核算,从而在无须支出账单和簿记费用的情况下改进了投资政策。然而,这种政策也许不能影响用户的行为,也不能使 IT 部门能够完全从财务角度进行经营。为了改变这种状况,提高 IT 服务质量及投资收益,使 IT 部门逐渐从 IT 支持角度转变为 IT 服务角度,从以 IT 职能为中心转变为以 IT 服务流程为中心,从费用分摊的成本中心模式转变为责任中心,企业必须改变 IT 部门在组织结构中的定位,应该将 IT 部门从技术支持中心改造为一个成本中心,甚至利润中心。这样就可以将 IT 部门从一个支持部门转变为一个责任中心,从而提高 IT 部门运作的效率。

  答案:D

  【真题6】在实际应用中,对那些业务规模较大且对 IT 依赖程度较高的企业而言,可将其 IT 部门定位为_____。

  A. 成本中心　　　　B. 技术中心　　　　C. 核算中心　　　　D. 利润中心

  解析:本题考查的是企业中 IT 部门的角色界定。

  在企业中,IT 部门的传统角色仅仅是核算中心,只是简单地核算有些预算项目的投入成本,或者说传统的 IT 部门只是一个技术支持中心,只管技术,不管盈利,而现代的 IT 部门应该是一个成本中心,甚至是一个利润中心。

  答案:D

  【真题7】

  【说明】

  企业在应付全球化的市场变化中,战略管理和项目管理将起到关键性的作用。战略管理立足于长远和宏观,考虑的是企业的核心竞争力,以及围绕核心竞争力的企业流程再造、业务外包和供应链管理等问题;项目管理则立足于一定的时期,相对微观,主要考虑有限的目标、学习型组织和团队合作等问题。

  项目管理是项目管理者在有限的资源约束下,运用系统的观点、方法和理论,对项目涉及的全部工作进行有效的管理,即从项目的投资决策开始到项目结束的全过程进行计划、组织、指挥、协调、控制和评价,以实现项目的目标。在领导方式上,它强调个人责任,实现项目经理负责制;在管理机构上,它采用临时性动态组织形式,即项目小组;在管理目标上,它坚持效益最优原则下的目标管理;在管理手段上,它有比较完整的技术方法。因此,项目管理是一项复杂的工作,具有创造性,需要集权领导并建立专门的项目组织,项目负责人在项目管理中起着非常重要的作用。

目前比较流行的项目管理知识体系(PMBOK)把项目管理分为九大知识领域,包括项目范围管理、项目进度管理、项目人力资源管理、项目沟通管理、项目采购管理等。信息系统中的项目管理同样包括九个方面的知识领域,只不过是具体的管理对象不同而已,其基本原理是共性的。

【问题 1】(6 分)

就一家公司而言,公司的战略管理和公司所实行的项目管理,两者有何联系与区别?

【问题 2】(5 分)

公司的项目管理具有什么特点?

【问题 3】(4 分)

按照项目管理知识体系(PMBOK)对项目管理九大知识领域的划分,除了项目范围管理、项目进度管理、项目人力资源管理、项目沟通管理、项目采购管理等五个方面外,还包括哪四个方面?

解析: 本题考查的是信息系统开发中企业项目管理和战略管理的基础知识。项目经理的主要职责包括开发计划、组织实施和项目控制,其中组织实施包括了团队建设。但是在项目中,要做到及时成功地完成并能达到或者超过预期的结果是很不容易的。项目组中必须有一个灵活而容易使用的沟通方法,从而使一些重要的项目信息及时更新,做到实时同步。问题 1 考查了战略管理和项目管理的联系与区别,问题 2 考查了项目管理的特征,问题 3 考查了项目管理知识体系涉及的九大领域。通过对说明的仔细阅读,可以在给出的文章中找出对应的答案。

答案:

【问题 1】

联系:两者有机联系,战略管理指导项目管理,项目管理支持战略管理,没有项目管理,公司的战略目标就无法顺利实现。

区别:战略管理立足于长远和宏观,考虑的是企业的核心竞争力,以及围绕核心竞争力的企业流程再造、业务外包和供应链管理等问题。

项目管理则立足于一定的时期,相对微观,主要考虑有限的目标、学习型组织和团队合作等问题。

【问题 2】

(1) 管理对象是特定的软件,而不是其他对象,如房地产或教改项目等;

(2) 管理机构或组织具有临时性和动态性;

(3) 需要集权领导并建立专门的项目组织;

(4) 项目负责人在项目管理中起着非常重要的作用;

(5) 有比较完整的技术方法;

(6) 坚持效益最优原则下的目标管理;

(7) 工作复杂,管理方式科学。

【问题 3】

项目成本管理、项目质量管理、项目风险管理、项目综合管理。

🌀 题型点睛

1. IT 部门的定位:首先界定成本中心和利润中心的概念,成本中心和利润中心均属于责任会计的范畴。成本中心是成本发生单位,一般没有收入,或仅有无规律的少量收入,其责任人可以对成本的发生进行控制;与之相对应,利润中心是既能控制成本,又能控制收入的责任单位,不但要对成本和收入负责,也要对收入和成本的差额即利润负责。

2. 运作方的系统管理计划：从 IT 管理部门而言，包括 IT 战略制定及应用系统规划、网络及基础设施管理、系统日常运行管理、人员管理、成本计费管理、资源管理、故障管理、性能/能力管理、维护管理、安全管理等方面。

即学即练

【试题1】项目计划方法是在项目计划阶段，用来指导项目团队制定计划的一种结构化方法。_____是这种方法的例子。

A. 工作指南和模板 　　　　　　　　B. 上层管理介入

C. 职能工作的授权 　　　　　　　　D. 项目干系人的技能分析

【试题2】制订项目管理计划的输入包含 _____。

A. 范围说明书（初步） 　　　　　　B. 工作分解结构

C. 风险管理计划 　　　　　　　　　D. 质量计划

【试题3】在项目计划阶段，项目计划方法论是用来指导项目团队制定项目计划的一种结构化方法。_____属于方法论的一部分。

A. 上层管理者的介入 　　　　　　　B. 标准格式和模板

C. 职能工作的授权 　　　　　　　　D. 项目干系人的技能

本章即学即练答案

序号	答案	序号	答案
TOP64	【试题1】答案：B 【试题2】答案：A 【试题3】答案：C 【试题4】答案：B 【试题5】答案：D	TOP65	【试题1】答案：B 【试题2】答案：A 【试题3】答案：A 【试题4】答案：B
TOP66	【试题1】答案：D 【试题2】答案：D	TOP67	【试题1】答案：A 【试题2】答案：A 【试题3】答案：B

第 17 章　系统管理综述

TOP68　系统运行

真题分析

【真题1】IT组织结构的设计主要受到四个方面的影响和限制,包括客户位置、IT员工工作地点、IT服务组织的规模与IT基础架构的特性。_____受的限制,企业实行远程管理IT服务,需要考虑是否会拉开IT服务人员与客户之间的距离。

A. 客户位置　　　　　　　　　　　　B. IT员工工作地点

C. IT服务组织的规模　　　　　　　　D. IT基础架构的特性

解析:本题考查的是系统管理综述的基本知识。组织结构的设计受到许多因素的影响和限制,同时需要考虑和解决以下问题:

客户位置,是否需要本地帮助台、本地系统管理员或技术支持人员;如果实行远程管理IT服务的话,是否会拉开IT服务人员与客户之间的距离。

IT员工工作地点,不同地点的员工之间是否存在沟通和协调困难;哪些职能可以集中化;哪些职能应该分散在不同位置(如是否为客户安排本地系统管理员)。

IT服务组织的规模,是否所有服务管理职能能够得到足够的支持,对所提供的服务而言,这些职能是否都是必要的;大型组织可以招聘和留住专业化人才,但存在沟通和协调方面的风险;小型组织虽然沟通和协调方面的问题比大型组织少,但通常很难留住专业人才。

基础架构的特性,组织支持单一的还是多厂商架构;为支持不同硬件和软件,需要哪些专业技能;服务管理职能和角色能否根据单一平台划分。

答案:A

【真题2】系统运行过程中的关键操作、非正常操作、故障、性能监控、安全审计等信息,应该实时或随后形成_____,并进行分析以改进系统水平。

A. 故障管理报告　　　　　　　　　　B. 系统日常操作日志

C. 性能/能力规划报告　　　　　　　　D. 系统运作报告

解析:本题考查系统管理,系统运行过程中的关键操作、非正常操作、故障、性能监控、安全审计等信息,应该实时或随后形成系统运作报告,并进行分析以改进系统管理水平。包括系统日常操作日志、性能/能力规划报告、故障管理报告。因此,选择D。

答案:D

【真题3】系统日常操作日志应该为关键性的运作提供审核追踪记录,并保存合理时间段。利用日志工具定期对日志进行检查,以便监控例外情况并发现非正常的操作、未经授权的活动、_____等。

A. 解决事故所需时间和成本　　　　　B. 业务损失成本

C. 平均无故障时间　　　　　　　　　D. 作业完成情况

解析:系统日志应该记录足以形成数据的信息,为关键性的运作提供审核追踪记录,并且保存合理的时间段。利用日志工具定期对日志进行检查,以便监控例外情况并发现非正常的操作、未经授权的活动、作业完成情况、存储状况、CPU、内存利用水平等。

答案:D

【真题 4】_____目的就是在出现故障的时候,依据事先约定的处理优先级别尽快恢复服务的正常运作。

A. 性能/能力管理　　　　　　　　　B. 安全管理

C. 故障管理　　　　　　　　　　　　D. 系统日常操作管理

解析:故障管理指系统出现异常情况下的管理操作,是用来动态地维持网络正常运行并达到一定的服务水平的一系列活动。它的主要任务是当网络运行出现异常时,能够迅速找到故障的位置和原因,对故障进行检测、诊断隔离和纠正,以恢复网络的正常运行。

答案:C

【真题 5】系统运行管理通常不包括_____。

A. 系统运行的组织机构　　　　　　B. 基础数据管理

C. 运行制度管理　　　　　　　　　　D. 程序修改

解析:系统运行和维护阶段主要包括系统运行、系统运行管理和系统维护。其中系统运行管理通常包括:

① 系统运行的组织机构。包括各类人员的构成、职责、主要任务和管理内部组织机构。

② 基础数据管理。包括对数据收集和统计渠道的管理、计量手段和计量方法的管理、原始数据管理、系统内部各种运行文件和历史文件(包括数据库文件)的归档管理等。

③ 运行制度管理。包括系统操作规程、系统安全保密制度、系统修改规程、系统定期维护以及系统运行状态记录和日志归档等。

④ 系统运行结果分析。分析系统运行结果得到某种能够反映企业组织经营生产方面发展趋势的信息,用以提高管理部门指导企业的经营生产能力。

程序修改是属于系统维护的工作。

答案:D

【真题 6】信息系统管理工作按照系统类型划分,可分为信息系统管理、网络系统管理、运作系统管理和_____。

A. 基础设施管理　　　　　　　　　　B. 信息部门管理

C. 设施及设备管理　　　　　　　　　D. 信息系统日常作业管理

解析:信息系统管理工作的分类可按照系统类型或流程类型进行划分。若按照系统类型划分,则可分为信息系统管理、网络系统管理、运作系统管理和设施及设备管理。

答案:C

【真题 7】IT 系统管理工作是优化 IT 部门管理流程的工作,在诸多系统管理工作中,ERP 和 CRM 是属于_____。

A. 网络系统　　　　　　　　　　　　B. 运作系统

C. 信息系统　　　　　　　　　　　　D. 设施及设备管理系统

解析:本题考查的是系统管理的分类。

在系统管理中有两种分类方法:按系统类型分类和按流程类型分类。本试题主要考查按系统类型分类的 4 种具体情况:信息系统、网络系统、运作系统、设施及设备管理系统。要求能够正确区分 4 种系统及其各系统所包括的子系统。

答案:C

题型点睛

1. 系统管理分类。

（1）按系统类型分类：

① 信息系统，企业的信息处理基础平台，直接面向业务部门（客户），包括办公自动化系统、企业资源计划（ERP）、客户关系管理（CRM）、供应链管理（SCM）、数据仓库系统（Date Warehousing）、知识管理平台（KM）等。

② 网络系统，作为企业的基础架构，是其他方面的核心支撑平台。包括企业内部网（Intranet）、IP地址管理、广域网（ISDN、虚拟专用网）、远程拨号系统等。

③ 运作系统，作为企业IT运行管理的各类系统，是IT部门的核心管理平台。包括备份/恢复系统、入侵检测、性能监控、安全管理、服务级别管理、帮助服务台、作业调度等。

④ 设施及设备，设施及设备管理是为了保证计算机处于适合其连续工作的环境中，并把灾难（人为或自然的）的影响降到最低限度。包括专门用来放置计算机设备的设施或房间。

（2）按流程类型分类：

① 侧重于IT部门的管理，从而保证能够高质量地为业务部门（客户）提供IT服务。

② 侧重于业务部门的IT支持及日常作业，从而保证业务部门（客户）IT服务的可用性和持续性。

③ 侧重于IT基础设施建设，主要是建设企业的局域网、广域网、Web架构、Internet连接。

2. 系统运行过程中的关键操作、非正常操作、故障、性能监控、安全审计等信息，应该实时或随后形成系统运作报告，并进行分析以改进系统管理水平。

即学即练

【试题1】在大型项目或多项目实施的过程中，负责实施的项目经理对这些项目大都采用___(1)___的方式。投资大、建设周期长、专业复杂的大型项目最好采用___(2)___的组织形式或近似的组织形式。

(1) A. 直接管理   B. 间接管理   C. 水平管理   D. 垂直管理

(2) A. 项目型   B. 职能型   C. 弱矩阵型   D. 直线型

【试题2】以下关于系统的叙述中，不正确的是_____。

A. 系统是由一些部件为了某种目的而有机结合的一个整体

B. 系统可分为开环系统和闭环系统两类

C. 一个系统通常由输入部分、输出部分和反馈机制三部分组成

D. 系统具有整体性、目的性、关联性和层次性

【试题3】信息系统的运行管理工作主要包括日常运行的管理、_____、对系统的运行情况进行检查和评价。

A. 保障系统可靠运行   B. 系统功能的扩充完善

C. 发现并纠正软件中的错误   D. 记录系统的运行情况

TOP69   IT部门人员管理

真题分析

【真题1】Sony经验最为可贵的一条就是：如果不把问题细化到SLA的层面，空谈外包才是最大的风险。这里SLA是指_____，它是外包合同中的关键核心文件。

A. 服务评价标准   B. 服务级别管理

C. 服务等级协议   D. 外包服务风险

解析： 本题考查的是外包的基本知识。外包合同中的关键核心的文件就是服务等级协议（SLA）。SLA是评估外包服务质量的重要标准，可以说，Sony经验中最可贵的一条就在这里：如果不把问题细化

到 SLA 的层面,空谈外包才是最大的风险。在合同当中要明确合作双方各自的角色和职责,明确判断项目是否成功的衡量标准。同样需要明确的是合同的奖惩条款和终止条款,让合同具有一定的弹性和可测性,根据对公司未来发展状况的预测,将条款限定在一个合理的能力范围之内。要保证合同当中包含一个明确规定的变化条款,以在必要的时候利用该条款来满足公司新业务的需求。因此,选择 C。

答案:C

【真题2】根据客户与外包商建立的外包关系,可以将信息技术外包划分为:市场关系型外包、中间关系型外包和伙伴关系型外包。其中市场关系型外包指_____。

A. 在有能力完成任务的外包商中自由选择,合同期相对较短

B. 与同一个外包商反复制订合同,建立长期互利关系

C. 在合同期满后,不能换用另一个外包商完成今后的同类任务

D. 与同一个外包商反复制订合同,建立短期关系

解析:外包合同关系可被视为一个连续的光谱,其中一端是市场型关系,在这种情况下,自己的组织可以在众多有能力完成任务的外包商中自由选择,合同期相对较短,而且合同期满后,能够低成本地、方便地换用另一个外包商完成今后的同类任务。另一端是长期的伙伴关系协议,在这种关系下,自己的组织与同一个外包商反复制订合同,并且建立了长期的互利关系。而占据连续光谱中间范围的关系必须保持或维持合理的协作性,直至完成主要任务,这些关系被称为"中间"关系。

答案:A

【真题3】若信息系统的使用人员分为录用人员、处理人员和查询人员 3 类,则用户权限管理的策略适合采用_____。

A. 针对所有人员简历用户名并授权

B. 对关系进行分解,每类人员对应一组关系

C. 建立每类人员的视图并授权给每个人

D. 建立用户角色并授权

解析:引入角色机制的目的是简化对用户的授权与管理,一般来说,系统提供如下功能:角色管理界面,由用户定义角色,给角色赋权限;用户角色管理界面,由用户给系统用户赋予角色;一些优秀系统,还支持用户定义权限,这样新增功能的时候,可以将需要保护的功能添加到系统。因此,选择 D。

答案:D

【真题4】外包成功的关键因素之一是选择具有良好社会形象和信誉、相关行业经验丰富的外包商作为战略合作伙伴。因此,对外包商的资格审查应从技术能力、发展能力和_____ 3 个方面综合考虑。

A. 盈利能力　　　　　　　　　　B. 抗风险能力

C. 市场开拓能力　　　　　　　　D. 经营管理能力

解析:对外包商的资格审查应从技术能力、发展能力和经营管理能力 3 个方面综合考虑。经营管理能力是指外包商的领导层结构、员工素质、客户数量、社会评价;项目管理水平;是否具备能够证明其良好运营管理能力的成功案例;员工间是否具备团队合作精神;外包商客户的满意程度。

答案:D

【真题5】某企业欲将信息系统开发任务外包,在考查外包商资格时必须考虑的内容有_____。

① 外包商项目管理能力

② 外包商是否了解行业特点

③ 外包商的员工素质

④ 外包商从事外包业务的时间和市场份额

A. ②④　　　　　　B. ①④　　　　　　C. ②③　　　　　　D. ①②③④

解析:软件外包必须选择具有良好的社会形象和信誉、相关行业经验丰富、能够引领或紧跟信息技术发展的外包商。对外包商的资格审查需要从其技术能力、经营管理能力和发展能力三方面进行。外

包商的技术能力主要包括其信息技术产品是否拥有较高的市场份额、是否具有信息技术方面的资格认证、是否了解本行业特点、采用的技术是否成熟稳定。经营管理能力主要包括其领导层结构、员工素质、社会评价和项目管理能力等。发展能力包括其盈利能力、从事外包业务的时间和市场份额等。

答案：D

【真题 6】实施信息系统新增业务功能的扩充工作是_____的职责。

A. 系统主管　　　　B. 数据检验人员　　　　C. 硬件维护人员　　　　D. 程序员

解析：信息系统运行管理中需要配备多种职责的人员。系统主管的责任是组织各方面人员协调一致地完成系统所担负信息处理任务，保证系统结构完整，确定系统改善或扩充的方向，并组织系统的修改及扩充工作。数据检验人员的职责是保证交给数据录入人员的数据正确地反映客观事实。硬件、软件维护人员的职责是按照系统规定的规程进行日常的运行管理。程序员的职责是在系统主管人员的组织下，完成系统的修改和扩充，为满足临时要求编写所需要的程序。

答案：D

【真题 7】能够较好地适应企业对 IT 服务需求变更及技术发展需要的 IT 组织设计的原则是_____。

A. 清晰远景和目标的原则　　　　　　　　B. 目标管理的原则
C. 部门职责清晰化原则　　　　　　　　　D. 组织的柔性化原则

解析：本题考查的是 IT 组织设计的原则。

IT 组织的设计原则，主要有目标化原则、目标管理的原则、职责化原则、人力资源管理原则、绩效化原则以及柔性化原则。柔性化是这些原则中的重要原则，要求组织的设计具有灵活性、要能适应环境的变化，因此能够较好地适应企业对 IT 服务需求变更及技术发展需要的 IT 组织设计的原则就是柔性化原则。

答案：D

【真题 8】

【说明】GD 公司成立于 1986 年，是一家为客户提供各类软件解决方案的 IT 供应商。为了规范 IT 系统管理并提高管理效率，公司对各类管理流程进行了优化，除了优化组织结构、进一步明确职责外，还在日常作业调度、系统备份及恢复、输出管理和性能监控、安全管理和 IT 财务管理、IT 服务计费及成本核算等方面制定了相应的规章制度。

GD 公司的 IT 系统管理涉及公司诸多方面的工作，公司为集中资源做精核心业务，因而拓展了相关的外包工作。外包成功的关键因素之一是选择具有良好社会形象和信誉、相关行业经验丰富、经营管理水平高、有发展潜力、能够引领或紧跟信息技术发展的外包商作为战略合作伙伴。

IT 外包有着各种各样的利弊。利在于 GD 公司能够发挥其核心技术，集中资源做精核心业务；弊在于公司会面临一定的外包风险。为了最大程度地保证公司 IT 项目的成功实施，就必须在外包合同、项目规划、市场技术变化、风险识别等方面采取措施以控制外包风险。

【问题 1】（5 分）

GD 公司在 IT 系统管理方面，应该制定哪些方面的运作管理规章制度，以使公司的 IT 系统管理工作更加规范化？

【问题 2】（5 分）

GD 公司对外包商进行资格审查时，应重点关注外包商的哪三种能力？请对这三种能力作简要解释。

【问题 3】（5 分）

为了最大程度地保证公司 IT 项目的成功实施，就必须采取措施控制外包风险，那么控制外包风险的措施有哪些？

解析：本试题主要考查外包商的选择、外包合同关系以及外包风险的控制。

外包成功的关键因素之一是选择具有良好社会形象和信誉、相关行业经验丰富、能够引领或紧跟信息技术发展的外包商作为战略合作伙伴。因此,对外包商的资格审查应从技术能力、经营管理能力、发展能力这 3 个方面着手。

外包合同关系可被视为一个连续的光谱,其中一端是市场关系型外包,在这种关系下,组织可以在众多有能力完成任务的外包商中进行自由选择,合同期相对较短,合同期满后还可重新选择;另一端是伙伴关系型外包,在这种关系下,组织和同一个外包商反复制订合同,建立长期互利关系;而占据连续光谱中间范围的关系是中间关系型外包。

参考答案:

【问题 1】

制度如下:日常作业调度手册;系统备份及恢复手册;输出管理和性能监控及优化手册;常见故障障处理方法;终端用户计算机使用制度;安全管理制度;IT 财务管理制度;IT 服务计费理成本核算的规范化管理流程;新系统转换流程;IT 资源及配置管理等。

【问题 2】

(1) 三方面的能力:技术能力、经营管理能力、发展能力。

(2) 解释内容

技术能力:外包商提供的信息技术产品的创新性、开放性、安全性、兼容性等;信息技术方面的资格认证;对大型设备的运维和多系统整合能力等。

经营管理能力:外包商的领导结构、员工素质、客户数量、社会评价和项目管理水平,有良好运营管理能力的成功案例;团队合作精神;客户满意度等。

发展能力:分析财务报告、年度报告、财务指标情况,了解其盈利能力;从事外包业务的时间和市场份额;技术费用支出情况等。

【问题 3】

控制风险的措施主要有:加强对外包合同的管理;对整个项目体系进行科学规划;要具有新技术的敏感性;要不断地学习;要学会能够随时识别风险;要能够对风险进行科学评估;要具有风险意识。

🕮 题型点睛

1. 对外包商的资格审查应从技术能力、经营管理能力、发展能力这 3 个方面着手。

(1) **技术能力**:外包商提供的信息技术产品是否具备创新性、开放性、安全性、兼容性,是否拥有较高的市场占有率,能否实现信息数据的共享;外包商是否具有信息技术方面的资格认证;外包商是否了解行业特点,能够拿出真正适合本企业业务的解决方案;信息系统的设计方案中是否应用了稳定、成熟的信息技术,是否符合本企业发展的要求,是否充分体现了本企业以客户为中心的服务理念;是否具备对大型设备的运行、维护、管理经验和多系统整合能力;是否拥有对高新技术深入理解的技术专家和项目管理人员。

(2) **经营管理能力**:了解外包商的领导层结构、员工素质、客户数量、社会评价、项目管理水平;是否具备能够证明其良好运营管理能力的成功案例;员工间是否具备团队合作精神;外包商客户的满意程度。

(3) **发展能力**:分析外包服务商已审计的财务报告、年度报告和其他各项财务指标,了解其盈利能力;考察外包企业从事外包业务的时间、市场份额以及波动因素;评估外包服务商的技术费用支出以及在信息技术领域内的产品创新,确定他们在技术方面的投资水平是否能够支持本企业的外包项目。

2. 在 IT 外包日益普遍的浪潮中,企业应该发挥自身的作用,降低组织 IT 外包的风险,以最大程度地保证组织 IT 项目的成功实施。具体而言,可从以下几点入手:

(1) **加强对外包合同的管理**。对于企业 IT 管理者而言,在签署外包合同之前应该谨慎而细致地考虑到外包合同的方方面面,在项目实施过程中也要能够积极制定计划和处理随时出现的问题,使得外包合同能够不断适应变化,以实现一个双赢的局面。

（2）对整个项目体系的规划。企业必须对组织自身需要什么、问题在何处非常清楚,从而能够协调好与外包商之间长期的合作关系。同时 IT 部门也要让手下的员工积极地参与到外包项目中去。比如,网络标准、软硬件协议以及数据库的操作性能等问题都需要客户方积极地参与规划。企业应该委派代表去参与完成这些工作,而不是仅仅在合同中提出我们需要哪些。

（3）对新技术敏感。要想在技术飞速发展的全球化浪潮中获得优势,必须尽快掌握新出现的技术并了解其潜在的应用。企业 IT 部门应该注意供应商的技术简介、参加高新技术研讨会并了解组织现在采用新技术的情况。不断评估组织的软硬件方案,并弄清市场上同类产品及其发展潜力。这些工作必须由企业 IT 部门负责,而不能依赖于第三方。

（4）不断学习。企业 IT 部门应该在组织内部倡导良好的 IT 学习氛围,以加快用户对持续变化的 IT 环境的适应速度。外包并不意味着企业内部 IT 部门的事情就少了,整个组织更应该加强学习,因为外包的目的并不是把一个 IT 项目包出去,而是为了让这个项目能够更好地为组织的日常运作服务。

即学即练

【试题 1】在信息系统的运行管理对象中,最为重要的是 ___(1)___ 的管理,其次才是 ___(2)___ 的管理。

（1）A. 规章制度　　　B. 文档　　　　　　C. 人　　　　　　　D. 电源

（2）A. 设备、软件、数据　　　　　　　B. 软件、数据、规章制度

　　　C. 设备、软件、人　　　　　　　　D. 人、设备、数据

【试题 2】变更完成后,_____负责保证变更后的安全性符合安全级别。

A. 管理委员会　　　　　　　　　　　B. 变更管理负责人

C. 发布管理负责人　　　　　　　　　D. 安全负责人

【试题 3】外包合同中的关键核心文件是,_____这也是评估外包服务质量的重要标准。

A. 服务等级协议　　　　　　　　　　B. 评估外包协议

C. 风险控制协议　　　　　　　　　　D. 信息技术协议

【试题 4】对外包商的资格审查应从技术能力、经营管理能力、发展能力三个方面着手。如果企业考查外包商的经营管理能力,应该注意 _____。

A. 外包商提供的信息技术产品是否具备创新性、开放性

B. 外包商能否实现信息数据的共享

C. 外包商项目管理水平,如质量保证体系、成本控制以及配置管理方法

D. 外包商能否提出适合本企业业务的技术解决方案

【试题 5】在做好人力资源规划的基础上,_____是 IT 部门人力资源管理更为重要的任务。

A. 建立考核以及激励的机制

B. 保障企业各 IT 活动的人员配备

C. IT 部门负责人须加强自身学习,保障本部门员工的必要专业培训工作

D. 建设 IT 人员教育与培训体系以及为员工制定职业生涯发展规划,让员工与 IT 部门和企业共同成长

【试题 6】在 IT 外包日益普遍的浪潮中,企业为了发挥自身的作用,降低组织 IT 外包的风险,最大程度地保证组织 IT 项目的成功实施,应该加强对外包合同的管理,规划整体项目体系,并且_____。

A. 企业 IT 部门应该加强学习,尽快掌握出现的技术并了解其潜在应用,不完全依赖第三方

B. 注重依靠供应商的技术以及软硬件方案

C. 注重外包合同关系

D. 分析外包商的行业经验

【试题 7】

【说明】IT 外包是指企业将其 IT 部门的职能全部或部分外包给专业的第三方管理,集中精力发展企业的核心业务。选择 IT 外包服务能够为企业带来诸多的好处,如计算机系统维护工作外包可解决人员不足或没有的问题,将应用系统和业务流程外包,可使企业用较低的投入获得较高的信息化建设和应用水平。依据某研究数据,选择 IT 外包服务能够为企业节省 65% 以上的人员开支,并减少人力资源管理成本,使公司更专注于自己的核心业务,并且可以获得更为专业、更为全面的稳定热情服务。因此,外包服务以其有效减低成本、增强企业核心竞争力等特性成了越来越多企业采取的一项重要的商业措施。

IT 外包成功的关键因素之一就是选择具有良好社会形象和信誉、相关行业经验丰富、能够引领或紧跟信息技术法阵的外包商作为战略合作伙伴。因此,对外包商的资格审查应从技术能力、经营管理能力和发展能力等方面着手。具体而言,应包括外包商提供的信息技术产品是否具备创新性、开放性、安全性、兼容性。

外包商是否具有信息技术方面的资格认证,如软件厂商证书等;外包商的领导层结构、员工素质、客户数量、社会评价;外包商的项目管理水平;外包商所具有的良好运营管理能力的成功案例;员工间团队合作精神;外包商客户的满意程度;外包服务商财务指标和盈利能力;外包服务商的技术费用支出合理等。

IT 外包有着各种各样的利弊。在 IT 外包日益普遍的形势下,企业应该发挥自身的作用,应该重视外包商选择中的约束机制,应该随时洞察技术的发展变化,应该不断汲取新的知识,倡导企业内良好的IT 学习氛围等,以最大程度地保证企业 IT 项目的成功实施。

【问题 1】(4 分)

IT 外包已成为未来发展趋势之一,那么 IT 外包对企业有何好处?

【问题 2】(4 分)

外包成功的关键因素就是选择外包商,你认为选择外包商的标准有哪些?

【问题 3】(4 分)

外包商资格审查的内容之一就是其经营管理能力,外包商的经营管理能力具体应包括哪些方面?

【问题 4】(3 分)

企业的 IT 外包也会面临一定的风险,应采取哪些措施来控制外包风险?

TOP70 系统日常操作管理

真题分析

【真题 1】在系统日常操作管理中,确保将适当的信息以适当的格式提供给全企业范围内的适当人员,企业内部的员工可以及时取得其工作所需的信息,这是_____的目标。

A. 性能及可用性管理
B. 输出管理
C. 帮助服务台
D. 系统作业调度

解析:本题考查的是系统日常操作管理的基本知识。

系统日常操作管理是整个 IT 管理中直接面向客户及最为基础的部分,它涉及企业日常作业调度管理、帮助服务台管理、故障管理及用户支持、性能及可用性保障和输出管理等。

(1) 性能及可用性管理。性能及可用性管理提供对于网络、服务器、数据库、应用系统和 Web 基础架构的全方位的性能监控,通过更好的性能数据分析、缩短分析和排除故障的时间,甚至杜绝问题的发生,这就提高了 IT 员工的工作效率,降低了基础架构的成本。

(2) 系统作业调度。在一个企业环境中,为了支持业务的运行,每天都有成千上万的作业披处理。

而且,这些作业往往是枯燥无味的,诸如数据库备份和订单处理等。

(3)帮助服务台。帮助服务台可以使企业能够有效地管理故障处理申请,快速解决客户问题,并且记录和索引系统问题及解决方案,共享和利用企业知识,跟踪和监视服务水平协议(SLA),提升对客户的 IT 服务水平。

(4)输出管理。输出管理的目标就是确保将适当的信息以适当的格式提供给全企业范围内的适当人员。企业内部的员工可以很容易地获取各种文件,并及时取得其工作所需的信息。

因此,选择 B。

答案:B

【真题2】IT 在作业管理的问题上往往面临两种基本的挑战:支持大量作业的巨型任务和_____。

A. 数据库和磁盘的有效维护　　　　B. 对商业目标变化的快速响应

C. 数据库备份和订单处理　　　　　D. 库存迅速补充

解析:本题考查系统日常操作管理,在一个企业环境中,为了支持业务的运行,每天都有成千上万的作业披处理。而且,这些作业往往是枯燥无味的,诸如数据库备份和订单处理等。但是,一旦这些作业中的某一个出现故障,它所带来的结果可能是灾难性的。在作业管理的问题上往往面临两种基本的挑战:支持大量作业的巨型任务,它们通常会涉及多个系统或应用;对商业目标变化的快速响应。

答案:B

【真题3】系统日常操作管理是整个 IT 管理中直接面向客户的、最为基础的部分,涉及_____、帮助服务台管理、故障管理及用户支持、性能及可用性保障和输出管理等。

A. 业务需求管理　　　　　　　　　B. 数据库管理

C. 日常作业调度管理　　　　　　　D. 软硬件协议管理

解析:系统日常操作管理是整个 IT 管理中直接面向客户及最为基础的部分,它涉及企业日常作业调度管理、帮助服务台管理、故障管理及用户支持、性能及可用性保障和输出管理等。从广义的角度讲,运行管理所反映的是 IT 管理的一些日常事务,它们除了确保基础架构的可靠性之外,还需要保证基础架构的运行始终处于最优的状态。因此选择 C。

答案:C

【真题4】随着企业所建的信息系统越来越多,对统一身份认证系统的需求越来越迫切,该系统为企业带来的益处包括_____。

① 用户使用更加方便　　　　　　　② 安全控制力度得到加强

③ 减轻管理人员的负担　　　　　　④ 安全性得到提高

A. ①②③　　　　　　　　　　　　B. ①③④

C. ②③④　　　　　　　　　　　　D. ①②③④

解析:本题考查的是信息系统用户管理的基本知识。

信息安全已经引起了大家的重视,越来越多的企业在整个企业内部实施统一的用户管理解决方案。统一用户管理的收益包括:用户使用更加方便;安全控制力度得到加强;减轻管理人员的负担,提高工作效率;安全性得到提高。

答案:D

🅰 题型点睛

系统日常操作管理是整个 IT 管理中直接面向客户及最为基础的部分,它涉及企业日常作业调度管理、帮助服务台管理、故障管理及用户支持、性能及可用性保障和输出管理等。从广义的角度讲,运行管理所反映的是 IT 管理的一些日常事务,它们除了确保基础架构的可靠性之外,还需要保证基础架构的运行始终处于最优的状态。

即学即练

【试题1】分布式服务台是_____。

A. 一套系统中的服务台在多个地点有知识库

B. 在多点分布的一套服务台

C. 单一地点提供 24 小时服务的服务台

D. 一个既解决技术问题,又解决业务功能问题的服务台

【试题2】下面_____是 IT 服务连续性管理。

A. 分析服务窗口　　　　　　　　　　B. 创建并维护恢复选项

C. 提供可用性报告　　　　　　　　　D. 保证配置项 CI 能连续被更新

【试题3】下面_____因素部分地决定了事件优先级。

A. 报告来源　　　　B. 报告的类型　　　　C. 业务压力　　　　D. 客户希望

TOP71　系统用户管理

真题分析

【真题1】用户安全管理审计的主要功能有用户安全审计数据的收集、保护以及分析,其中_____包括检查、异常检测、违规分析以及入侵分析。

A. 用户安全审计数据分析　　　　　　B. 用户安全审计数据保护

C. 用户安全审计数据的收集　　　　　D. 用户安全审计数据的收集和分析

解析:本题考查的是用户安全管理审计的基本知识。

用户安全管理审计主要用于与用户管理相关的数据收集、分析和存档以支持满足安全需要的标准。用户安全管理审计主要是在一个计算环境中抓取、分析、报告、存档和抽取事件和环境的记录。安全审计分析和报告可以是实时的,就像入侵检测系统,也可以是事后的分析。

用户安全管理审计的主要功能包括如下内容:

(1) 用户安全审计数据的收集,包括抓取关于用户账号使用情况等相关数据。

(2) 保护用户安全审计数据,包括使用时间戳、存储的完整性来防止数据的丢失。

(3) 用户安全审计数据分析,包括检查、异常探测、违规分析、入侵分析。

因此,选择 A。

答案:A

【真题2】在许多企业里,某个员工离开原公司后,仍然还能通过原来的账户访问企业内部信息和资源,原来的电子信箱仍然可以使用。解决这些安全问题的途径是整个企业内部实施_____解决方案。

A. 用户权限管理　　　　　　　　　　B. 企业外部用户管理

C. 统一用户管理系统　　　　　　　　D. 用户安全审计

解析:本题考查的是信息系统用户管理的基本知识。

身份认证是身份管理的基础。在完成了身份认证之后,接下来需要进行身份管理。当前,企业在进行身份管理时所出现的问题主要是:每台设备、每个系统都有不同的账号和密码,管理员管理和维护起来困难,账号管理的效率低、工作量大,有效的密码安全策略也难以贯彻;用户使用起来也困难,需要记忆大量的密码;账号密码的混用、泄露、盗用的情况也比较严重,出了安全问题也难以追查到具体的责任人。解决这些安全问题的途径,这就在整个企业内部实施统一的身份管理解决方案。

答案:C

【真题3】在系统用户管理中,企业用户管理的功能主要包括_____、用户权限管理、外部用户管理、用户安全审计等。

A. 用户请求管理　　　　　　　　　　B. 用户数量管理

C. 用户账号管理　　　　　　　　　　D. 用户需求管理

解析:企业用户管理的功能主要包括用户账户管理、用户权限管理、外部用户管理和用户安全审计。

答案:C

题型点睛

1. 统一用户管理的收益如下:

(1) 用户使用更加方便;

(2) 安全控制力度得到加强;

(3) 减轻管理人员的负担,提高工作效率;

(4) 安全性得到提高。

2. 企业用户管理的功能主要包括用户账号管理、用户权限管理、外部用户管理、用户安全审计等。

3. 用户安全管理审计的主要功能包括如下内容:

(1) 用户安全审计数据的收集,包括抓取关于用户账号使用情况等相关数据。

(2) 保护用户安全审计数据,包括使用时间戳、存储的完整性来防止数据的丢失。

(3) 用户安全审计数据分析,包括检查、异常探测、违规分析、入侵分析。

4. 现在计算机及网络系统中常用的身份认证方式主要有以下几种:用户名/密码方式、IC卡认证、动态密码、USB Key认证。

即学即练

【试题1】在分布式环境中实现身份认证可以有多种方案,以下选项中最不安全的身份认证方案是_____。

A. 用户发送口令,由通信对方指定共享密钥

B. 用户发送口令,由智能卡产生解秘密钥

C. 用户从KDC获得会话密钥

D. 用户从CA获得数字证书

【试题2】用户安全审计与报告的数据分析包括检查、异常探测、违规分析与_____。

A. 抓取用户账号使用情况　　　　　　B. 入侵分析

C. 时间戳的使用　　　　　　　　　　D. 登录失败的审核

【试题3】现在计算机及网络系统中常用的身份认证方式主要有以下四种,其中_____是一种让用户密码按照时间或使用次数不断变化,每个密码只能使用一次的技术。

A. IC卡认证　　　　B. 动态密码　　　　C. USB Key认证　　　　D. 用户名/密码方式

TOP72　运作管理工具

真题分析

【真题1】信息系统运行管理工具不包括_____。

A. 网络拓扑管理工具　　　　　　　　B. 软件自动分发工具

C. 数据库管理工具　　　　　　　　　D. 源代码版本管理工具

解析：信息系统运行管理工具服务于系统运行维护阶段，使得系统管理工作更加有效。运行管理工具包含的种类有系统性能管理、网络资源管理、日常作业管理、系统监控及事件处理、安全管理、存储管理、软件自动分发、用户连接管理、资源管理、帮助服务台、数据库管理、IT 服务流程管理等。

答案：D

【真题 2】建立在信息技术基础之上，以系统化的管理思想，为企业决策层及员工提供决策运行手段的管理平台是_____。

A. 企业资源计划系统　　　　　　　　B. 客户关系管理系统
C. 供应链管理系统　　　　　　　　　D. 知识管理系统

解析：信息系统是企业的信息处理基础平台，直接面向业务部门（客户），包括办公自动化系统、企业资源计划、客户关系管理、供应链管理、数据仓库系统和知识管理平台等。客户关系管理的主要含义就是通过对客户详细资料的深入分析来提高客户满意程度，从而提高企业的竞争力的一种手段。供应链管理就是指在满足一定的客户服务水平的条件下，为了使整个供应链系统成本达到最小而把供应商、制造商、仓库、配送中心和渠道商等有效地组织在一起进行的产品制造、转运、分销及销售的管理方法。知识管理是指把企业内部各种存放在员工头脑中的有用信息按照一定逻辑关系呈现出来（让知识从隐性到显性），提高企业的应变和创新能力。

答案：A

题型点睛

1. 通过采用自动化的管理工具，可以在以下方面极大地提高管理水平、管理质量和客户满意度：使业务流程能够有效运作，建立战略合作关系；收集高质量的、可信的、准确的和及时的信息，以用于 IT 系统管理决策；能够更快地分析和呈现系统管理信息，支持服务改进计划；发现和执行预防措施，降低风险和不确定性，提升 IT 可持续服务的能力。

2. 运行管理工具功能及分类：

（1）性能及可用性管理：指出系统瓶颈到底在哪里，并且允许管理员设置各种预警条件。

（2）网络资源管理：所涵盖的内容包括网络拓扑管理、网络故障管理、网络性能管理和网络设备管理等多个方面。

（3）日常作业管理：应实现的主要功能应包括进度安排功能，作业的监控、预测和模拟，可靠性和容错性管理等。

（4）系统监控及事件处理。

（5）安全管理工具：安全管理功能包括：用户账号管理、系统数据的私有性、用户鉴别和授权、访问控制、入侵监测、防病毒、对授权机制和关键字的加/解密管理等。

（6）存储管理：存储管理包括自动的文件备份和归档、文件系统空间的管理、文件的迁移、灾难恢复、存储数据的管理等。

（7）软件自动分发。

（8）用户连接管理。

（9）资产管理/配置管理。

（10）帮助服务台/用户支持。

（11）数据库管理。

（12）IT 服务流程管理。

即学即练

【试题 1】需要采用知识库管理工具、服务级别管理工具、流程管理工具等专业的服务工具，来提供高质量的、可控的 IT 服务的原因是_____。

A. 业务对 IT 的效率和有效性、依赖性不断增强

B. IT 系统管理的需求日益复杂

C. IT 基础架构和应用日趋复杂

D. 自动化运作管理的要求

【试题 2】企业中有大量的局域网,每一个局域网都有一定的管理工具,如何将这些众多实用的管理工具集成在系统管理的架构中,_____这是应实现的功能。

A. 存储管理

B. 安全管理工具

C. 用户连接管理

D. IT 服务流程管理

TOP73 成本管理

真题分析

【真题 1】企业信息系统的运行成本,也称可变成本,如 IT 工作人员在工作中使用的打印机的墨盒,该项成本与业务量增长之间的关系是_____。

A. 负相关增长关系

B. 正相关增长关系

C. 等比例增长关系

D. 没有必然联系

解析:本题考查的是系统成本管理范围包括的固定成本和运行成本的界定问题。

系统成本管理的范围包括固定成本和运行成本两方面。企业信息系统的运行成本,也称可变成本,如 IT 工作人员在工作中使用的打印机的墨盒就是变动成本,该项成本与业务量增长之间的关系是正比例关系,即墨盒用量越大,变动成本或运行成本越大。而固定成本,也称初始成本,它与业务量的增长无关。

答案:B

【真题 2】信息系统的成本可分为固定成本和可变成本。___(1)___属于固定成本,___(2)___属于可变成本。

(1) A. 硬件购置成本和耗材购置成本   B. 软件购置成本和硬件购置成本

　　 C. 耗材购置成本和人员变动工资   D. 开发成本和人员变动工资

(2) A. 硬件购置成本和耗材购置成本   B. 软件购置成本和硬件购置成本

　　 C. 耗材购置成本和人员变动工资   D. 开发成本和人员变动工资

解析:根据系统建设、运行过程中产生的成本形态,可将系统成本划分为固定成本和可变成本。固定成本指为购置长期使用的资产而发生的成本,主要包含建筑费用及场所成本、人力资源成本、外包服务成本。可变成本指系统运行过程中发生的与形成有形资产无关的成本,包括相关人员的变动工资、耗材和电力的耗费等。

答案:(1) B　(2) C

【真题 3】通过 TCO 分析,可以发现 IT 的真实成本平均超出购置成本的_____倍之多,其中大多数的成本并非与技术相关,而是发生在持续进行的服务管理过程之中。

A. 1　　　　　　　　B. 5　　　　　　　　C. 10　　　　　　　　D. 20

解析:TCO 模型面向的是一个由分布式的计算、服务台、应用解决方案、数据网络、语音通信、运营中心以及电子商务等构成的 IT 环境。度量这些设备成本之外的因素,如 IT 员工的比例、特定活动的员工成本和信息系统绩效指标等也经常被包含在 TCO 的指标之中。

确定一个特定的 IT 投资是否能给一个企业带来积极价值是一个很具有争论性的话题。企业一般只是把目光放在直接投资上,比如软硬件价格、操作或管理成本。但是 IT 投资的成本远不止这些,通常

会忽视一些间接成本,比如教育、保险、终端用户平等支持、终端用户培训以及停工引起的损失。这些因素也是企业实现一个新系统的成本的一个很重要的组成部分。

很多企业允许或者鼓励使用部门预算进行 IT 购置,其他企业在各种各样的商业条目中掩盖了与使用和管理技术投资相关的成本。

答案:B

【真题 4】在编制预算的时候,要进行_____,它是成本变化的主要原因之一。

A. 预算标准的制定　　　　　　　B. IT 服务工作量预测

C. IT 成本管理　　　　　　　　　D. 差异分析及改进

解析:本题考查的是成本管理的基本知识。

IT 服务工作量预测:IT 工作量是成本变化的一个主要原因之一,因此,在编制预算的时候,要预测未来 IT 工作量。不仅成本管理活动需要估计工作量,在服务级别管理和容量管理中也需要对工作量进行预测。工作量预测将以工作量的历史数据为基础,考虑数据的更新与计划的修改,得出未来的 IT 工作量。

因此,选择 B。

答案:B

【真题 5】企业信息系统的运行成本是指日常发生的与形成有形资产无关的成本,随着业务量增长而近乎正比例增长的成本,例如,_____。

A. IT 人员的变动工资、打印机墨盒与纸张

B. 场所成本

C. IT 人员固定的工资或培训成本

D. 建筑费用

解析:本题考查的是成本管理的基本知识。企业信息系统的运行成本,也称可变成本,是指日常发生的与形成有形资产无关的成本,随着业务量增长而正比例增长的成本。IT 人员的变动工资、打印机墨盒、纸张、电力等的耗费都会随着 IT 服务提供量的增加而增加,这些就是 IT 部门的变动成本。

答案:A

【真题 6】系统管理预算可以帮助 IT 部门在提供服务的同时加强成本/收益分析,以合理地利用 IT 资源,提高 IT 投资效益。在企业 IT 预算中其软件维护与故障处理方面的预算属于_____。

A. 技术成本　　　　B. 服务成本　　　　C. 组织成本　　　　D. 管理成本

解析:软件维护与故障处理都属于技术员工的活动,因此这类预算归于技术成本。故选择 A。

答案:A

题型点睛

1. 系统成本性态是指成本总额对业务量的依存关系。业务量是组织的生产经营活动水平的标志量。它可以是产出量也可以是投入量;可以使用实物、时间度量,也可以使用货币度量。当业务量变化以后,各项成本有不同的性态,大体可以分为:固定成本和可变成本。

2. 成本管理以预算成本为限额,按限额开支成本和费用,并以实际成本和预算成本比较,衡量活动的成绩和效果,并纠正差异,以提高工作效率,实现以至超过预期目标。因此完整的成本管理模式应包括:预算;成本核算及 IT 服务计费;差异分析及改进措施。

3. 预算的编制方法主要有增量预算和零基预算,其选择依赖于企业的财务政策。增量预算是以上年的数据为基础,考虑本年度成本、价格等的期望变动,调整上年的预算。在零基预算下,组织实际所发生的每一活动的预算最初都被设定为零。为了在预算过程中获得支持,对每一活动必须就其持续的有用性给出有说服力的理由。即详尽分析每一项支出的必要性及其取得的效果,确定预算标准。零基预算方法迫使管理当局在分配资源前认真考虑组织经营的每一个阶段。这种方法通常比较费时,所以一

般几年用一次。

4. TCO 模型面向的是一个由分布式的计算、服务台、应用解决方案、数据网络、语音通信、运营中心以及电子商务等构成的 IT 环境。TCO 同时也将度量这些设备成本之外的因素,如 IT 员工的比例、特定活动的员工成本、信息系统绩效指标,终端用户满意程度的调查也被经常包含在 TCO 的指标之中。这些指标不仅支持财务上的管理,同时也能对其他与服务质量相关的改进目标进行合理性考察和度量。

在大多数 TCO 模型中,以下度量指标中的基本要素是相同的——直接成本及间接成本。所谓的直接成本和间接成本的定义如下:

(1) 直接成本。与资本投资、酬金以及劳动相关的预算内的成本。

(2) 间接成本。与 IT 服务交付给终端用户相关的预算外的成本。

🏄 即学即练

【试题 1】在 IT 服务的财务管理中,记账活动保证了_____。

A. 用于知道 IT 单位的费用及每项服务占用的费用

B. IT 单位每年的预算

C. 服务成本可以由此而商讨

D. 确定每项服务或产品获利的百分数

【试题 2】在 TCO 总成本管理中,TCO 模型面向的是一个由分布式计算、应用解决方案、运营中心以及电子商务等构成的 IT 环境。TCO 总成本一般包括直接成本和间接成本。下列各项中直接成本是____(1)____,间接成本是____(2)____。

(1) A. 终端用户开发成本   B. 本地文件维护成本

     C. 外部采购成本   D. 解决问题的成本

(2) A. 软硬件费用   B. 财务和管理费用

     C. IT 人员工资   D. 中断生产、恢复成本

【试题 3】在系统成本管理过程中,当业务量变化以后,各项成本有不同的形态,大体可以分为_____。

A. 边际成本与固定成本   B. 固定成本和可变成本

C. 可变成本与运行成本   D. 边际成本与可变成本

【试题 4】在编制预算的时候,要进行_____,它是成本变化的主要原因之一。

A. 预算标准的制定   B. IT 服务工作量预测

C. IT 成本管理   D. 差异分析及改进

TOP74 计费管理

🗒 真题分析

【真题 1】企业制定向业务部门(客户)收费的价格策略,不仅影响到 IT 服务成本的补偿,还影响到业务部门对服务的需求。实施这种策略的关键问题是_____。

A. 确定直接成本   B. 确定服务定价   C. 确定间接成本   D. 确定定价方法

解析:本题考查的是计费管理的基本知识。

为 IT 服务定价是计费管理的关键问题,其中涉及下列主要问题:确定定价目标、了解客户对服务的真实需求、准确确定服务的直接成本和间接成本、确定内部计费的交易秩序。

因此,关键问题在于服务定价的确定。

答案:B

【真题 2】为 IT 服务定价是计费管理的关键问题。其中现行价格法是指_____。

A. 参照现有组织内部其他各部门或外部类似组织的服务价格确定

B. IT 部门通过与客户谈判后制定的 IT 服务价格,这个价格在一定时期内一般保持不变

C. 按照外部市场供应的价格确定,IT 服务的需求者可以与供应商就服务的价格进行谈判协商

D. 服务价格以提供服务发生的成本为标准

解析:本题考查的是计费管理的基本知识。

——现行市价法也称市场比较法,是根据目前公开市场上与被评估资产相似的或可比的参照物的价格来确定被评估资产的价格。因此,IT 服务定价中的现行价格法是指参照现有组织内部其他各部门或外部类似组织的服务价格确定。

答案:A

【真题 3】成本核算的主要工作是定义成本要素。对 IT 部门而言,理想的方法应该是按照_____定义成本要素结构。

A. 客户满意度　　　　B. 产品组合　　　　C. 组织结构　　　　D. 服务要素结构

解析:本题考查的是计费管理的基本知识。

成本核算最主要的工作是定义成本要素,成本要素是成本项目的进一步细分,例如,硬件可以再分为办公室硬件、网络硬件以及中心服务器硬件。这有利于被识别的每一项成本都较容易地填报在成本表中。成本要素结构一般在一年当中是相对固定的。定义成本要素结构一般可以按部门、按客户或按产品划分。对 IT 部门而言,理想的方法应该是按照服务要素结构定义成本要素结构,这样可以使硬件、软件、人力资源成本等直接成本项目的金额十分清晰,同时有利于间接成本在不同服务之间的分配。服务要素结构越细,对成本的认识越清晰。

答案:D

【真题 4】一般来说,一个良好的收费/内部核算体系应该满足_____。

A. 准确公平地补偿提供服务所负担的成本

B. 考虑收费,核算对 IT 服务的供应者与服务的使用者两方面的收益

C. 有适当的核算收费政策

D. 以上 3 个条件都需要满足

解析:本题考查的是计费管理的基本知识。

良好的收费,内部核算体系可以有效控制 IT 服务成本,促使 IT 资源的正确使用,使得稀缺的 IT 资源用于最能反映业务需求的领域。一般一个良好的收费,内部核算体系应该满足以下条件:

(1) 有适当的核算收费政策。

(2) 可以准确公平地补偿提供服务所负担的成本。

(3) 树立 IT 服务于业务部门(客户)的态度,确保组织 IT 投资的回报。

(4) 考虑收费,核算对 IT 服务的供应者与服务的使用者两方面的利益,核算的目的是优化 IT 服务供应者与使用者的行为,最大化地实现组织的目标。

答案:D

🎯 题型点睛

IT 服务计费管理是负责向使用 IT 服务的客户收取相应费用的流程,它是 IT 财务管理中的重要环节,也是真正实现企业 IT 价值透明化、提高 IT 投资效率的重要手段。通过向客户收取 IT 服务费用,一般可以迫使业务部门有效地控制自身的需求、降低总体服务成本,并有助于 IT 财务管理人员重点关注那些不符合成本效益原则的服务项目。因此,从上述意义上来说,IT 服务计费子流程通过构建一个内

部市场并以价格机制作为合理配置资源的手段,使客户和用户自觉地将其真实的业务需求与服务成本结合起来,从而提高了 IT 投资的效率。

即学即练

【试题 1】收费政策的制定应注意的内容_____。

A. 信息沟通　　　　B. 灵活价格政策　　　C. 收费记录法　　　D. 以上 3 项

【试题 2】常见的定价方法不包括以下的_____。

A. 成本法　　　　　B. 现行价格法　　　　C. 市场经济法　　　D. 固定价格法

【试题 3】_____通过构建一个内部市场并以价格机制作为合理配置资源的手段,迫使业务部门有效控制自身的需求、降低总体服务成本。

A. 成本核算　　　　B. TCO 总成本管理　　C. 系统成本管理　　D. IT 服务计费

TOP75　系统管理标准简介

真题分析

【真题 1】COBIT 中定义的 IT 资源如下:数据、应用系统、_____、设备和人员。

A. 财务支持　　　　B. 场地　　　　　　　C. 技术　　　　　　D. 市场预测

解析: 本题考查 COBIT 中定义的 IT 资源,包括数据、应用系统、技术、设备和人员。

答案: C

题型点睛

1. OGC 于 2001 年发布的 ITIL 2.0 版本中,ITIL 的主体框架被扩充为 6 个主要的模块,即服务管理(Service Management)、业务管理(The Business Perspective)、ICT(信息与通信技术)基础设施管理(ICT Infrastructure Management)、应用管理(Application Management)、IT 服务管理实施规划(Planning to Implement Service Management)和安全管理(Security Management)。

2. COBIT 标准的主要目的是实现商业的可说明性和可审查性。IT 控制定义、测试和流程测量等任务是 COBIT 天生的强项。COBI T 模型在进程和可审查控制方面的定义非常精确,这种可审查控制具有非常重要的作用,它能够确保 IT 流程的可靠性和可测试性。

3. ITIL 虽然已经成为了 IT 管理领域的事实上标准,但由于它没有说明如何来实施它,因此以 ITIL 为核心,世界上的一些 IT 企业开发了自己的 IT 管理实施方法论。其中影响较大的有微软公司的 MOF(管理运营框架)和 HP 公司的 HP ITSM Reference Model(惠普 ITSM 参考模型)。

即学即练

【试题 1】ITIL 的主体框架被扩充为 6 个主要的模块,包括服务管理、业务管理、_____、ICT(信息与通信技术)基础设施管理、IT 服务管理实施规划和安全管理。

A. 配置管理　　　　B. 应用管理　　　　　C. 成本管理　　　　D. 人员管理

TOP76　分布式系统的管理

真题分析

【真题1】分布式环境中的管理系统一般具有跨平台管理、可扩展性和灵活性、_____和智能代理技术等优越特性。

A. 可量化管理 　　　　　　　　　　B. 可视化管理
C. 性能监视管理 　　　　　　　　　D. 安全管理

解析：分布式环境中的管理系统能够回应管理复杂环境、提高管理生产率及应用的业务价值，表现出优越特性。

① 跨平台管理。包括 Windows NT、Windows 2000 和 Windows XP 等，还包括适用于数据中心支持的技术的支持。

② 可扩展性和灵活性。分布式环境下的管理系统可以支持超过 1000 个管理结点和数以千计的事件。支持终端服务和虚拟服务器技术，确保最广阔的用户群体能够以最灵活的方式访问系统。

③ 可视化管理。可视化能力可以使用户管理环境更快捷、更简易。

④ 智能代理技术。每个需要监视的系统上都要安装代理，性能代理用于记录和收集数据，然后在必要时发出关于该数据的报警。

答案：B

【真题2】关于分布式信息系统的叙述正确的是 _____。

A. 分布式信息系统都基于因特网
B. 分布式信息系统的健壮性差
C. 活动目录拓扑浏览器是分布式环境下可视化管理的主要技术之一
D. 所有分布式信息系统的主机都是小型机

解析：分布式信息系统采用分布式结构，通过因特网、企业内部网和专业网络等形式将分布在不同地点的计算机硬件、软件和数据等资源联系在一起，并服务于一个共同目标。

分布式系统的网络中存在多个结点，所以当一个结点出现故障时一般不会导致整个系统瘫痪，其健壮性比集中式系统好。在分布式系统管理中，可视化的管理使管理环境更快捷、更简易。活动目录拓扑浏览器可以自动发现和绘制系统的整个活动目录环境，是可视化管理的主要技术之一。

答案：C

题型点睛

如何管理复杂的环境、提高管理生产率及应用的业务价值。分布式环境中的管理系统应该能够回应这些挑战，应该在下面几个方面表现出优越特性：跨平台管理、可扩展性和灵活性、可视化的管理、智能代理技术。

即学即练

【试题1】关于分布式信息系统的叙述正确的是_____。

A. 分布式信息系统都基于因特网
B. 分布式信息系统的健壮性差
C. 活动目录拓扑浏览器是分布式环境下可视化管理的主要技术之一

D. 所有分布式信息系统的主机都是小型机

【试题2】在分布式环境下的信息系统管理中,活动目录拓扑浏览器技术是_____的主要内容之一。

A. 跨平台管理　　　　　　　　　　B. 可视化管理

C. 可扩展性和灵活性　　　　　　　D. 智能代理

本章即学即练答案

序号	答案	序号	答案
TOP68	【试题1】答案:(1) B 　　　　　　(2) A 【试题2】答案:C 【试题3】答案:D	TOP70	【试题1】答案:B 【试题2】答案:B 【试题3】答案:C
TOP69	【试题1】答案:(1) C 　　　　　　(2) A 【试题2】答案:D 【试题3】答案:A 【试题4】答案:A 【试题5】答案:D 【试题6】答案:A	TOP71	【试题1】答案:B 【试题2】答案:B 【试题3】答案:B
	【试题7】问题1参考答案 可以扬长避短,集中精力发展企业的核心业务; 可以为企业节省人员开支; 可以减少企业的人力资源管理成本; 可使企业获得更为专业、更为全面的热情服务	TOP72	【试题1】答案:B 【试题2】答案:C
	问题2参考答案 具有良好社会形象和信誉; 相关行业经验丰富; 能够引领或紧跟信息技术发展; 具有良好的技术能力、经营管理能力和发展能力; 加强战术和战略优势,建立长期战略关系; 聚焦于战略思维、流程再造和管理的贸易伙伴关系	TOP73	【试题1】答案:A 【试题2】答案:(1) C 　　　　　　(2) D 【试题3】答案:B 【试题4】答案:D

序号	答案	序号	答案
TOP69	问题 3 参考答案 外包商的领导层结构、员工素质、客户数量、社会评价； 外包商的项目管理水平； 外包商所具有的良好运营管理能力的成功案例； 员工间团队合作精神； 外包商客户的满意程度	TOP74	【试题 1】答案：D 【试题 2】答案：C 【试题 3】答案：D
	问题 4 参考答案 控制风险的措施主要有： 加强对外包合同的管理； 对整个项目体系进行科学的规划； 对新技术要敏感； 要不断学习,倡导良好的 IT 学习氛围； 要学会能够随时识别风险； 要能够对风险进行科学评估； 要具有风险意识	TOP75	【试题 1】答案：B
		TOP76	【试题 1】答案：C 【试题 2】答案：A

第18章 资源管理

TOP77 资源管理概述

真题分析

【真题1】IT 资源管理可以洞察并有效管理企业所有的 IT 资产,为 IT 系统管理提供支持,而 IT 资源管理能否满足要求在很大程度上取决于_____。

A. 基础架构中特定组件的配置信息

B. 其他服务管理流程的支持

C. IT 基础架构的配置及运行情况的信息

D. 各配置项相关关系的信息

解析:本题考查的是资源管理的基本知识。

IT 资源管理可以为企业的 IT 系统管理提供支持,而 IT 资源管理能否满足要求在很大程度上取决于 IT 基础架构的配置及运行情况的信息。配置管理就是专门负责提供这方面信息的流程。配置管理提供的有关基础架构的配置信息可以为其他服务管理流程提供支持,如故障及问题管理人员需要利用配置管理流程提供的信息进行事故和问题的调查与分析,性能及能力管理需要根据有关配置情况的信息来分析和评价基础架构的服务能力与可用性。因此,选择 C。

答案:C

【真题2】在配置管理中,最基本的信息单元是配置项。所有有关配置项的信息都被存放在_____中。

A. 应用系统　　　B. 服务器　　　C. 配置管理数据库　　D. 电信服务

解析:本题考查的是资源管理概述的基本知识。

在配置管理中,最基本的信息单元是配置项(Configuration Item,CI)。所有软件、硬件和各种文档,比如变更请求、服务、服务器、环境、设备、网络设施、台式机、移动设备、应用系统、协议、电信服务等都可以被称为配置项。所有有关配置项的信息都被存放在配置管理数据库(CMDB)中。需要说明的是,配置管理数据库不仅保存了 IT 基础架构中特定组件的配置信息,还包括了各配置项相互关系的信息。配置管理数据库需要根据变更实施情况进行不断地更新,以保证配置管理中保存的信息总能反映 IT 基础架构的现时配置情况以及各配置项之间的相互关系。

答案:C

【真题3】配置管理作为一个控制中心,其主要目标表现在计量所有 IT 资产、_____、作为故障管理等的基础以及验证基础架构记录的正确性并纠正发现的错误等 4 个方面。

A. 有效管理 IT 组件　　　　　　　　B. 为其他 IT 系统管理流程提供准确信息

C. 提供高质量 IT 服务　　　　　　　D. 更好地遵守法规

解析:配置管理数据库需要根据变更实施情况进行不断更新,以保证配置管理中保存的信息总能反映 IT 基础架构的现时配置情况以及各配置项之间的相互关系。配置管理作为一个控制中心,主要目标表现在 4 个方面:计量所有 IT 资产、为其他 IT 系统管理流程提供准确信息、作为故障管理等的基础以及验证基础架构记录的正确性并纠正发现的错误。

答案：B

【真题 4】由于信息资源管理在组织中的重要作用和战略地位，企业主要高层管理人员必须从企业的全局和整体需要出发，直接领导与主持整个企业的信息资源管理工作。担负这一职责的企业高层领导人是_____。

A. CEO　　　　　B. CFO　　　　　C. CIO　　　　　D. CKO

解析：本题考查 CEO、CIO 和 CFO 等概念的区别。CIO 指的是企业首席信息主管，必须从企业的全局和整体需要出发，直接领导与主持全企业的信息资源管理工作。而 CEO 指的是企业首席行政主管，CFO 指的是企业首席财务主管，CKO 指的是企业首席技术主管。

答案：C

【真题 5】信息资源管理（IRM）是对整个组织信息资源开发利用的全面管理。那么，信息资源管理最核心的基础问题是_____。

A. 人才队伍建设　　　　　　　　B. 信息化运营体系架构
C. 信息资源的标准和规范　　　　D. 信息资源管理规划

解析：本题考查的是信息资源管理工作中各项不同管理工作的重要程度。

企业信息资源管理（IRM）不是把资源整合起来就行了，而是需要一个有效的信息资源管理体系，其中最为关键的是从事信息资源管理的人才队伍建设；其次是架构问题；最后是环境要素，主要是标准和规范，信息资源管理最核心的基础问题就是信息资源的标准和规范。

答案：C

🕮 题型点睛

1. IT 资源管理就是洞察所有的 IT 资产（从 PC 服务器、Unix 服务器到主机软件、生产经营数据），并进行有效管理。

2. IT 资产管理包括：为所有内外部资源（包括台式机、服务器、网络、存储设备）提供广泛的发现和性能分析功能，实现资源的合理使用和重部署；提供整体软件许可管理（目录和使用），包括更复杂的数据库和分布式应用；提供合同和厂商管理，可以减少文案工作，如核对发票、控制租赁协议、改进并简化谈判过程；影响分析、成本分析和财政资产管理，为业务环境提供适应性支持、降低操作环境成本。

3. 配置管理作为一个控制中心，其主要目标表现在 4 个方面：

- 计量所有 IT 资产；
- 为其他 IT 系统管理流程提供准确信息；
- 作为故障管理、变更管理和新系统转换等的基础；
- 验证基础架构记录的正确性并纠正发现的错误。

4. 信息资源管理（简称 IRM），是对整个组织信息资源开发利用的全面管理。IRM 把经济管理和信息技术结合起来，使信息作为一种资源而得到优化的配置和使用。开发信息资源既是企业信息化的出发点，又是企业信息化的归宿；只有高档次的数据环境才能发挥信息基础设施的作用。因此，从 IRM 的技术层面看，数据环境建设是信息资源管理的重要工作。

5. 企业信息资源管理需要有一个有效的信息资源管理体系，在这个体系中最为关键的是人的因素，即从事信息资源管理的人才队伍建设；其次是架构问题，而这一问题要消除以往分散建设所导致的信息孤岛；技术也是一个要素，要选择与信息资源整合和管理相适应的软件平台；另外一个就是环境因素，主要是指标准和规范。

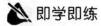 即学即练

【试题 1】信息资源管理标准在各国经济发展中所产生的协调作用，以及促进信息资源的传播和利

用的日益显著,反映其日趋_____。

 A. 程序化   B. 规范化   C. 国际化   D. 通用化

【试题2】广义信息资源与狭义信息资源定义的主要区别是_____。

 A. 内容不同   B. 形式不同   C. 角度不同   D. 观点不同

【试题3】配置管理中,最基本的信息单元是_____。

 A. 配置项   B. 配置数据   C. 配置块   D. 配置内容

【试题4】所有有关配置项的信息都被存放在 _____。

 A. 数据库   B. 内存   C. 配置管理数据库   D. 硬盘

【试题5】【说明】

信息系统管理指的是企业信息系统的高效运作和管理,其核心目标是管理业务部门的信息需求,有效地利用信息资源恰当地满足业务部门的需求。

【问题1】(6分)

信息系统管理的四个关键信息资源分别为 (1) 、 (2) 、 (3) 和 (4) 。

【问题2】(5分)

信息系统管理通用体系架构分为三个部分,分别是信息部门管理、业务部门信息支持和信息基础架构管理,请在下列 A～F 的 6 个选项中选择各部分的具体实例(每部分两个),填入空(5)～(7)中。

信息部门管理: (5)

业务部门信息支持: (6)

信息基础架构管理: (7)

 A. 故障管理   B. 财务管理   C. 简化 IT 管理复杂度

 D. 性能及可用性管理   E. 配置及变更管理   F. 自动处理功能和集成化管理

【问题3】(4分)

企业信息系统管理的策略是为企业提供满足目前的业务与管理需求的解决方案。具体而言包括以下 4 个内容,请将合适的解释填入空(8)～(11)中。

1. (8) :目前,企业越来越关注解决业务相关的问题,而一个业务往往涉及多个技术领域,因此在信息系统管理中,需要面向业务的处理方式,统一解决业务涉及的问题。

2. (9) :信息系统管理中,所有信息资源必须作为一个整体来管理,企业信息部门只使用一个管理解决方案就可以管理企业的所有信息资源,包括不同的网络、系统、应用软件和数据库。集中管理功能的解决方案横跨了传统的分离的资源。

3. (10) :信息系统管理应该包括范围广泛的、丰富的管理功能来管理各种 IT 资源。包括从网络发现到进度规划,从多平台安全到数据库管理,从存储管理到网络性能等丰富的管理能力,集成在一起提供统一的管理。

4. (11) :信息系统管理必须面对各种不同的环境,如 TCP/IP、SNA 和 IPX 等不同的网络;Windows、UNIX 等不同的服务器;各种厂商的硬件设备和数据库等,信息系统管理须提供相联系的集成化的管理方式。

TOP78   硬件管理

真题分析

【真题1】进行 IT 资源管理,首先就是识别企业待管理的硬件有哪些,弄清企业的硬件设备有哪些,有哪些设备需要被管理,这些内容是由_____进行规定的。

 A. CEO   B. COBIT   C. CIO   D. CFO

解析：进行 IT 资源管理，首先就是识别企业待管理的硬件有哪些，弄清企业的硬件设备有哪些，有哪些设备需要被管理，COBIT 中定义的 IT 资源如下。

（1）数据。是最广泛意义上的对象、结构化及非结构化的图像、各类数据。

（2）应用系统。人工处理以及计算机程序的总和。

（3）技术。包括硬件、操作系统、数据库管理系统、网络、多媒体等。

（4）设备。包括所拥有的支持信息系统的所有资源。

（5）人员。包括员工技能、意识以及计划、组织、获取、交付、支持和监控信息系统及服务的能力。

答案：B

题型点睛

1. 认真识别和清理企业的硬件设备，对企业的信息系统的资产进行管理，便于以后企业资产的管理。一般管理的硬件包括企业所购买的和保管的各种硬件设备（服务器、交换机、计算机、磁盘、打印机、复印机、扫描仪、刻录机、摄像机、录像机、照相机等）。

2. 硬件经常被划分为各类配置项（CI），这类划分是进行硬件配置管理的基础和前提，CI 是逻辑上组成软件系统的各组成部分。一个系统包括的 CI 的数目是一个与设计密切相关的问题，如果一个产品同时包括硬件和软件部分，一般一个 CI 同时也包括软件和硬件部分。

即学即练

【试题 1】硬件经常被划分为各类配置项（CI），CI 是逻辑上组成软件系统的各组成部分。一个系统包括的 CI 的数目是一个与设计密切相关的问题，若一个产品同时包括硬件和软件部分，则一个 CI _____。

A. 只包括软件部分　　　　　　　　　　B. 只包括硬件部分

C. 也同时包括软件和硬件部分　　　　　D. 不包括软件部分和硬件部分

TOP79　软件生命周期

真题分析

【真题 1】软件生命周期中时间最长的阶段是_____阶段。

A. 需求分析　　　　　B. 软件维护　　　　　C. 软件设计　　　　　D. 软件开发

解析：维护阶段实际上是一个微型的软件开发生命周期，包括：对缺陷或更改申请进行分析即需求分析（RA）、分析影响即软件设计（SD）、实施变更即进行编程（Coding），然后进行测试（Test）。在维护生命周期中，最重要的就是对变更的管理。软件维护是软件生命周期中持续时间最长的阶段。在软件开发完成并投入使用后，由于多方面的原因，软件不能继续适应用户的要求。要延长软件的使用寿命，就必须对软件进行维护。软件的维护包括纠错性维护和改进性维护两个方面。因此选择 B。

答案：B

【真题 2】_____是软件生命周期中时间最长的阶段。

A. 需求分析阶段　　　　　　　　　　　B. 软件维护阶段

C. 软件设计阶段　　　　　　　　　　　D. 软件系统实施阶段

解析：软件寿命周期是软件开发的全过程，这个过程由诸多阶段构成，包括需求分析、软件设计、编码及单元测试、集成及系统测试、安装、实施与维护等阶段，在由这些阶段所构成的软件寿命周期全过程中软件维护阶段是软件寿命周期中维持时间最长的阶段。因为在软件开发完成并投入使用后,由于多方面的原因,软件不能继续适应用户的需求,要延长软件的使用寿命,就必须对软件进行维护。

答案:B

🌀 题型点睛

1. 软件寿命周期是软件开发全过程、活动和任务的结构框架。常见的软件寿命周期有瀑布模型、迭代模型和快速原型开发模型3种。瀑布模型适于项目需求简单清楚,在项目初期就可以明确所有需求,不需要二次开发的软件寿命周期;迭代模型适于项目事先不能完整定义产品所有需求,计划多期开发的软件寿命周期;快速原型开发适于项目需要很快给客户演示产品的软件寿命周期。通过这样的比较就可以准确做出选择。

2. 通常把软件产品从提出、实现、使用、维护到停止使用退役的过程称为软件生命周期。可以将软件生命周期分为软件定义、软件开发及软件运行维护三个阶段。

3. 软件生命周期的主要活动阶段是:(1)可行性研究与计划制定;(2)需求分析;(3)软件设计;(4)软件实现;(5)软件测试;(6)运行和维护。

✍ 即学即练

【试题1】在常见的软件生命周期中,适用于项目需求简单清楚,在项目初期就可以明确所有需求,不需要二次开发的软件生命周期模型是　(1)　;适用于项目事先不能完整定义产品所有需求,计划多期开发的软件生命周期模型是　(2)　。

(1) A. 瀑布模型　　　　　　　　　　B. 迭代模型

　　 C. 快速原型开发　　　　　　　　D. 快速创新开发

(2) A. 快速原型开发　　　　　　　　B. 快速创新开发

　　 C. 瀑布模型　　　　　　　　　　D. 迭代模型

TOP80　软件管理

📑 真题分析

【真题1】在软件管理中,_____是基础架构管理的重要组成部分,可以提高 IT 维护的自动化水平,并且大大减少维护 IT 资源的费用。

　　 A. 软件分发管理　　　　　　　　B. 软件生命周期和资源管理

　　 C. 软件构件管理　　　　　　　　D. 软件资源的合法保护

解析:本题考查的是软件管理的基本知识。

当前,IT 部门需要处理的日常事务大大超过了他们的承受能力,他们要跨多个操作系统部署安全补丁和管理多个应用。在运营管理层面上,他们不得不规划和执行操作系统移植、主要应用系统的升级和部署。这些任务在大多数情况下需要跨不同地域和时区在多个硬件平台上完成。如果不对这样的复杂性和持久变更情况进行管理,将导致整体生产力下降,额外的部署管理成本将远远超过软件自身成本。因此,软件分发管理是基础架构管理的重要组成部分,可以提高 IT 维护的自动化水平,实现企业内部软件使用标准化,并且大大减少维护 IT 资源的费用。

答案:A

【真题2】软件开发完成并投入使用后,由于多方面原因,软件不能继续适应用户的要求。要延续软件的使用寿命,就必须进行_____。

　　A. 需求分析　　　　B. 软件设计　　　　C. 编写代码　　　　D. 软件维护

　　解析:维护阶段实际上是一个微型的软件开发生命周期,包括:对缺陷或更改申请进行分析即需求分析(RA)、分析影响即软件设计(SD)、实施变更即进行编程(Coding),然后进行测试(Test)。在维护生命周期中,最重要的就是对变更的管理。软件维护是软件生命周期中持续时间最长的阶段。在软件开发完成并投入使用后,由于多方面的原因,软件不能继续适应用户的要求。要延续软件的使用寿命,就必须对软件进行维护。软件的维护包括纠错性维护和改进性维护两个方面。

　　答案:D

　　【真题3】软件维护阶段最重要的是对_____的管理。

　　A. 变更　　　　　　B. 测试　　　　　　C. 软件设计　　　　D. 编码

　　解析:软件维护主要是指根据需求变化或硬件环境的变化对应用程序进行部分或全部的修改,修改时应充分利用源程序;修改后要填写程序改登记表,并在程序变更通知书上写明新旧程序的不同之处。因此,软件维护阶段最重要的是对变更的管理。

　　答案:A

　　【真题4】要进行企业的软件资源管理,就要先识别出企业中运行的_____和文档,将其归类汇总、登记入档。

　　A. 软件　　　　　　B. 代码　　　　　　C. 指令　　　　　　D. 硬件

　　解析:软件资源管理是指优化管理信息的收集,对企业所拥有的软件授权数量和安装地点进行管理。要进行企业的软件资源管理,首先要识别出企业中运行的软件和文档,将其归类汇总,登记入档。

　　答案:A

　　【真题5】在资源管理中,软件资源管理包括软件分发管理。软件分发管理中不包括_____。

　　A. 软件部署　　　　　　　　　　　　B. 安全补丁分发

　　C. 远程管理和控制　　　　　　　　　D. 应用软件的手工安装和部署

　　解析:本题考查的是软件分发管理的基本知识。软件分发管理包括三点内容,分别是软件部署、安全补丁分发和远程管理与控制。

　　答案:D

🎯 题型点睛

　　1. 软件资源管理,是指优化管理信息的收集,对企业所拥有的软件授权数量和安装地点进行管理。还包括软件分发管理,指的是通过网络把新软件分发到各个站点,并完成安装和配置工作。

　　2. 在相应的管理工具的支持下,软件分发管理可以自动化或半自动化地完成下列软件分发任务。

　　(1) 软件部署。

　　IT系统管理人员可将软件包部署至遍布网络系统的目标计算机,对它们执行封装、复制、定位、推荐和跟踪。软件包还可在允许最终用户干预或无须最终用户干预的情况下实现部署,而任何IT支持人员均不必亲身前往。

　　(2) 安全补丁分发。

　　随着Windows等操作系统的安全问题越来越受到大家的关注,每隔一段时间微软都要发布修复系统漏洞的补丁,但很多用户仍不能及时使用这些补丁修复系统,在病毒爆发时就有可能造成重大损失。通过结合系统清单和软件分发,安全修补程序管理功能能够显示计算机需要的重要系统和安全升级,然后有效地分发这些升级。并就每台受控计算机所需安全修补程序做出报告,保障了基于Windows的台式机、膝上型计算机和服务器安全。

　　(3) 远程管理和控制。

　　对于IT部门来说,手工对分布空间很大的个人计算机进行实际的操作将是顽琐而效率低下的。有了远程诊断工具,可帮助技术支持人员及时准确获得关键的系统信息,这样他们就能花费较少的时间诊断故障并以远程方式解决问题。

即学即练

【试题1】国家标准《计算机软件产品开发文件指南》的 14 个文件,其中旨在向整个软件开发时期提供关于被处理数据的描述和数据采集要求的技术信息的文件是_____。

    A. 数据库设计说明书   B. 数据要求说明书

    C. 软件需求说明书   D. 总体设计说明书

【试题2】有关软件安全问题,不正确的是_____。

    A. 软件安全问题包括信息资产受到威胁和软件应用安全问题

    B. 软件应用安全问题可分为软件备份安全管理和软件代码安全管理两个方面

    C. 系统软件安全分为操作系统安全和应用支撑软件安全两类

    D. 恶意程序的防治包括防护和治理两方面,应该采取管理与技术相结合的方法

【试题3】在软件生存期的移植链接阶段,软件所要求的质量特性有_____。

    A. 可维护性、效率、安全性   B. 可维护性、可移植性

    C. 可移植性、重用性   D. 重用性、安全性

【试题4】在软件生存期的维护扩充阶段,软件所要求的质量特性是_____。

    A. 易使用性和可移植性   B. 安全性和重用性

    C. 可扩充性和可靠性   D. 可维护性和可扩充性

【试题5】对于 IT 部门来说,通过人工方式对分布在企业各处的个人计算机进行现场操作很烦琐而且效率很低。因此,如果应用_____方式,可帮助技术支持人员及时准确获得关键的系统信息,花费较少的时间诊断故障并解决问题。

    A. 软件部署   B. 远程管理和控制

    C. 安全补丁补发   D. 文档管理工具

【试题6】软件项目管理是保证软件项目成功的重要手段,其中_____要确定哪些工作是项目应该做的,哪些工作不应包含在项目中。

    A. 进度管理   B. 风险管理   C. 范围管理   D. 配置管理

TOP81　网络资源管理

真题分析

【真题1】要进行企业网络资源管理,首先要识别目前企业包含哪些网络资源。其中网络传输介质互联设备(T 型连接器、调制解调器等)属于_____。

    A. 通信线路   B. 通信服务   C. 网络设备   D. 网络软件

解析: 本题考查的是网络资源管理的基本知识。

要进行企业网络资源管理,首先就要识别目前企业包含哪些网络资源。

(1) 通信线路。即企业的网络传输介质。目前常用的传输介质有双绞线、同轴电缆、光纤等。

(2) 通信服务。指的是企业网络服务器。运行网络操作系统,提供硬盘、文件数据及打印机共享等服务功能,是网络控制的核心。目前常见的网络服务器主要有 Netware、UNIX 和 Windows NT 三种。

(3) 网络设备。计算机与计算机或工作站与服务器进行连接时,除了使用连接介质外,还需要一些中介设备,这些中介设备就是网络设备。主要有网络传输介质互联设备(T 型连接器、调制解调器等)、

网络物理层互联设备(中继器、集线器等)、数据链路层互联设备(网桥、交换器等)以及应用层互联设备(网关、多协议路由器等)。

(4) 网络软件。企业所用到的网络软件。例如网络控制软件、网络服务软件等。

答案：C

【真题 2】网络维护管理有五大功能,它们是网络的失效管理、网络的配置管理、网络的性能管理、_____、网络的计费管理。

A. 网络的账号管理　　　　　　　　B. 网络的安全管理

C. 网络的服务管理　　　　　　　　D. 网络的用户管理

解析：一般说来,网络资源维护管理就是通过某种方式对网络资源进行调整,使网络能正常、高效的运行。其目的就是使网络中的各种资源得到更加高效的利用,当网络出现故障时能及时做出报告和处理,并协调、保持网络的高效运行等。一般而言,网络维护管理有五大功能,它们是:网络的失效管理、网络的配置管理、网络的性能管理、网络的安全管理、网络的计费管理。这五大功能包括了保证一个网络系统正常运行的基本功能。因此选择 B。

答案：B

【真题 3】企业关键 IT 资源中,企业网络服务器属于_____,它是网络系统的核心。

A. 技术资源　　　　B. 软件资源　　　　C. 网络资源　　　　D. 数据资源

解析：计算机与计算机或工作站与服务器进行连接时,除了使用连接介质外,还需要一些中介设备,这些中介设备就是网络设备,主要有网络传输介质互联设备(T 型连接器、调制解调器等)、应用层互联设备(中继器、集线器等)、数据链路层互联设备(网桥、交换器等)以及应用层互联设备(网关、多协议路由器等)。因此,企业资产管理中又增加了企业网络资源管理。要进行企业网络资源管理,首先就要识别目前企业包含哪些网络资源。网络资源种类见真题 1 解析。

答案：C

【真题 4】现代计算机网络维护管理系统主要由 4 个要素组成,其中_____是最为重要的部分。

A. 被管理的代理　　　　　　　　B. 网络维护管理器

C. 网络维护管理协议　　　　　　D. 管理信息库

解析：计算机网络维护管理系统主要由 4 个要素组成:若干被管理的代理、至少一个网络维护管理器、一种公共网络维护管理协议以及一种或多种管理信息库。其中网络维护管理协议是最重要的部分,它定义了网络维护管理器与被管理代理之间的通信方法,规定了管理信息库的存储结构、信息库中关键字的含义以及各种事件的处理方法。

答案：C

【真题 5】网络设备管理是网络资源管理的重要内容。在网络设备中,网关属于_____。

A. 网络传输介质互联设备　　　　B. 网络物理层互联设备

C. 数据链路层互联设备　　　　　D. 应用层互联设备

解析：计算机与计算机或工作站与服务器进行连接时,除了使用连接介质外,还需要一些中介设备,这些中介设备就是网络设备,主要有网络传输介质互联设备(T 型连接器、调制解调器等)、应用层互联设备(中继器、集线器等)、数据链路层互联设备(网桥、交换器等)以及应用层互联设备(网关、多协议路由器等)。

答案：D

【真题 6】

【说明】M 公司销售部门日常的业务工作需要经常通过 E-mail 与客户交换信息,浏览客户的网站,查询客户购买产品需求的信息。每个员工都要经常使用一些文档如报表、订单等,且这些文档还经常发生变化。该部门目前状况是每个人有一台计算机,每个人都用自己的工作电话通过 Modem 上网,导致经常有客户抱怨电话无法接通。公司专门用一台计算机接了一台打印机,需要打印文件时必须通过 U 盘把文件复制到接有打印机的计算机上,工作效率很低。为了方便业务的完成,有效提高工作效率,该部门构建了集文档管理、客户信息采集、产品信息发布、产品订单处理等功能于一体的信息管理系统。由功能结构上来看，该信息管理系统分为三大功能模块（子系统）：文档管理、客户信息管理和产品信息管理，另外，该系统还需对系统资源访问和使用实施控制，在权限控制之内该部门员工可以访问和使用与其相关的系统资源。

【问题1】(5分)

采取什么措施能解决客户抱怨电话无法接通问题？需要哪些设备（部件）？

【问题2】(5分)

请画出该部门信息管理系统功能结构框图，并标明名称。

【问题3】(5分)

访问控制包括用户标识与验证、存取控制两种方式，其中用户标识与验证有哪三种常用的方法？下图是实现用户标识与验证的常用方法之一的流程图，图中(1)、(2)分别应填写什么内容？

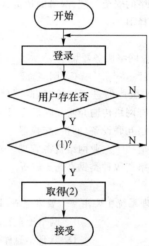

解析：本题主要考查的是计算机网络以及信息管理系统和访问权限的基本知识。现在局域网随着整个计算机网络技术的发展和提高得到充分的应用和普及，几乎每个单位都有自己的局域网，有的甚至家庭中都有自己的小型局域网。这种网络的特点就是：连接范围窄、用户数少、配置容易、连接速率高。因此，可以解决客户电话信号不好的问题。由说明可知，该信息管理系统功能结构框图包括文档、客户信息和产品信息。问题3考查的是用户名密码访问接入的流程。

答案：

【问题1】

建立一个计算机局域网。

在一个局域网中，其基本组成部件为服务器、客户端、网络设备、通信介质和网络软件等。

【问题2】

【问题3】

三种常用的用户验证方法：要求用户输入一些保密信息；采用物理识别设备；采用生物统计学系统，基于某种特殊的物理特征对人进行唯一性识别。

流程图要填写的内容：

（1）密码正确否？（2）授权或用户名和密码

题型点晴

1. 企业网络资源主要包含以下内容：

- 通信线路。即企业的网络传输介质。目前常用的传输介质有双绞线、同轴电缆、光纤等。
- 通信服务。指的是企业网络服务器。运行网络操作系统，提供硬盘、文件数据及打印机服务等共享功能，是网络控制的核心。目前常见的网络服务器主要有 Netware、UNIX 和 Windows NT 三种。
- 网络设备。计算机与计算机或工作站与服务器进行连接时，除了使用连接介质外，还需要一些中介设备，即网络设备。主要有网络传输介质互联设备、网络物理层互联设备、数据链路层互联设备以及应用层互联设备。
- 网络软件。企业所用到的网络软件。例如网络控制软件、网络服务软件等。ISO 建立了一套完整的网络管理模型，包含了五个部分的概念性：网络性能管理、网络设备和应用配置管理、网络利用和计费管理、网络设备和应用故障管理以及安全管理。

网络配置管理主要涉及网络设备（网桥、路由器、工作站、服务器、交换机等）的设置、转换、收集和修复等信息。

2. 网络管理包含 5 部分：网络性能管理、网络设备和应用配置管理、网络利用和计费管理、网络设备和应用故障管理以及安全管理。

即学即练

【试题 1】要进行企业网络资源管理，首先就要识别目前企业包含的网络资源，包括通信线路、_____、网络设备和网络软件。

A. 网络服务　　　　　B. 通信服务　　　　　C. 通信设备　　　　　D. 网络信号

【试题 2】网络维护管理的五大功能分别是网络的失效管理、_____、网络的性能管理、网络的安全管理、网络的计费管理。

A. 网络的账号管理　　　　　　　　B. 网络的服务管理
C. 网络的配置管理　　　　　　　　D. 网络的用户管理

【试题 3】网络配置管理主要涉及网络设备的设置、_____、收集和修复等信息。

A. 转换　　　　　B. 维护　　　　　C. 运行　　　　　D. 更换

TOP82　数据管理

真题分析

【真题 1】在数据的整个生命周期中，不同的数据需要不同水平的性能、可用性、保护、迁移、保留和处理。通常情况下，在其生命周期的初期，数据的生成和使用都需要利用_____，并相应提供高水平的保护措施，以达到高可用性和提供相当等级的服务水准。

A. 低速存储　　　　　B. 中速存储　　　　　C. 高速存储　　　　　D. 中低速存储

解析：在数据的整个生命周期中，不同的数据需要不同水平的性能、可用性、保护、迁移、保留和处理。通常情况下，在其生命周期的初期，数据的生成和使用都需要利用高速存储，并相应地提供高水平的保护措施，以达到高可用性和提供相当等级的服务水准。随着时间的推移，数据的重要性会逐渐降低,使用频率也会随之下降。伴随着这些变化的发生,企业就可以将数据进行不同级别的存储,为其提供适当的可用性、存储空间、成本、性能和保护,并且在整个生命周期的不同阶段都能对数据保留进行管理。因此,选择 C。

答案:C

【真题 2】信息资源规划可以概括为"建立两个模型和一套标准",其中"两个模型"是指信息系统的_____。

A. 功能模型和数据模型　　　　　　　B. 功能模型和需求模型

C. 数据模型和需求模型　　　　　　　D. 数据模型和管理模型

解析:本题考查的是数据管理的基本知识。

"两种模型"是指信息系统的功能模型和数据模型,"一套标准"是指信息资源管理基础标准。信息系统的功能模型和数据模型,实际上是用户需求的综合反映和规范化表达;信息资源管理基础标准是进行信息资源开发利用的最基本的标准,这些标准都要体现在数据模型之中。

答案:A

【真题 3】各部门、各行业及各应用领域对于相同的数据概念有着不同的功能需求和不同的描述,导致了数据的不一致性。数据标准化是一种按照预定规程对共享数据实施规范化管理的过程,主要包括业务建模阶段、_____与文档规范化阶段。

A. 数据规范化阶段　　　　　　　　　B. 数据名称规范化阶段

C. 数据含义规范化阶段　　　　　　　D. 数据表示规范化阶段

解析:本题考查的是数据管理的基本知识。

数据标准化是一种按照预定规程对共享数据实施规范化管理的过程。数据标准化的对象是数据元素和元数据。数据元素是通过定义、标识、表示以及允许值等一系列属性描述的数据单元,是数据库中表达实体及其属性的标识符。数据标准化主要包括业务建模阶段、数据规范化阶段、文档规范化阶段三个阶段。

答案:A

【真题 4】信息资源管理(IRM)工作层上的最重要的角色是 _____。

A. 企业领导　　　　B. 数据管理员　　　　C. 数据处理人员　　　　D. 项目领导

解析:企业信息资源开发利用做得好坏的关键人物是企业领导和信息系统负责人。IRM 工作层上的最重要的角色就是数据管理员(Data Administrator,DA)。数据管理员负责支持整个企业目标的信息资源的规划、控制和管理;协调数据库和其他数据结构的开发,使数据存储的冗余最小而具有最大的兼容性;负责建立有效使用数据资源的标准和规程,组织所需要的培训;负责实现和维护支持这些目标的数据字典;审批所有对数据字典做的修改;负责监督数据管理部门中的所有职员的工作。数据管理员应能提出关于有效使用数据资源的整治建议,向主管部门提出不同的数据结构设计的优缺点忠告,监督其他人员进行逻辑数据结构设计和数据管理。因此选择 B。

答案:B

【真题 5】如果希望别的计算机不能通过 ping 命令测试服务器的连通情况,可以 _____。

A. 删除服务器中的 ping.exe 文件　　　　B. 删除服务器中的 cmd.exe 文件

C. 关闭服务器中 ICMP 的端口　　　　　D. 关闭服务器中的 Net Logon 服务

解析:删除服务器中的 ping.exe 和 cmd.exe 会影响服务器运行 ping 命令和一些基于命令行的程序。ping 命令测试机器连通情况实际上是使用了 ICMP 协议,因此,关闭服务器中的 ICMP 端口可以使别的计算机不能通过 ping 命令测试服务器的连通情况。

答案:C

🌀 题型点睛

1. 在数据的整个生命周期中,不同的数据需要不同水平的性能、可用性、保护、迁移、保留和处理。

通常情况下,在其生命周期的初期,数据的生成和使用都需要利用高速存储,并相应地提供高水平的保护措施,以达到高可用性和提供相当等级的服务水准。随着时间的推移,数据的重要性会逐渐降低,使用频率也会随之下降。伴随着这些变化的发生,企业就可以将数据进行不同级别的存储,为其提供适当的可用性、存储空间、成本、性能和保护,并且在整个生命周期的不同阶段都能对数据保留进行管理。

2. 信息资源规划主要可以概括为"建立两种模型和一套标准"。"两种模型"是指信息系统的功能模型和数据模型,"一套标准"是指信息资源管理基础标准。信息系统的功能模型和数据模型,实际上是用户需求的综合反映和规范化表达;信息资源管理基础标准是进行信息资源开发利用的最基本的标准,这些标准都要体现在数据模型之中。

3. 数据标准化是一种按照预定规程对共享数据实施规范化管理的过程。数据标准化主要包括业务建模阶段、数据规范化阶段、文档规范化阶段三个阶段。数据规范化阶段是数据标准化的关键和核心,该阶段是针对数据元素进行提取、规范化及管理的过程。

即学即练

【试题 1】保证数据的安全性,必须保证数据的保密性和完整性,主要表现用户登录时的安全性、网络数据的保护、_____、存储数据以及介质的保护、企业和 Internet 的单点安全登录 5 个方面。

　　A. 数据的合法性　　　　　　　　　　B. 通信的安全性
　　C. 数据的完整性　　　　　　　　　　D. 网络的畅通

【试题 2】_____随系统的不同而不同,但是一般来说,它应该包括数据库描述功能、数据库管理功能、数据库的查询和操纵功能、数据库维护功能等。

　　A. IRM　　　　　　　B. DA　　　　　　　C. DBMS　　　　　　D. CEO/CIO

本章即学即练答案

序号	答案	序号	答案
TOP77	【试题 1】答案：C 【试题 2】答案：A 【试题 3】答案：A 【试题 4】答案：C 【试题 5】 【问题 1】信息系统管理的 4 个关键信息资源分别为硬件资源、软件资源、网络资源和数据资源 （1）硬件资源 （2）软件资源 （3）网络资源 （4）数据资源 【问题 2】 （5）B、E　（6）A、D　（7）C、F	TOP77	【问题 3】企业信息系统管理的策略是为企业提供满足目前的业务与管理需求的解决方案。具体而言包括以下 4 个内容。 （8）面向业务处理 （9）管理所有的 IT 资源，实现端到端的控制 （10）丰富的管理功能，为企业提供各种便利 （11）多平台、多供应商的管理
TOP78	【试题 1】答案：C	TOP79	【试题 1】答案：（1）A 　　　　　　　（2）D
TOP80	【试题 1】答案：B 【试题 2】答案：B 【试题 3】答案：C 【试题 4】答案：D 【试题 5】答案：B 【试题 6】答案：C	TOP81	【试题 1】答案：B 【试题 2】答案：C 【试题 3】答案：A
TOP82	【试题 1】答案：B 【试题 2】答案：C		

第19章　故障管理规划

TOP83　故障管理概述

真题分析

【真题1】在 IT 系统运营过程中,经过故障查明和记录,基本上能得到可以获取的故障信息,接下来就是故障的初步支持,这里强调初步的目的是 _____。

A. 为了能够尽可能快地恢复用户的正常工作,尽量避免或者减少故障对系统服务的影响

B. 先简要说明故障当前所处的状态

C. 尽可能快地把发现的权宜措施提供给客户

D. 减少处理所花费的时间

解析:本题考查的是故障管理的基本知识。

经过故障查明和记录,基本上能得到可以获取的故障信息,接下来就是故障的初步支持。这里强调初步的目的是为了能够尽可能快地恢复用户的正常工作,尽量避免或者减少故障对系统服务的影响。

"初步"包括两层含义:一是根据已有的知识和经验对故障的性质进行大概划分,以便采取相应的措施;二是这里采取的措施和行动不以根本上解决故障为目标,主要目的是维持系统的持续运行,如果不能较快找到解决方案,故障处理小组就要尽量找到临时性的解决办法。

答案:A

【真题2】在 IT 系统运营过程中出现的所有故障都可被纳入故障管理的范围。_____属于硬件及外围设备故障。

A. 未做来访登记　　　　B. 忘记密码　　　　C. 无法登录　　　　D. 电源中断

解析:本题考查的是故障管理概述的基本知识。

在 IT 系统运营过程中出现的所有故障都可被纳入故障管理的范围。前面说过故障包括系统本身的故障和非标准操作的事件,常见的故障如下所示:

(1) 硬件及外围设备故障:设备无故报警、电力中断、网络瘫痪、打印机无法打印。

(2) 应用系统故障:服务不可用、无法登录、系统出现 bug。

(3) 请求服务和操作故障:忘记密码、未做来访登记。

答案:D

【真题3】输入数据违反完整性约束导致的数据库故障属于_____。

A. 介质故障　　　　B. 系统故障　　　　C. 事务故障　　　　D. 网络故障

解析:数据库故障主要分为事务故障、系统故障和介质故障。其中数据库故障指事务在运行到正常终点前被终止,此时数据库可能处于不正确的状态,此时需要撤销该事务已经做出的任何对数据库的修改。撤销后,数据就像没有发生故障一样。这种故障通常不会导致系统数据库破坏。

答案:C

🎯 题型点睛

1. 在 IT 系统运营过程中出现的所有故障都可被纳入故障管理的范围。美国权威市场调查机构 Gartner Group 曾对造成非计划死机的故障原因进行分析,并发表了专门报告,故障原因主要可以分成以下三大类:

- 技术因素,包括硬件、操作软件系统、环境因素以及灾难性事故。
- 应用性故障,包括性能问题、应用缺陷(bug)及系统应用变更。
- 操作故障,人为地未进行必要的操作或进行了错误操作。

2. 从在故障监视过程中发现故障到对故障信息地调研,再到故障的恢复处理和故障排除,形成了一个完整的故障管理流程。故障管理包括故障监视、故障调研、故障支持和恢复以及故障终止 5 项基本活动。为了实现对故障流程完善的管理,需要对故障管理的整个流程进行跟踪,并做出相应处理记录。故障管理的流程如下图所示。

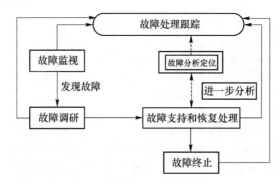

🖐 即学即练

【试题 1】故障的特征有_____。

A. 影响度   B. 紧迫性   C. 优先级   D. 以上 3 者

【试题 2】_____是指发现故障之时为尽快恢复系统 IT 服务而采取必要的技术上或者管理上的办法。

A. 故障处理   B. 故障管理   C. 问题管理   D. 服务管理

TOP84 故障管理流程

📑 真题分析

【真题 1】从在故障监视过程中发现故障,到_____以及对故障分析定位,之后进行故障支持和恢复处理,最后进行故障排除终止,故障管理形成了包含 5 项基本活动的完整流程。

A. 故障记录   B. 故障追踪   C. 故障调研   D. 故障判断

解析:本题考查的是故障管理流程的基本知识。故障管理流程的第一项基础活动是故障监视,大多数故障都是从故障监视活动中发现的。故障管理流程具体是故障监视、故障调研、故障支持和恢复处理、故障分析和定位、故障终止、故障处理跟踪。因此,选择 C。

答案:C

【真题 2】故障管理流程的第一项基础活动是_____。

A. 故障监视　　　　　B. 故障查明　　　　　C. 故障调研　　　　　D. 故障分析定位

解析:本题考查的是故障管理流程的基本知识。

故障管理流程的第一项基础活动是故障监视,大多数故障都是从故障监视活动中发现的。

答案:A

【真题 3】系统发生硬件故障时需要进行定位分析。中央处理器的故障原因主要是集成电路失效,维护人员根据诊断测试程序的故障定位结果,可能在现场进行的维修工作就是更换_____。

A. 电路卡　　　　　B. 存储器　　　　　C. 电源部件　　　　　D. 磁盘盘面

解析:本题考查的是故障管理流程的基本知识。

中央处理器的故障原因主要是集成电路失效。计算机系统均应配备较完善的诊断测试手段,提供详细的故障维修指南,对大部分故障可以实现准确定位。但由于集成电路组装密度很高,一个集成电路芯片包含的逻辑单元和存储单元数以百万计,诊断测试程序检测出的故障通常定位于一个电路模块和一个乃至几个电路卡,维护人员根据测试结果可能在现场进行的维修工作就是更换电路卡。如现场没有相应的备份配件,可以采取降级运行(如多处理机系统可切除故障的处理机,存储器可切除部分有扩展单元等)的手段使系统保持联系运行,如没有补救手段则需要进行停机检修。

答案:A

【真题 4】故障管理流程的第一项基础活动是故障监视。对于系统硬件设备故障的监视,采用的主要方法是_____。

A. 通用或专用的管理监控工具　　　　　B. 测试工程师负责监视

C. 使用过程中用户方发现故障　　　　　D. B 和 C 的结合

解析:从以上对故障的原因归类来看,人员、规范操作的执行、硬件和软件是故障监视的重点所在。另外,自然灾害因素由于难以预计和控制,需要进行相关风险分析,可采取容灾防范措施来应对。

对系统硬件及设备的监视包括各主机服务器及其主要部件、专门的存储设备、网络交换机、路由器,等等。对硬件设备监控方法主要是采用通用或者专用的管理监控工具,它们通常具有自动监测、跟踪和报警的功能。故选择 A。

答案:A

🌀 题型点睛

1. 故障管理流程的第一项基础活动是故障监视,大多数故障都是从故障监视活动中发现的。故障管理流程具体是故障监视、故障调研、故障支持和恢复处理、故障分析和定位、故障终止、故障处理跟踪。

2. 监视项目及监视方法。

(1)对系统硬件及设备的监视包括各主机服务器及其主要部件、专门的存储设备、网络交换机、路由器,等等。

(2)对软件的监视主要针对其应用性能、软件 bug 和变更需求。

(3)需要监视的人员包括系统操作员、系统开发工程师、用户、来访者,甚至包括系统所在机房的清洁工和运输公司的职工,等等,要对他们与系统的接触过程中的行为进行跟踪和记录,防止或者及早发现非标准的操作带来的系统故障或者服务故障。

🐋 即学即练

【试题 1】对系统硬件及设备的监视包括_____。

A. 各主机服务器及其主要部件　　　　　B. 专门的存储设备

C. 网络交换机路由器　　　　　D. 以上 3 项

【试题 2】操作系统死机、数据库的各类故障属于_____。

A. 系统软件故障　　　B. 硬件故障　　　C. 技术故障　　　D. 应用性故障

TOP85　主要故障处理

真题分析

【真题1】计算机操作中,导致IT系统服务中断的各类数据库故障属于_____。

A. 人为操作故障　　　　　　　　　B. 硬件故障

C. 系统软件故障　　　　　　　　　D. 相关设备故障

解析:为了便于实际操作中的监视设置,将导致IT系统服务中断的因素由3类扩展成了7类。

(1)因根据计划而执行硬件、操作系统的维护操作而引起的故障。

(2)应用性故障:包括性能问题、应用缺陷及系统应用变更。

(3)人为操作故障:包括人员的误操作和不按规定的非标准操作引起的故障。

(4)系统软件故障:包括操作系统死机、数据库的各类故障等。

(5)硬件故障:如硬盘或网卡损坏等。

(6)相关设备故障:如停电时UPS失效导致服务中断。

(7)自然灾害:如火灾、地震和洪水等。

而导致IT系统服务中断的数据库故障属于系统软件故障。

答案:C

【真题2】自然灾害、物理损害、设备故障(例如美国"9・11"事件)使得很多企业的信息系统遭到彻底破坏,从而对企业造成了重大影响。企业数据库的这种损坏属于_____。

A. 事务故障　　　B. 系统故障　　　C. 介质故障　　　D. 人为故障

解析:本题考查的是信息系统安全管理的基本知识。

介质安全包括介质数据的安全及介质本身的安全。目前该层次上常见的不安全情况大致有3类:损坏、泄漏、意外失误。其中损坏包括自然灾害(比如地震、火灾、洪灾)、物理损坏、设备故障等。

答案:C

【真题3】

【说明】某企业业务信息系统某天突然出现故障,无法处理业务。信息系统维护人员采用重新启动的方法来进行恢复,发现数据库系统无法正常启动。

数据库故障主要分为事务故障、系统故障和介质故障,不同故障的恢复方法也不同。

【问题1】

请解释这3种数据库故障的恢复方法,回答该企业的数据库故障属于何种类型的故障,为什么?

【问题2】

请回答该故障给数据库带来的影响。

【问题3】

请给出该故障的主要恢复措施。

解析:本题考查数据库故障恢复措施的相关知识。

一般情况下,当信息系统运行过程中发生了数据库故障,利用数据库后备副本和数据库日志文件就可以将数据库恢复到故障前的某个一致性状态。数据库故障主要分为事务故障、系统故障和介质故障,不同故障的现象和恢复方法也是不同的。

事务故障是指事务在运行至正常终点前被终止,此时数据库可能处于不正确的状态,恢复程序要在不影响其他事务运行的情况下强行回滚该事务。事务故障的恢复由系统自动完成。

系统故障是指造成系统停止运转的任何事件,使得系统要重新启动。例如特定类型的硬件错误、操作系统故障、DBMS 代码错误、突然停电等。这类故障影响正在运行的所有事务,但不会破坏数据库。系统故障的恢复是由系统在重新启动时自动完成,此时恢复子系统撤销所有未完成的事务并重做所有已提交的事务。

系统故障常被称为软故障,介质故障常被称为硬故障。硬故障是指外存故障,例如磁盘损坏、磁头碰撞、瞬时强磁场干扰等。这类故障将破坏数据库或部分数据库,并影响正在存取这部分数据的所有事务,日志文件也将被破坏。这类故障比前两类故障发生的可能性要小,但是破坏性较大。恢复方法是重装数据库,然后重做已完成的事务,具体的步骤是:

① 装入最新的数据库后备副本,使数据库恢复到最近一次转储时的一致性状态;

② 装入相应的日志文件副本,重做已完成的事务。

介质故障的恢复需要 DBA 的介入,DBA 只需重装最近转储的数据库副本和有关的各日志文件副本,然后执行系统提供的恢复命令,具体的操作仍由 DBMS 完成。

从试题描述中可以看出,其故障是介质故障。

答案:

【问题 1】

数据库 3 种故障的恢复方法如下。

- 事务故障:恢复由数据库系统自动完成,不破坏数据库。
- 系统故障:恢复是由数据库系统在重新启动时自动完成,不破坏数据库。
- 介质故障:恢复无法由数据库自动恢复。恢复方法是重装数据库,然后重做已完成的事务,同时也需要 DBA 的介入。

故障类型:介质故障。

原因:根据说明中的描述,该故障在维护人员重新启动数据库后,数据库系统没有自行恢复。

根据 3 种故障的恢复方法,可以明确该故障是介质故障。

【问题 2】

该故障将破坏数据库或部分数据库,并影响正在存取这部分数据的所有事务,日志文件也将被破坏。

【问题 3】

介质故障恢复的具体步骤如下:

装入最新数据库后备副本,使数据库恢复到最近一次转储时的一致性状态;

装入相应的日志文件副本,重做已完成的事务;

DBA 重装最近转储的数据库副本和有关的日志文件副本;

然后执行系统提供的恢复命令,具体的恢复操作仍由 DBMS 完成。

🎯 题型点睛

1. 故障的基本处理:

(1)软件故障可能是因为系统软件的某个环节在特定组合条件下不能正常运行引起的,也可能是由多种作业在运行中因争夺资源而出现"死锁"等原因造成的。这类故障一般可采用重启系统或者其他人工干预手段予以恢复和排除;

(2)如果是设备性能变差引起的硬件故障,则应切换到备用系统,尽快恢复系统服务。然后使用测试程序检测故障机的各个部件,特别是中央处理器和磁盘存储器两个部件(输入/输出部件一般不至于影响整个系统的正常运行),尽快进行故障定位,然后针对故障部位进行后续维修。

2. 数据库 3 种故障的恢复方法。

- 事务故障:恢复由数据库系统自动完成,不破坏数据库。
- 系统故障:恢复是由数据库系统在重新启动时自动完成,不破坏数据库。

- 介质故障:恢复无法由数据库自动恢复。恢复方法是重装数据库,然后重做已完成的事务,同时也需要DBA的介入。

即学即练

【试题1】事务的故障由系统自动完成,恢复的第一个步骤是 _____。

A. 对该事务的更新操作执行逆操作,也就是将日志记录更新前的值写入数据库

B. 继续反向扫描日志文件,查找该事务的其他更新操作,并做同样处理

C. 反向扫描日志文件,查找该事务的更新操作

D. 如此进行下去,直到读到了此事务的开始标记,事务故障恢复就完成了

【试题2】当遇到线路故障或是网络连接问题时,需要利用备用电路或者改变通信路径等恢复方法,具体的途径不包括 _____。

A. 双主干   B. 开关控制技术

C. 网线   D. 通信中件

TOP86 问题控制与管理

真题分析

【真题1】鱼骨图法是分析问题原因常用的方法之一。鱼骨图就是将系统或服务的故障或者问题作为"结果",以_____作为"原因"绘出图形,进而通过图形来分析导致问题出现的主要原因。

A. 影像系统运行的诸多因素   B. 系统服务流程的影响因素

C. 业务运营流程的影响因素   D. 导致系统发生失效的诸因素

解析:本题考查的是问题控制和管理的基本知识。

鱼骨图法是分析问题原因常用的方法之一。在问题分析中,"结果"是指故障或者问题现象,"因素"是指导致问题现象的原因。鱼骨图就是将系统或服务的故障或者问题作为"结果"、以导致系统发生失效的诸因素作为"原因"绘出图形,进而通过图形分析从错综复杂、多种多样的因素中找出导致问题出现的主要原因的一种图形。因此,鱼骨图又称因果图法,选择D。

答案:D

【真题2】与故障管理尽快恢复服务的目标不同,问题管理是 _____。因此,问题管理流程需要更好地进行计划和管理。

A. 要防止再次发生故障

B. 发生故障时记录相关信息,并补充其他故障信息

C. 根据更新后的故障信息和解决方案来解决故障并恢复服务

D. 降低故障所造成的业务成本的一种管理活动

解析:本题考查的是问题控制和管理的基本知识。

问题控制过程与故障控制过程极为相似并密切相关。故障控制重在解决故障并提供响应的应急措施。一旦在某个或某些事物中发现了问题,问题控制流程便把这些应急措施记录在问题记录中,同时也提供对这些措施的意见和建议。

与故障管理的尽可能快地恢复服务的目标不同,问题管理是要防止再次发生故障,因此,问题管理流程需要更好地进行计划和管理,特别是对那些可能引起业务严重中断的故障更要重点关注并给予更高的优先级。

答案:A

【真题 3】在实际运用 IT 服务过程中,出现问题是无法避免的,因此需要对问题进行调查和分析。将系统或服务的故障或者问题作为"结果",以导致系统发生失效的诸因素作为"原因"绘出图形,进而通过图形来分析导致问题出现的主要原因。这属于_____。

  A. 头脑风暴法   B. 鱼骨图法

  C. Kepner&Tregoe 法   D. 流程图法

  解析:本题考查的是问题控制和管理的基本知识。

  问题分析方法主要有 Kepner&Tregoe 法、鱼骨图法、头脑风暴法与流程图法。Kepner&Tregoe 法的出发点是把解决问题作为一个系统的过程,强调最大程度上利用已有的知识与经验。鱼骨图法是分析问题原因常用方法之一。问题分析中,"结果"是指故障或者问题现象,"因素"是导致问题现象的原因。鱼骨图就是将系统或者服务的故障或者问题作为"结果",以导致系统发生失效的诸因素作为"原因"绘出图形。

  答案:B

  【真题 4】问题管理流程应定期或不定期地提供有关问题、已知错误和变更请求等方面的管理信息,其中问题管理报告应该说明如何调查、分析、解决所发生的问题,以及_____。

  A. 客户教育与培训情况   B. 对服务支持人员进行教育和培训情况

  C. 问题管理和故障管理的规章制度   D. 所消耗的资源和取得的进展

  解析:本题考查的是问题控制和管理的基本知识。

  问题管理流程应定期或不定期地提供有关问题、已知错误和变更请求等方面的管理信息,这些管理信息可用做业务部门和 IT 部门的决策依据。其中,提供的管理报告应说明调查、分析和解决问题与已知错误所消耗的资源及取得的进展。

  答案:D

  【真题 5】在故障及问题管理中,鱼骨图法被经常用于_____活动。

  A. 问题发现   B. 问题因果分析   C. 问题解决   D. 问题预防

  解析:本题考查的是信息系统故障及问题管理的基本知识。

  问题分析的方法一般有 4 种,Kepner&Tregoe 法、鱼骨图法、头脑风暴法和流程图法。鱼骨图法是分析问题原因常用的方法之一。鱼骨图法是将系统或服务的故障或问题作为"结果",以导致系统发生失效的诸因素作为"原因"绘出图形。因此,鱼骨图又称因果图法。

  答案:B

  【真题 6】

  【说明】故障是系统运转过程中出现的任何系统本身的问题,或者是任何不符合标准的操作,已经引起或可能引起服务中断和服务质量下降的事件。

  故障管理涉及许多 IT 部门和 IT 方面的专家。首先是服务台,作为所有故障的责任人负责监督并记录故障的解决过程。当它不能立即解决发生的故障时,就将其转移给专家支持小组。专家组首先提供临时性的解决办法或者补救措施以尽可能快地恢复服务,避免影响用户正常工作;然后分析故障发生原因,制定解决方案并恢复服务级别协议所规定的服务;最后服务台与客户一道验证方案实施效果并终止故障。

  在 IT 系统运营过程中出现的所有故障都可被纳入故障管理的范围。

  【问题 1】

  请简要说明故障的特征?

  【问题 2】

  日常生活中遇到的故障有哪些? 也即回答故障处理的范围。

  【问题 3】

  如果让我们组织一个小队去调研故障,我们应该怎么做呢?

  答案:

【问题1】在故障管理中,有三个描述故障的特征,即影响度、紧迫性和优先级。影响度是衡量故障影响业务大小程度的指标,通常相当于故障影响服务质量的程度。它一般是根据受影响的人或系统数量来决定的。紧迫性是评价故障和问题危机程度的指标,是根据客户的业务需求和故障的影响度而制定的。优先级是根据影响程度和紧急程度而制定的,用于描述处理故障和问题的先后顺序。

【问题2】故障管理的范围,故障包括系统本身的故障和非标准操作的事件:①硬件及外转设备故障;②应用系统故障;③请求服务和操作故障。

【问题3】故障分给某个支持小组,他们应当做好如下工作:①确认接收故障处理任务,同时指定有关日期和时间;②更新故障姿态和历史信息;③通知客户故障最新进展;④说明故障当前所处的状态;⑤尽可能快地把发现的权益措施提供给服务台和客户;⑥参考已知错误、问题、解决方案、计划的变更和知识库等对故障进行评审;⑦必要时要求服务台根据协议的服务级别,重新评价故障影响程度和优先级,并对他们进行调整;⑧记录所有相关信息,包括解决方案、新增的和修改分类、对所有相关事件的更新、花费的时间。

题型点睛

1. 问题管理流程主要涉及问题控制、错误控制、问题预防和管理报告 4 种活动。

2. 问题控制流程是一个有关怎样有效处理问题的过程,其目的是发现故障产生的根本原因(如配置项出现故障)并向服务台提供有关应急措施的意见和建议。

3. 与故障管理的尽可能快地恢复服务的目标不同,问题管理是要防止再次发生故障,因此,问题管理流程需要更好地进行计划和管理,特别是对那些可能引起业务严重中断的故障更要重点关注并给予更高的优先级。

4. 问题分析方法主要有 4 种:Kepner&Tregoe 法、鱼骨图法、头脑风暴法和流程图法。

(1) Kepner&Tregoe 是一种分析问题的方法,即出发点是解决问题是一个系统的过程,应该最大程度上利用已有的知识和经验。

(2) 鱼骨图法是分析问题原因常用的方法之一。在问题分析中,"结果"是指故障或者问题现象,"因素"是指导致问题现象的原因。鱼骨图就是将系统或服务的故障或者问题作为"结果"、以导致系统发生失效的诸因素作为"原因"绘出图形,进而通过图形分析从错综复杂、多种多样的因素中找出导致问题出现的主要原因的一种图形。因此,鱼骨图又称因果图法。

(3) 头脑风暴法是一种激发个人创造性思维的方法,它常用于解决问题的方法的前三步:明确问题、原因分类和获得解决问题的创新性方案。针对问题,我们可以应用头脑风暴法来提出所有可能的原因。

(4) 流程图法通过梳理系统服务的流程和业务运营的流程,画出相应的流程图,关注各个服务和业务环节交接可能出现异常的地方,分析问题的原因所在。

即学即练

【试题1】问题管理流程涉及问题控制、错误控制、_____、管理报告。
    A. 问题预防   B. 问题管理   C. 问题处理   D. 问题报告
【试题2】_____是一种问题分析方法,出发点是解决问题是一个系统的过程,利用已有的知识和经验。
    A. 鱼骨图法   B. 头脑风暴法
    C. Kepner&Tregoe 法   D. 流程图法
【试题3】错误的控制包括:发现和记录错误、评价错误、记录错误解决过程、_____、跟踪监督错误解决过程。
    A. 分析错误   B. 控制错误   C. 理解错误   D. 终止错误

本章即学即练答案

序号	答案	序号	答案
TOP83	【试题 1】答案：D 【试题 2】答案：A	TOP84	【试题 1】答案：D 【试题 2】答案：A
TOP85	【试题 1】答案：C 【试题 2】答案：C	TOP86	【试题 1】答案：A 【试题 2】答案：C 【试题 2】答案：D

第 20 章　安全管理

真题分析

【真题 1】风险管理根据风险评估的结果,从_____三个层面采取相应的安全控制措施。

A. 管理、技术与运行

B. 策略、组织与技术

C. 策略、管理与技术

D. 管理、组织与技术

解析:本题考查的是安全管理概述。

风险管理则根据风险评估的结果从管理(包括策略与组织)、技术、运行三个层面采取相应的安全控制措施,提高信息系统的安全保障能力级别,使得信息系统的安全保障能力级别高于或者等于信息系统的安全保护等级。

答案:A

【真题 2】在故障管理中,通常有三个描述故障特征的指标,其中根据影响程度和紧急程度制定的、用于描述处理故障问题的先后顺序的指标是_____。

A. 影响度　　　　B. 紧迫性　　　　C. 优先级　　　　D. 危机度

解析:在故障管理中,我们会碰到三个描述故障的特征,它们联系紧密而又相互区分,即影响度、紧迫性和优先级。

影响度是衡量故障影响业务大小程度的指标,通常相当于故障影响服务质量的程度。它一般是根据受影响的人或系统数量来决定的。

紧迫性是评价故障和问题危机程度的指标,是根据客户的业务需求和故障的影响度而制定的。

优先级是根据影响程度和紧急程度而制定的,用于描述处理故障和问题的先后顺序。因此选择 C。

答案:C

【真题 3】某企业在信息系统建设过程中,出于控制风险的考虑为该信息系统购买了相应的保险,通过_____的风险管理方式来减少风险可能带来的损失。

A. 降低风险　　　B. 避免风险　　　C. 转嫁风险　　　D. 接受风险

解析:对风险进行了识别和评估后,控制风险的风险管理方式有以下几种:降低风险(例如安装防护措施)、避免风险、转嫁风险(例如买保险)和接受风险(基于投入/产出比考虑)。

答案:C

【真题 4】在软件项目开发过程中,评估软件项目风险时,_____与风险无关。

A. 高级管理人员是否正式承诺支持该项目

B. 开发人员和用户是否充分理解系统的需求

C. 最终用户是否同意部署已开发的系统

D. 开发需要的资金是否能按时到位

解析:本题考查风险管理的基本知识。

软件开发中的风险与高级管理人员的支持程度有关,与对系统需求理解的程度有关,与开发资金的及时投入有关,但是与最终用户无关,系统的最后部署与运行不属于开发过程。Boehm 提出的十大风险是:开发人员短缺、不能实现的进度和预算、开发了错误的软件功能、开发了错误的用户接口、华而不实的需求、需求不断地变动、外部执行的任务不符合要求、外部提供的组件不符合要求、实时性不符合要求、超出了计算机科学发展的水平。

答案:C

【真题5】

【说明】在信息系统建设中,项目风险管理是信息系统项目管理的重要内容。项目风险是可能导致项目背离既定计划的不确定事件、不利事件或弱点。项目风险管理集中了项目风险识别、分析和管理。

【问题1】(3分)

风险是指某种破坏或损失发生的可能性。潜在的风险有多种形式,并且不只与计算机有关。信息系统建设与管理中,必须重视的风险有: (1) 、 (2) 、 (3) 等。

【问题2】(6分)

在对风险进行了识别和评估后,可以利用多种风险管理方式来协助管理部门根据自身特点来制定安全策略。4种基本的风险管理方式是: (4) 、转嫁风险、 (5) 和 (6) 。

【问题3】(6分)

请解释对风险的定量分析和定性分析的概念。

解析:本题主要考查的是项目风险管理的基本知识。

风险是指某种破坏或损失发生的可能性。考虑信息安全时,必须重视的风险有物理破坏、人为错误、设备故障、内/外部攻击、数据误用、数据丢失和程序错误等。

风险管理是指识别、评估、降低风险到可以接受的程度并实施适当机制控制风险保持在此程度之内的过程。在对风险进行了识别和评估后,可通过降低风险(例如安装防护措施)、避免风险、转嫁风险(例如买保险)和接受风险等多种风险管理方式得到的结果来协助管理部门根据自身特点来制定安全策略。

风险分析的方法与途径可以分为定量分析和定性分析。

定量分析:是试图从数字上对安全风险进行分析评估的方法,通过定量分析可以对安全风险进行准确的分级。

定性分析:是通过列出各种威胁的清单,并对威胁的严重程度及资产的敏感程度进行分级,定性分析技术包括判断、直觉和经验。

答案:

【问题1】

以下选项中任选三个即可:物理破坏、人为错误、设备故障、内/外部攻击、数据误用、数据丢失、程序错误。

【问题2】

(4)降低风险

(5)避免风险

(6)接受风险

【问题3】

定量分析:是试图从数字上对安全风险进行分析评估的方法,通过定量分析可以对安全风险进行准确的分级。

定性分析:是通过列出各种威胁的清单,并对威胁的严重程度及资产的敏感程度进行分级,定性分析技术包括判断、直觉和经验。

【真题6】

【说明】某公司针对通信手段的进步,需要将原有的业务系统扩展到互联网上。运行维护部门需要针对此需求制定相应的技术安全措施,来保证系统和数据的安全。

【问题1】

当业务扩展到互联网上后,系统管理在安全方面应该注意哪两方面? 应该采取的安全测试有哪些?

【问题2】

由于系统与互联网相连,除了考虑病毒防治和防火墙之外,还需要专门的入侵检测系统。请简要说明入侵检测系统的功能。

【问题3】

数据安全中的访问控制包含两种方式:用户标识与验证和存取控制。请简要说明用户标识与验证常用的三种方法和存取控制中的两种方法。

解析: 本题考查信息系统安全管理知识。

【问题1】

技术安全是指通过技术方面的手段对系统进行安全保护,使计算机系统具有很高的性能,能够容忍内部错误和抵挡外来攻击,主要包括系统安全和数据安全。

系统管理过程规定安全性和系统管理如何协同工作,以保护机构的系统。系统管理的安全测试有薄弱点扫描、策略检查、日志检查和定期监视。

【问题2】

当公司业务扩展到互联网后,仅仅使用防火墙和病毒防治是远远不够的,因为入侵者可以寻找防火墙背后的后门,入侵者还可能就在防火墙内。而入侵检测系统可以提供实时的入侵检测,通过对网络行为的监视来识别网络入侵行为,并采取相应的防护手段。

入侵检测系统的主要功能有:

(1) 实时监视网络上的数据流并进行分析,反映内外网络的连接状态;

(2) 内置已知网络攻击模式数据库,根据通信数据流查询网络事件并进行相应的响应;

(3) 根据所发生的网络时间,启用配置好的报警方式,例如 E-mail 等;

(4) 提供网络数据流量统计功能;

(5) 默认预设了很多的网络安全事件,保障客户基本的安全需要;

(6) 提供全面的内容恢复,支持多种常用协议。

【问题3】

数据安全中的访问控制是防止对计算机及计算机系统进行非授权访问和存取,主要采用两种方式:用户标识与验证,是限制访问系统的人员;存取控制,是限制进入系统的用户所能做的操作。

用户标识与验证是访问控制的基础,是对用户身份的合法性验证。三种最常用的方法是:

(1) 要求用户输入一些保密信息,如用户名称和密码;

(2) 采用物理识别设备,例如访问卡、钥匙或令牌;

(3) 采用生物统计学系统,基于某种特殊的物理特征对人进行唯一性识别,例如签名、指纹、人脸和语音等。

存取控制是对所有的直接存取活动通过授权进行控制,以保证计算机系统安全保密机制,是对处理状态下的信息进行保护。一般有两种方法:

(1) 隔离技术法。即在电子数据处理成分的周围建立屏障,以便在该环境中实施存取规则;

(2) 限制权限法。就是限制特权以便有效地限制进入系统的用户所进行的操作。

答案:

【问题1】

应注意系统管理过程规定安全性和系统管理如何协同工作。

主要的测试有薄弱点扫描、策略检查、日志检查和定期监视。

【问题2】

入侵检测系统的功能主要有:

(1) 实时监视网络上的数据流并进行分析,反映内外网络的连接状态;

（2）内置已知网络攻击模式数据库，根据通信数据流查询网络事件并进行相应的响应；

（3）根据所发生的网络时间，启用配置好的报警方式，例如 E-mail 等；

（4）提供网络数据流量统计功能；

（5）默认预设了很多的网络安全事件，保障客户基本的安全需要；

（6）提供全面的内容恢复，支持多种常用协议。

【问题 3】

用户表示与验证常用的三种方法是：

（1）要求用户输入一些保密信息，例如用户名称和密码；

（2）采用物理识别设备，例如访问卡、钥匙或令牌；

（3）采用生物统计学系统，基于某种特殊的物理特征对人进行唯一性识别，例如签名、指纹、人脸和语音等。

存取控制包括两种基本方法：隔离技术法和限制权限法。

🅰 题型点睛

1. 一般来说，完整的安全管理制度必须包括以下几个方面：人员安全管理制度；操作安全管理制度；场地与设施安全管理制度；设备安全使用管理制度；操作系统和数据库安全管理制度；运行日志安全管理；备份安全管理；异常情况管理；系统安全恢复管理；安全软件版本管理制度；技术文档安全管理制度；应急管理制度；审计管理制度；运行维护安全规定；第三方服务商的安全管理；对系统安全状况的定期评估策略；技术文档媒体报废管理制度。

2. 信息系统的安全保障能力取决于信息系统所采取的安全管理措施的强度和有效性，这些措施可以分为如下几个层面：安全策略、安全组织、安全人员、安全技术、安全运作。

3. 安全管理系统包括管理机构、责任制、教育制度、培训、外部合同作业安全性等方面的保证。建立信息安全管理体系能够帮助我们全面地考虑各种因素，人为的、技术的、制度的、操作规范的，等等。并且将这些因素进行综合考虑，建立信息安全管理体系，使得我们在建设信息安全系统时通过对组织的业务过程进行分析，能够比较全面地识别各种影响业务连续性的风险；并通过管理系统自身（含技术系统）的运行状态自我评价和持续改进，达到一个期望的目标。对于整个安全管理系统来说，应该将重点放在主动地控制风险而不是被动地响应事件，以提高整个信息安全系统的有效性和可管理性。

4. 风险管理：风险管理是指识别、评估、降低风险到可以接受的程度，并实施适当机制控制风险保持在此程度之内的过程，根据风险评估的结果从管理（包括策略与组织）、技术、运行三个层面采取相应的安全控制措施，提高信息系统的安全保障能力级别，使得信息系统的安全保障能力级别高于或者等于信息系统的安全保护等级。

✏ 即学即练

【试题 1】信息系统的安全保障能力取决于信息系统所采取安全管理措施的强度和有效性，这些措施可以分为安全策略、安全组织、_____、安全技术、安全运作等几个层面。

A. 安全管理　　　　　B. 安全人员　　　　　C. 安全保障　　　　　D. 安全措施

【试题 2】风险处理的可选措施不包括_____。

A. 采用适当的控制措施以降低风险

B. 采取一切可能的措施消除所有风险

C. 避免风险

D. 将相关业务风险转移到其他方

【试题3】"在决策者或其他利益相关方之间交换或共享有关风险的信息"是指_____。

A. 风险沟通　　　　B. 风险协商　　　　C. 风险转移　　　　D. 风险认识

【试题4】对于整个安全管理系统来说,应该将重点放在_____,提高整个信息安全系统的有效性与可管理性。

A. 响应事件　　　　B. 控制风险　　　　C. 信息处理　　　　D. 规定责任

【试题5】信息系统的安全保障能力取决于信息系统所采取安全管理措施的强度和有效性。这些措施中,_____是信息安全的核心。

A. 安全策略　　　　B. 安全组织　　　　C. 安全人员　　　　D. 安全技术

TOP88　物理安全措施

📑 真题分析

【真题1】安全管理是信息系统安全能动性的组成部分,它贯穿于信息系统规划、设计、运行和维护的各阶段。在安全管理中的介质安全是属于_____。

A. 技术安全　　　　B. 管理安全　　　　C. 物理安全　　　　D. 环境安全

解析:本题考查的是3种主要的安全管理及其所包括的主要内容。

安全管理主要包括物理安全、技术安全和管理安全3种,3种安全只有一起实施,才能做到安全保护。而物理安全又包括环境安全、设施和设备安全以及介质安全。因此介质安全是属于安全管理中的物理安全。

答案:C

【真题2】人们使用计算机经常会出现"死机",该现象属于安全管理中介质安全的_____。

A. 损坏　　　　B. 泄露　　　　C. 意外失误　　　　D. 电磁干扰

解析:本题考查的是安全管理中介质安全常见不安全情况的主要表现。

介质安全是安全管理中物理安全的重要内容。介质安全包括介质数据安全及介质本身的安全。目前,该层次上常见的不安全情况大致有3类:损坏、泄露和意外失误。"死机"现象属意外失误的表现之一。

答案:C

【真题3】小李在维护企业的信息系统时无意中将操作系统的系统文件删除了,这种不安全行为属于介质_____。

A. 损坏　　　　B. 泄漏　　　　C. 意外失误　　　　D. 物理损坏

解析:介质安全包括介质数据的安全以及介质本身的安全。目前,该层次上常见的不安全情况大致有三类:损坏、泄漏和意外失误。损坏包括自然灾害、物理损坏和设备故障等;泄漏即信息泄漏,主要包括电磁辐射、乘虚而入和痕迹泄漏等;意外失误包括操作失误和意外疏漏。

答案:C

🧩 题型点睛

1. 安全管理主要包括物理安全、技术安全和管理安全3种,3种安全只有一起实施,才能做到安全保护。而物理安全又包括环境安全、设施和设备安全以及介质安全。

2. 介质安全包括介质数据的安全及介质本身的安全。目前,该层次上常见的不安全情况大致有三类:损坏、泄露、意外失误。

即学即练

【试题1】目前,较为常见的介质层面上的不安全情况为_____。

A. 损坏　　　　　B. 泄露　　　　　C. 意外失误　　　　　D. 以上 3 项

【试题2】自然灾害造成的介质安全问题属于_____。

A. 损坏　　　　　B. 泄露　　　　　C. 意外失误　　　　　D. 环境安全

TOP89　技术安全措施

真题分析

【真题1】技术安全是指通过技术方面的手段对系统进行安全保护,使计算机系统具有很高的性能,能够容忍内部错误和抵挡外来攻击。它主要包括系统安全和数据安全,其中_____属于数据安全措施。

A. 系统管理　　　　　　　　　　B. 文件备份

C. 系统备份　　　　　　　　　　D. 入侵检测系统的配备

解析:信息系统的数据安全措施主要分为 4 类:数据库安全,对数据库系统所管理的数据和资源提供安全保护;终端识别,系统需要对联机的用户终端位置进行核定;文件备份,备份能在数据或系统丢失的情况下恢复操作,备份的频率应与系统、应用程序的重要性相联系;访问控制,指防止对计算机及计算机系统进行非授权访问和存取,主要采用两种方式实现,一种是限制访问系统的人员,另一种是限制进入系统的用户所能做的操作。前一种主要通过用户标识与验证来实现,后一种依靠存取控制来实现。因此,选择 B。

答案:B

【真题2】网络安全体系设计可从物理线路安全、网络安全、系统安全、应用安全等方面来进行,其中,数据库容灾属于_____。

A. 物理线路安全和网络安全　　　　B. 应用安全和网络安全

C. 系统安全和网络安全　　　　　　D. 系统安全和应用安全

解析:网络安全体系设计是逻辑设计工作的重要内容之一,数据库容灾属于系统安全和应用安全考虑范畴。

答案:D

【真题3】在某企业信息系统运行与维护过程中,需要临时对信息系统的数据库中某个数据表的全部数据进行临时的备份或者导出数据。此时应该采取_____的备份策略。

A. 完全备份　　　B. 增量备份　　　C. 差异备份　　　D. 按需备份

解析:备份策略常常有以下几种:完全备份,将所有文件写入备份介质中;增量备份,只备份上次备份之后更改过的文件;差异备份,备份上次完全备份后更改过的所有文件;按需备份,在正常的备份安排之外额外进行的备份。

答案:D

【真题4】信息系统中的数据安全措施主要用来保护系统中的信息,可以分为以下四类。用户标识与验证属于_____措施。

A. 数据库安全　　　B. 终端识别　　　C. 文件备份　　　D. 访问控制

解析:信息系统的数据安全措施主要分为 4 类:数据库安全,对数据库系统所管理的数据和资源提供安全保护;终端识别,系统需要对联机的用户终端位置进行核定;文件备份,备份能在数据或系统丢失的情况下恢复操作,备份的频率应与系统、应用程序的重要性相联系;访问控制,指防止对计算机及计算机系统进行非授权访问和存取,主要采用两种方式实现,一种是限制访问系统的人员,另一种是限制进入系统的用户所能做的操作。前一种主要通过用户标识与验证来实现,后一种依靠存取控制来实现。

答案:D

【真题5】

【说明】企业信息系统的安全问题一直受到高度重视,运用技术手段实现企业信息系统的安全保障,以容忍内部错误和抵挡外来攻击。技术安全措施为保障物理安全和管理安全提供了技术支持,是整个安全系统的基础部分。技术安全主要包括两个方面,即系统安全和数据安全。相应的技术安全措施分为系统安全措施和数据安全性措施。

【问题1】(6分)

系统安全措施主要有系统管理、系统备份、病毒防治和入侵检测4项,请在下面的(1)～(3)中填写对应措施的具体手段和方法,并在(4)中填写解释入侵检测技术。

系统管理措施:___(1)___。

系统备份措施:___(2)___。

病毒防治措施:___(3)___。

入侵检测技术:___(4)___。

【问题2】(6分)

数据安全性措施主要有数据库安全、终端识别、文件备份和访问控制4项,请在下面的(1)～(4)中填写每项措施的具体手段和方法。

数据库安全措施:___(5)___。

终端识别措施:___(6)___。

文件备份措施:___(7)___。

访问控制措施:___(8)___。

【问题3】(3分)

为处理不可抗拒力(灾难)产生的后果,除了采取必要的技术、管理等措施来预防事故发生之外,还必须制定_____计划。

解析:本题主要考查的是技术安全措施的基本知识。

技术安全措施主要包括系统安全措施和数据安全措施。

系统安全措施主要有系统管理、系统备份、病毒防治和入侵检测4项。系统管理措施过程和主要内容是软件升级、薄弱点扫描、策略检查、日志检查和定期检查;系统备份的方法很多,主要有服务器主动式备份、文件备份、系统复制、数据库备份和远程备份;病毒防治主要包括预防病毒和消除病毒;入侵检测是近年出现的新型网络安全技术,提供实时的入侵检测,通过对网络行为的监视来识别网络的入侵行为,并采取相应的防护手段。

数据安全措施主要包括数据库安全、终端识别、文件备份和访问控制。其中数据库安全措施的手段和方法包括数据加密、数据备份与恢复策略、用户鉴别、权限管理;终端识别包括身份验证、存取控制、多级权限管理、严格的审计跟踪;文件备份包括文件备份策略、确定备份内容及频率、创建检查点;访问控制包括用户识别代码、密码、登录控制、资源授权、授权检查、日志和审计。

为处理不可抗拒力(灾难)产生的后果,除了采取必要的技术、管理等措施来预防事故发生之外,还必须制定灾难恢复计划。

答案:

【问题1】

(1) 软件升级、薄弱点扫描、日志检查、定期监视。

(2) 文件备份、系统复制、数据库备份、远程备份。

(3) 预防病毒、消除病毒。

(4) 入侵检测是近年出现的新型网络安全技术,提供实时的入侵检测,通过对网络行为的监视来识别网络的入侵行为,并采取相应的防护手段。

【问题2】

(5) 数据加密、数据备份与恢复策略、用户鉴别、权限管理。

(6) 身份验证、存取控制、多级权限管理、严格的审计跟踪。

(7) 文件备份策略、确定备份内容及频率、创建检查点。

(8) 用户识别代码、密码、登录控制、资源授权、授权检查、日志和审计。

【问题 3】

灾难恢复

题型点睛

1. 如下措施可以保护系统安全：系统管理、系统备份、病毒防治、入侵检测系统的配备。

2. 数据安全性措施：数据库安全、终端识别、文件备份、访问控制。

3. 系统备份按照工作方式的不同，可以分成下面的三种类型。

(1) 完全备份。可将指定目录下的所有数据都备份在磁盘或磁带中，此方式会占用比较大的磁盘空间。

(2) 增量备份。最近一次完全备份复制后仅对数据的变动进行备份。完全备份每周一次，增量备份每日都进行。

(3) 系统备份。对整个系统进行的备份。因为在系统中同样具有许多重要数据。这种备份一般只需要每隔几个月或每隔一年左右进行一次，根据客户的不同需求进行。

4. 用户标识与验证是访问控制的基础，是对用户身份的合法性验证。三种最常用的方法如下：

(1) 要求用户输入一些保密信息，如用户名和密码。

(2) 采用物理识别设备，例如访问卡、钥匙或令牌。

(3) 采用生物统计学系统，基于某种特殊的物理特征对人进行唯一性识别，包括签名识别法、指纹识别法、语音识别法。

即学即练

【试题 1】信息系统中的数据安全措施主要用来保护系统中的信息。限制进入系统的用户所能做的操作属于_____措施。

A. 数据库安全　　　　B. 终端识别　　　　C. 文件备份　　　　D. 访问控制

【试题 2】系统管理、_____、病毒防治、入侵检测系统的配备等措施可以保护系统安全。

A. 系统用户识别　　　　　　　　　B. 系统定期维护升级

C. 系统备份　　　　　　　　　　　D. 系统还原

TOP90　管理安全措施

真题分析

【真题 1】运行管理作为管理安全的重要措施之一，是实现全网安全和动态安全的关键。运行管理实际上是一种_____。

A. 定置管理　　　　B. 过程管理　　　　C. 局部管理　　　　D. 巡视管理

解析：本题考查的是管理安全中运行管理的主要特点。

安全管理包括 3 个方面：物理安全、技术安全和管理安全。运行管理与防犯罪管理构成管理安全的两方面重要内容。运行管理不是某一局部的管理，而是系统运行的全过程管理。因此答案是过程管理。

答案：B

题型点睛

1. 运行管理是过程管理,是实现全网安全和动态安全的关键。一般来说,运行管理内容分为出入管理、终端管理和信息管理。

2. 一般来说,终端管理主要包括三个模块:

(1) 事件管理。对各种事件的处理模块。

(2) 配置管理。内部终端系统软硬件配受的记录和管理模块,提供桌面系统的资产信息,方便对用户终端的统一管理,防止资产流失。

(3) 软件分发。一旦制定出对终端用户的安装或升级策略,IT 部门就可以方便地利用软件分发功能将相应的链接发送给终端用户,进行自动安装。

即学即练

【试题 1】就目前的运行管理机制来看,常常有_____等方面的缺陷和不足。

A. 安全管理方面人才匮乏   B. 安全措施不到位

C. 缺乏综合性的解决方案   D. 以上 3 项

【试题 2】一般来说,运行管理包括_____。

A. 出入管理   B. 终端管理   C. 信息管理   D. 以上 3 项

TOP91 相关法律法规

真题分析

【真题 1】李某大学毕业后在 M 公司销售部门工作,后由于该公司软件开发部门人手较紧,李某被暂调到该公司软件开发部开发新产品,2 个月后,李某完成了该新软件的开发。该软件产品著作权应归_____所有。

A. 李某   B. M 公司   C. 李某和 M 公司   D. 软件开发部

解析:因李某大学毕业后在 M 公司销售部门工作,后由于该公司软件开发部门人手较紧,李某被暂调到该公司软件开发部开发新产品,2 个月后,李某开发出一种新软件。该软件与工作任务有关,属于职务作品。所以,该项作品应属于软件公司所有。

法律依据:《著作权法》规定"执行本单位的任务或者主要是利用本单位的物质条件所完成的职务作品,其权利属于该单位"。职务作品人是指作品人或者设计人执行本单位的任务,或者主要是利用本单位的物质技术条件所完成的作品的人。该作品的权利为该作品人所在单位所有。职务作品包括以下情形:

① 在本职工作中做出的作品。

② 履行本单位交付的本职工作之外的任务所做出的作品。

③ 退职、退休或者调动工作后 1 年内做出的,与其在原单位承担或者原单位分配的任务有关的作品。

④ 主要利用本单位的物质技术条件(包括资金、设备、不对外公开的技术资料等)完成的作品。

答案:B

【真题 2】两名以上的申请人分别就同样的发明创造申请专利的,专利权授权_____。

A. 最先发明的人   B. 最先申请的人

C. 所有申请人   D. 协商后的申请人

解析:根据我国《专利法》第九条规定"两个以上的申请人分别就同样的发明创造申请专利的,专利权授予最先申请的人",针对两名以上的申请人分别就同样的发明创造申请专利,专利权应授予最先申请的人。

答案:B

【真题 3】小王购买了一个"海之久"牌移动硬盘,而且该动硬盘还包含有一项实用新型专利,那么,小王享有_____。

A. "海之久"商标专用权　　　　　　　B. 该盘的所有权

C. 该盘的实用新型专利权　　　　　　D. 前三项权利之全部

解析:商标专用权是企业、事业单位和个体工商业者,对其生产、制造、加工、拣选或者经销的商品,向商标局申请商品商标注册,经商标局核准注册的商标为注册商标,所取得的专用权受法律保护。并且,促使生产者、制造者、加工者或经销者保证商品质量和维护商标信誉,对其使用注册商标的商品质量负责,便于各级工商行政管理都门通过商标管理,监督商品质量,制止欺骗消费者的行为。

实用新型专利权是受我国《专利法》保护的发明创造权利。实用新型专利权被授予后,除法律另有规定的以外,任何单位或者个人未经专利权人许可,不得为生产经营目的制造、使用、销售其专利产品,或者使用其专利方法以及使用、销售依照该专利方法直接获得的产品。

因此,小王购买了"海之久"牌移动硬盘,只享有该 U 盘的所有权,而不享有题目中所提及移动硬盘的其他权利。

答案:B

题型点睛

《计算机病毒防治管理办法》是公安部于 2000 年 4 月 26 日发布执行的,共 22 条,目的是加强对计算机病毒的预防和治理,保护计算机信息系统安全。

即学即练

【试题 1】_____是公安部于 2000 年 4 月 26 日发布执行的,共 22 条,目的是加强对计算机病毒的预防和治理,保护计算机信息系统安全。

A.《计算机病毒防治管理办法》　　　　B.《专利法》

C.《著作权法》　　　　　　　　　　　D.《病毒防治法》

【试题 2】依据我国著作权法的规定,_____属于著作人身权。

A. 发行权　　　　B. 复制权　　　　C. 署名权　　　　D. 信息网络传播权

TOP92　安全管理的执行

真题分析

【真题 1】网络安全机制主要包括接入管理、_____和安全恢复三个方面。

A. 安全报警　　　B. 安全监视　　　C. 安全设置　　　D. 安全保护

解析:本题考查的是安全管理。对网络系统的安全性进行审计主要包括对网络安全机制和安全技术进行审计,包括接入管理、安全监视和安全恢复三个方面。接入管理主要处理好身份管理和接入控制,以控制信息资源的使用;安全监视的主要功能有安全报警设置以及检查跟踪;安全恢复主要是及时恢复因网络故障而丢失的信息。

答案:B

【真题 2】

【说明】当前,IT 部门需要处理的日常事务大大超过了他们的承受能力,他们要跨多个操作系统部署安全补丁和管理多个应用。在运营管理层面上,他们不得不规划和执行操作系统移植、主要应用系统的升级和部署。这些任务在大多数情况下需要跨不同地域和时区在多个硬件平台上完成。如果不对这样的复杂性和持久变更情况进行管理,将导致整体生产力下降,额外的部署管理成本将远远超过软件自身成本。因此,软件分发管理是基础架构管理的重要组成部分,可以提高 IT 维护的自动化水平,实现企业内部软件使用标准化,并且大大减少维护 IT 资源的费用。

技术在飞速发展,企业需要不断升级或部署新的软件来保持业务应用的适应性和有效性。在企业范围内,手工为每个业务系统和桌面系统部署应用与实施安全问题修复已经成为过去。

【问题 1】(5 分)

软件分发管理的支持工具可以自动完成软件部署的全过程,包括软件打包、分发、安装和配置等,甚至在特定的环境下可以根据不同事件的触发实现软件部署的操作。在相应的管理工具的支持下,软件分发管理可以自动化或半自动化地完成下列软件分发任务。

1. __(1)__ :IT 系统管理人员可将软件包部署至遍布网络系统的目标计算机,对它们执行封装、复制、定位、推荐和跟踪。软件包还可在允许最终用户干预或无须最终用户干预的情况下实现部署,而任何 IT 支持人员均不必亲身前往。

2. __(2)__ :随着 Windows 等操作系统的安全问题越来越受到大家的关注,每隔一段时间微软都要发布修复系统漏洞的补丁,但很多用户仍不能及时使用这些补丁修复系统,在病毒爆发时就有可能造成重大损失。通过结合系统清单和软件分发,安全修补程序管理功能能够显示计算机需要的重要系统和安全升级,然后有效地分发这些升级。并就每台受控计算机所需安全修补程序做出报告,保障了基于 Windows 的台式机、膝上型计算机和服务器安全。

3. __(3)__ :对于 IT 部门来说,手工对分布空间很大的个人计算机进行实际的操作将是烦琐而效率低下的。有了远程诊断工具,可帮助技术支持人员及时准确获得关键的系统信息,这样他们就能花费较少的时间诊断故障并以远程方式解决问题。

【问题 2】(5 分)

__(4)__ 也被称为文件,通常指的是一些记录的数据和数据媒体,它具有固定不变的形式,可被人和计算机阅读。它和计算机程序共同构成了能完成特定功能的计算机软件(有人把源程序也当作文档的一部分)。__(5)__ 在软件开发工作中占有突出的地位和相当大的工作盘。高效率、高质量地开发、分发、管理和维护文档对于转让、变更、修正、扩充和使用文档,对于充分发挥软件产品的效益都有着重要意义。

在整个软件生存期中,各种文档作为半成品或最终成品,会不断地生成、修改或补充。为了最终得到高质量的产品,必须加强对文档的管理。

【问题 3】(5 分)

个人计算机功能的不断翻新,带动了软件开发行业的发展。__(6)__ 已经不再是一个难题。然而,这却使专业的软件开发公司面临着一大难题,那就是他们在不断地投下人力、物力、财力的情况下,却必须承受非法盗版带来的损失。于是,不断出台了一些知识产权保护的办法,来保证公司的正常运营。请举例说明。

答案:

【问题 1】(1) 软件部署;(2) 安全补丁分发;(3) 远程管理和控制

【问题 2】(4) 软件文档;(5) 软件文档的编制

【问题 3】(6) 资源共享。例如公司间购买软件或者外包业务会分别签订"购买/租用软件许可合同"和"软件开发外包合同"等合同用于保障公司的权益。同时,国家也在出台一系列的政策法规来保护版权。例如我国修订并出台了《计算机软件保护条例》用于保护知识产权等。

🔔 题型点睛

1. **安全性管理指南**:信息系统安全管理的第一步是安全组织机构的建设。首先确定系统安全管理员(SSA)的角色,并组成安全管理小组或委员会,制定出符合本单位需要的信息安全管理策略,包括安全管理人员的义务和职责、安全配置管理策略、系统连接安全策略、传输安全策略、审计与入侵安全策略、标签策略、病毒防护策略、安全备份策略、物理安全策略、系统安全评估原则等内容。

2. 安全管理应尽量把各种安全策略要求文档化和规范化，以保证安全管理工作具有明确的依据或参照，使安全性管理走上科学化、标准化、规范化的道路。

3. 入侵检测。进行入侵监测的益处有如下几点：

- 通过检测和记录网络中的安全违规行为，惩罚网络犯罪，防止网络入侵事件的发生。
- 检测其他安全措施未能阻止的攻击或安全违规行为。
- 检测黑客在攻击前的探测行为，预先给管理员发出警报。
- 报告计算机系统或网络中存在的安全威胁。
- 提供有关攻击的信息，帮助管理员诊断网络中存在的安全弱点，利于其进行修补。
- 在大型、复杂的计算机网络中布置入侵检测系统，可以显著提高网络安全管理的质量。

即学即练

【试题1】信息系统安全管理的第一步是_____。

A. 执行安全管理　　　　　　　　B. 安全性检测
C. 安全法规的制定　　　　　　　D. 安全组织机构的建设

【试题2】_____主要检测系统在强负荷运行状况下检测效果是否受影响，主要包括大量的外部攻击、大负载、高密度数据流量情况下对检测效果的检测。

A. 安全性强度测试　　　　　　　B. 安全检测
C. 系统检测　　　　　　　　　　D. 系统安全测试

本章即学即练答案

序号	答案	序号	答案
TOP87	【试题1】答案：B 【试题2】答案：B 【试题3】答案：A 【试题4】答案：B 【试题5】答案：C	TOP88	【试题1】答案：D 【试题2】答案：A
TOP89	【试题1】答案：D 【试题2】答案：C	TOP90	【试题1】答案：D 【试题2】答案：D
TOP91	【试题1】答案：A 【试题2】答案：C	TOP92	【试题1】答案：D 【试题2】答案：A

第21章　性能及能力管理

真题分析

【真题1】 在微型计算机中,通常用主频来描述 CPU 的　(1)　;对计算机硬盘工作影响最小的因素是　(2)　。

(1) A. 运算速度　　　　B. 可靠性　　　　　C. 可维护性　　　　D. 可扩充性

(2) A. 温度　　　　　　B. 湿度　　　　　　C. 噪声　　　　　　D. 磁场

解析: 主频是 CPU 的时钟频率,简单地说也就是 CPU 的工作频率。一般来说,一个时钟周期完成的指令数是固定的,所以主频越高,CPU 的速度也就越快,故常用主频来描述 CPU 的运算速度。外频是系统总线的工作频率。倍频是指 CPU 外频与主频相差的倍数,主频=外频×倍频。

使用硬盘时应注意防高温、防潮和防电磁干扰。硬盘工作时会产生一定热量,使用中存在散热问题。温度以 20~25℃ 为宜,温度过高或过低都会使晶体振荡器的时钟主频发生改变。温度还会造成硬盘电路元件失灵,磁介质也会因热胀效应而造成记录错误。温度过低,空气中的水分会凝结在集成电路元件上,造成短路。湿度过高,电子元件表面可能会吸附一层水膜,氧化、腐蚀电子线路,以致接触不良,甚至短路,还会使磁介质的磁力发生变化,造成数据的读写错误;湿度过低,容易积累大量因机器转动而产生的静电荷,这些静电会烧坏 CMOS 电路,吸附灰尘而损坏磁头、划伤磁片。机房内的湿度以 45%~65% 为宜。注意使空气保持干燥或经常给系统加电,靠自身发热将机内水汽蒸发掉。另外,尽量不要使硬盘靠近强磁场,如音箱、喇叭、电机、电台和手机等,以免硬盘所记录的数据因磁化而损坏。

答案: (1) A　(2) C

【真题2】 若某计算机系统是由 500 个元器件构成的串联系统,且每个元器件的失效率均为 10^{-7}/h. 在不考虑其他因素对可靠性的影响时,该计算机系统的平均故障间隔时间为　　　　　 h。

A. $2×10^4$　　　　　　B. $5×10^4$　　　　　　C. $2×10^5$　　　　　　D. $5×10^5$

解析: 根据题意,该计算机系统的总失效率为各元器件的失效率的和,即为 $500×10^{-7}=5×10^{-5}$/h。因为失效率的倒数即为平均故障间隔时间,从而求出平均故障间隔时间(MTBF)为 $2×10^4$ h。

答案: A

【真题3】 常见的一些计算机系统的性能指标大都是用某种基准程序测量出的结果。在下列系统性能的基准测试程序中,若按评价准确性的顺序排列,　　　　　 应该排在最前面。

A. 浮点测试程序 Linpack　　　　　　　　B. 整数测试程序 Dhrystone

C. 综合基准测试程序　　　　　　　　　　D. 简单基准测试程序

解析: 本题考查的是用来测试系统性能的若干基准测试程序评价准确性的程度。

常见的一些计算机系统的性能指标大都是用某种基准程序测量出的结果。按照评价准确性的递减顺序排列,这些基准测试程序依次是:实际的应用程序方法、核心基准程序方法、简单基准测试程序、综合基准测试程序、整数测试程序 Dhrystone、浮点测试程序 Linpack 等共 10 种,从现有的排序可以看出,简单基准测试程序排在最前面。

答案：D

【真题 4】当采用系统性能基准测试程序来测试系统性能时，常使用浮点测试程序 Linpack、Whetstone 基准测试程序、SPEC 基准程序、TPC 基准程序等。其中＿＿＿＿主要用于评价计算机事务处理性能。

A．浮点测试程序 Linpack
B．Whetstone 基准测试程序
C．SPEC 基准程序
D．TPC 基准程序

解析：常见的一些计算机相同的性能指标大都是用某种基准程序测量的结果。Linpack 主要测试计算机的浮点数运算能力。SPEC 基准程序是 SPEC 开发的一组用于计算机性能综合评价的程序，它以 VAX11/780 机的测试结果作为基数表示其他计算机的性能。

Whetstone 基准测试程序主要由浮点运算、整数算术运算、功能调用、数组变址和条件转移等程序组成，其测试结果用千条 Whetstone 指令每秒表示计算机的综合性能。

TPC（Transaction Processing Council）基准程序是评价计算机事务处理性能的测试程序，用以评价计算机在事务处理、数据库处理、企业管理与决策支持系统等方面的性能。

答案：D

【真题 5】具有高可用性的系统应该具有较强的容错能力，在某企业的信息系统中采用了两个部件执行相同的工作，当其中的一个出现故障时，另一个则继续工作。该方法属于＿＿＿＿。

A．负载平衡　　　　B．镜像　　　　C．复现　　　　D．热可更换

解析：提供容错的途径有：

（1）使用空闲备件，配置一个备用部件，平时处于空闲状态，当原部件出现错误时则取代原部件的功能；

（2）负载平衡，使两个部件共同承担一项任务，当其中一个出现故障时，另一个部件就承担两个部件的全部负载；

（3）镜像，两个部件执行完全相同的工作，当其中一个出现故障时，另一个则继续工作；

（4）复现：也称为延迟镜像，即辅助系统从原系统接收数据时存在着延时，原系统出现故障时，辅助系统就接替原系统的工作，但也存在着延时；

（5）热可更换，某一个部件出现故障时，可以立即拆除该部件并换上一个好的部件，这样就不会导致系统瘫痪。

答案：B

【真题 6】某条指令流水线由 5 段组成，各段所需要的时间如下图所示。

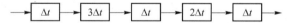

连续输入 10 条指令时的吞吐率为＿＿＿＿。

A．$10/70\Delta t$　　　　B．$10/49\Delta t$　　　　C．$10/35\Delta t$　　　　D．$10/30\Delta t$

解析：当流水线各段所经历的时间不一样时，吞吐率的计算公式为：

$$TP=n/[\ \sum \Delta t_i+(n-l)\Delta t_j]\ (i\ 为\ 1\ 到\ m)$$

式中：m 为流水线的段数；Δt_i 为第 i 段所需时间；n 为输入的指令数；Δt_j 为该段流水线中瓶颈段的时间。将题中已知条件代入上式，求出吞吐率 TP 为 $10/35\Delta t$。

答案：C

【真题 7】企业在衡量信息系统的吞吐率时，MIPS 是非常重要的一个指标，其公式表示为＿＿＿＿。

A．MIPS＝指令数/（执行时间×1 000 000）

B．MIPS＝指令数/（执行时间×10 000）

C．MIPS＝指令数/（执行时间×1 000）

D．MIPS＝指令数/（执行时间×100）

（注：执行时间以秒为单位计算）

解析：本题考查的是系统性能的基本知识。

吞吐率指标是系统生产力的度量标准，描述了在给定时间内系统处理的工作量。每秒百万次指令（Million Instruction Per Second，MIPS）可以用公式表示为：MIPS＝指令数／（执行时间×1000000）。

答案：A

【真题 8】信息系统的平均修复时间 MTTR 主要用来度量系统的_____。

A. 可靠性　　　　　　B. 可维护性　　　　　C. 可用性　　　　　D. 环境适应性

解析：本题考查的是性能及能力管理的基本知识。

可维护性是系统失效后在规定时间内可被修复到规定运行水平的能力。可维护性用系统发生一次失败后，系统返回正常状态所需的时间来度量，它包含诊断、失效定位、失效校正等时间。一般用相邻两次故障间工作时间及平均修复时间来表示。

答案：B

【真题 9】

【说明】计算机系统性能评价是按照一定步骤，选用一定的度量项目，通过建模和实验，对计算机的性能进行测试并对测试结果做出解释。

【问题1】（8分）

在计算机系统性能评价中，对性能评价项目进行识别和设置是进行性能评价的基础工作。请写出计算机系统性能评价的 4 个项目名称。

【问题2】（4分）

系统性能的评价方法大致可分为哪两类？

【问题3】（2分）

人们常用_____程序来测试计算机系统性能，获得定量评价指标。

【问题4】（1分）

计算机系统性能评价的结果通常有峰值性能和_____两个指标，后者最能体现系统的实际性能。

解析：计算机系统的性能集中体现在处理器、内主存和外存磁盘几大件上，它们的性能以及相互之间的工作支持情况基本决定了系统的整体性能。因此，系统性能监视评价的项目主要是 CPU、主存、硬盘，此外越来越多的运行在网络上的分布式计算机系统的性能还极大地依赖于网络，因此网络也是性能评价的一个重要项目。

系统性能评价方法大致可分为两类：模型法和测量法。用模型法对系统进行评价，首先应对要评价的计算机系统建立一个适当的模型，然后求出模型的性能指标，以便对系统进行评价。测量法是通过一定的测量设备或测量程序，测得实际运行的计算机系统的各种性能指标或与之有关的量，然后对它们进行某些计算处理得出相应的性能指标。

常见的一些计算机系统的性能指标大都是某种基准程序测量出的结果。

性能评价的结果通常有两个指标，一个是峰值性能，另一个是持续性能，其中持续性能最能体现系统的实际性能。

答案：

【问题1】CPU、内存、磁盘、网络。

【问题2】模型法、测量法。

【问题3】基准测试。

【问题4】持续性能。

题型点睛

1. 性能评价指标。

（1）计算机系统工作能力指标反映计算机系统负载和工作能力的常用指标主要有三类，具体如下。

① 系统响应时间(Elapsed Time)。

② 系统吞吐率(Throughput):系统的吞吐率是指单位时间内的工作量。例如,处理器的吞吐率是按每秒处理多少百万条指令(MIPS 或者 MFLOPS)来度量的。对于在线事务处理系统,吞吐率的度量是每秒处理多少事务(Transaction per second,TPS)。对于通信网络,吞吐率是指每秒传输多少数据报文(PPS)或多少数据位(BPS)。

③ 资源利用率(Utilization Ratio)。

(2) 其他综合性能指标:可靠性、可维护性、可扩展性、可用性、功耗、兼容性、安全性、保密性、环境适应性。

2. MIPS、MFLOPS、TPS 等几个反映系统吞吐率的概念。

(1) 每秒百万次指令(Million Instruction Per Second, MIPS),

MIPS 可以用公式表示为:MIPS＝指令数/(执行时间×1 000 000)

MIPS 的大小和指令集有关,不同指令集的计算机间的 MIPS 不能做比较,因此在同一台计算机上的 MIPS 是变化的,因程序不同而变化。MIPS 中,除包含运算指令外,还包含取数、存数、转移等指令。相对 MIPS 是指相对于参照机而言的 MIPS,通常用 VAX-II/780 机处理能力为 1MIPS。

(2) 每秒百万次浮点运算(Million Instruction Per Second,MFLOPS)。

MFLOPS 可以用公式表示为:MFLOPS＝浮点指令数/(执行时间×1 000 000)

MFLOPS 约等于 3 MIPS。MIPS 只适宜于评估标量机,不能用于评估向量机,而 MFLOPS 则比较适用于衡量向量机的性能。但是 MFLOPS 仅仅只能用来衡量机器浮点操作的性能,而不能体现机器的整体性能。例如编译程序,不管机器的性能有多好,它的 MFLOPS 不会太高。MFLOPS 是基于操作而非指令的,所以它可以用来比较两种不同的机器。单个程序的 MFLOPS 值并不能反映机器的性能。

(3) 位每秒(Bits Per Second,BPS)。

计算机网络信号传输速率一般以每秒传送数据位(Bit)来度量,简写为 BPS。更大的单位包括 KB-PS(Kilo Bits Per Second)和 MBPS(Million Bits Per Second)。

(4) 数据报文每秒(Packets Per Second,PPS)。

通信设备(例如路由器)的吞吐量通常由单位时间内能够转发的数据报文数量表示,简写为 PPS。更大的单位包括 KPPS(Kilo Packets Per Second)和 MPPS(Million Packets Per Second)。

(5) 事务每秒(Transaction Per Second,TPS)。

即系统每秒处理的事务数量。

即学即练

【试题1】_____比较适用于衡量向量机的性能。

A. TPS　　　　　　　B. MIPS　　　　　　C. MFLOPS　　　　D. PPS

【试题2】_____指计算机系统完成某一任务(程序)所花费的时间。

A. 系统吞吐率　　　B. 系统响应时间　　C. 资源利用率　　　D. 可维护性

【试题3】高可用性的信息系统应该具有较强的容错能力,提供容错的途径不包括_____。

A. 使用空闲备件　　B. 负载平衡　　　　C. 备份/恢复　　　D. 镜像

【试题4】系统响应时间和作业吞吐量是衡量计算机系统性能的重要指标。对于一个持续处理业务的系统而言,其_____。

A. 响应时间越短,作业吞吐量越小

B. 响应时间越短,作业吞吐量越大

C. 响应时间越长,作业吞吐量越大

D. 响应时间不会影响作业吞吐量

【试题 5】系统评价就是对系统运行一段时间后的＿＿＿＿＿＿＿及经济效益等方面的评价。

A. 社会效益　　　　　B. 技术性能　　　　　C. 管理效益　　　　　D. 成本效益

【试题 6】系统性能评价指标中，MIPS 这一性能指标的含义＿＿＿＿＿＿＿。

A. 每秒百万次指令　　　　　　　　　　B. 每秒百万次浮点运算

C. 每秒数据报文　　　　　　　　　　　D. 位每秒

TOP94　系统能力管理

真题分析

【真题 1】如果一个被 A、B 两项服务占用的处理器在高峰阶段的使用率是 75％，假设系统本身占用 5％，那么剩下的 70％如果被 A、B 两项服务均分，各为 35％，不管 A 还是 B 对处理器占用翻倍，处理器都将超出负载能力；如果剩下的 70％中，A 占 60％，B 占 10％，A 对处理器的占用范围会导致超载，但 B 对处理器的占用翻倍并不会导致处理器超载。由此我们可以看出，在分析某一项资源的使用情况时，＿＿＿＿＿＿＿。

A. 要考虑资源的总体利用情况

B. 要考虑各项不同服务对该项资源的占用情况

C. 既要考虑资源的总体利用情况，还要考虑各项不同服务对该项资源的占用情况

D. 资源的总体利用情况与各项不同服务对该项资源的占用情况取其中较为重要的一个方面考虑

解析：本题考查的是系统能力管理。分析某一项资源的使用情况时，既要考虑该资源的总体利用情况，还要考虑各项不同服务对该项资源的占用情况。这样，在某些系统服务需要做出变更时，我们可以通过分析该服务目前该项资源的占用情况对变更及其对系统整体性能的影响进行预测，从而对系统变更提供指导。因此，选择 C。

答案：C

【真题 2】能力管理从一个动态的角度考察组织业务和系统基础设施之间的关系。在能力管理的循环活动中，＿＿＿＿＿＿＿是成功实施能力管理流程的基础。

A. 能力评价和分析诊断　　　　　　　　B. 能力管理数据库

C. 能力数据监控　　　　　　　　　　　D. 能力调优和改进

解析：一个成功的能力管理流程的基础是能力管理数据库。该数据库中的数据被所有的能力管理的子流程存储和使用，因为该信息库中包含了各种类型的数据，即业务数据、服务数据、技术数据、财务数据和应用数据。

答案：B

【真题 3】能力管理的高级活动项目包括需求管理、能力预测和应用选型。需求管理的首要目标是＿＿＿＿＿＿＿。

A. 影响和调节客户对 IT 资源的需求

B. 分析和预测未来情况发生变更对能力配置规划的影响

C. 新建应用系统的弹性

D. 降低单个组件的故障对整个系统的影响

解析：能力管理的高级活动项目包括需求管理、能力测试和应用选型。

需求管理的首要目标是影响和调节客户对 IT 资源的需求。需求管理既可能是由于当前的服务能力不足以支持正在运营的服务项目而进行的一种短期的需求调节活动，也可能是组织为限制长期的能力需求而采取的一种 IT 管理政策。因此选择 A。

答案：A

【真题 4】IT 系统能力管理的高级活动项目包括需求管理、能力测试和_____。

A. 应用评价　　　　B. 应用分析　　　　C. 应用选型　　　　D. 应用诊断

解析:本题考查的是 IT 系统能力管理的高级活动项目。

能力管理的高级活动项目包括需求管理、能力测试和应用选型,本题重在考查考生对能力管理的高级活动项目的熟练掌握程度,如果非常熟悉活动项目的 3 项内容,选择就很容易。

答案:C

题型点睛

1. 能力管理是一个流程,是所有 IT 服务绩效和能力问题的核心。它所涉及的管理范围包括:

(1) 所有硬件设备,包括 PC、工作站和各类服务器等。

(2) 所有网络设备,包括 LAN、WAN、交换机和路由器等。

(3) 所有外部设备,包括各种大容量存储设备、打印机等。

(4) 所有软件,包括自主开发和外购的系统与应用程序软件。

(5) 人力资源,所有参与 IT 系统运营的技术人员和管理人员。

2. 能力管理流程的目标有以下几点:

(1) 分析当前的业务需求和预测将来的业务需求,并确保这些需求在制定能力计划时得到了充分的考虑。

(2) 确保当前的 IT 资源能够发挥最大的效能,提供最佳的服务绩效。

(3) 确保组织的 IT 投资按计划进行,避免不必要的资源浪费。

(4) 合理预测技术的发展趋势,从而实现服务能力与服务成本、业务需求与技术可行性的最佳组合。

即学即练

【试题 1】能力管理涉及的管理范围包括:所有硬件设备、所有网络设备、所有外部设备、所有软件和_____。

A. 所有通信设备　　　　　　　　B. 专门的存储设备

C. 所有的安全设备　　　　　　　D. 人力资源

【试题 2】能力数据库的输入数据为_____。

①业务数据　②服务数据　③技术数据　④财务数据　⑤资源应用数据

A. ③⑤　　　　B. ①②③④⑤　　　　C. ②③④　　　　D. ①③④⑤

本章即学即练答案

序号	答案	序号	答案
TOP93	【试题 1】答案:C 【试题 2】答案:B 【试题 3】答案:C 【试题 4】答案:B 【试题 5】答案:B 【试题 6】答案:A	TOP94	【试题 1】答案:D 【试题 2】答案:B

第 22 章   系统维护

真题分析

【真题1】信息系统维护的内容包括系统应用程序维护、_____、代码维护、硬件设备维护和文档维护。

A. 数据维护　　　　B. 软件维护　　　　C. 模块维护　　　　D. 结构维护

解析:系统维护的任务就是要有计划、有组织地对系统进行必要的改动,以保证系统中的各个要素随着环境的变化始终处于最新的、正确的工作状态。

信息系统维护的内容可分为以下5类:

(1) 系统应用程序维护;

(2) 数据维护;

(3) 代码维护;

(4) 硬件设备维护;

(5) 文档维护。

因此选择 A。

答案:A

【真题2】系统维护应该根据实际情况决定采用哪种实施方式。对于最重要、最常用并且容易出故障的软件、硬件和设施可以采用_____的方式。

A. 每日检查　　　　B. 定期维护　　　　C. 预防性维护　　　　D. 事后维护

解析:信息系统在完成系统实施、投入运行之后,就进入了系统运行和维护阶段。维护工作是系统正常运行的重要保障。针对系统的不同部分(如设备、硬件、程序和数据等),可以采用多种方式进行维护,如每日检查、定期维护、事后维护或建立预防性维护设施等。质量保证审查对于获取和维持系统各阶段的质量是一项很重要的技术,审查可以检测系统在开发和维护阶段发生的质量变化,也可及时纠正出现的问题,从而延长系统的有效声明周期。因此选择 A。

答案:A

【真题3】数据备份是信息系统运行与维护中的重要工作,它属于_____。

A. 应用程序维护　　B. 数据维护　　　　C. 代码维护　　　　D. 文档维护

解析:数据资源是信息系统中最为重要的资源,并且数据也会经常被更新。因此,在系统相同运行过程中,应使得系统数据正确完整,而数据备份工作是实现此目的的必然途径。完好的备份数据可在系统出现故障时,确保系统能尽快完整地恢复到故障时刻。

答案:B

题型点睛

1. 信息系统维护的内容可分为以下5类:

（1）系统应用程序维护；

（2）数据维护；

（3）代码维护；

（4）硬件设备维护；

（5）文档维护。

2．系统维护的方法：

（1）建立明确的软件质量目标和优先级；

（2）使用提高软件质量的技术和工具；

（3）进行明确的质量保证审查；

（4）选择可维护的程序设计语言；

（5）系统的文档。

即学即练

【试题 1】如用户自行开发管理信息系统，一般_____。

A．系统不存在维护的问题   B．系统维护更容易

C．系统开发时间较短   D．系统开发费用更低

【试题 2】信息系统维护的内容可分为以下 5 类，下面不属于 5 类的是_____。

A．服务维护   B．系统应用程序维护

C．数据维护   D．代码维护

TOP96 制定系统维护计划

真题分析

【真题 1】系统可维护性主要通过_____来衡量。

A．平均无故障时间   B．系统故障率

C．平均修复时间   D．平均失效间隔时间

解析：可维护性是指为满足用户新要求，或运行中发现错误后，对系统进行修改、诊断并在规定时间内可被修复到规定运行水平的能力。可维护性用系统发生一次失败后，系统返回正常状态所需的时间来度量，通常采用平均修复时间来表示。平均无故障时间、平均故障率和平均失效间隔时间等用来衡量系统的可靠性。

答案：C

【真题 2】以下关于信息系统可维护程度的描述中，正确的是_____。

A．程序中有无注释不影响程序的可维护度程度

B．执行效率高的程序容易维护

C．模块间的耦合度越高，程序越容易维护

D．系统文档有利于提高系统的可维护程度

解析：信息系统可维护程度取决于多个方面，主要有系统的可理解性、可测试性和可修改性。程序的编码风格、注释等对于提高软件的可理解性起着重要作用，同时系统文档中包括了系统需求、系统目标、软件架构、程序设计策略和程序实现思路等内容，这些内容的完整、细化程度也直接影响着系统的可维护程度。文档编写越规范、越完整、越细致，越有利于提高系统的可理解性。只有正确地理解才能进行正确的修改。模块化是一种可提高软件质量的有效方法，在系统开发中，应做到模块内部耦合度

高,而模块间耦合度低,这样将有利于提高软件质量和可维护程度。而系统执行效率的高低通常不是影响系统可维护程度的因素。

答案:D

【真题3】当信息系统交付使用后,若要增加一些新的业务功能,则需要对系统进行_____。

A. 纠错性维护　　　　B. 适应性维护　　　　C. 完善性维护　　　　D. 预防性维护

解析: 软件维护是信息系统维护工作的重点,按照维护性质可分为纠错性维护、适应性维护、完善性维护和预防性维护4种类型。其中完善性维护指在应用系统使用期间,为不断改善、加强系统的功能和性能以满足新的业务需求所进行的维护工作。适应性维护指为了让应用软件适应运行环境的变化而进行的维护工作。

答案:C

【真题4】影响系统可维护性的因素不包括_____。

A. 可理解性　　　　B. 可测试性　　　　C. 可修改性　　　　D. 可移植性

解析: 本题考查的是信息系统维护的基本知识。

系统的可维护性是对系统进行维护的难易程度的度量。影响系统可维护性主要有3个方面:①可理解性,外来人员理解系统的结构、接口、功能和内部过程的难易程度;②可测试性,对系统进行诊断和测试的难易程度;③可修改性,对系统各部分进行修改的难易程度。

答案:D

【真题5】

【说明】某企业信息系统投入运行后,由运行维护部门来负责该信息系统的日常维护工作以及处理信息系统运行过程中发生的故障。

运行维护部门为保证发生故障后系统能尽快恢复,针对系统恢复建立了备份与恢复机制,系统数据每日都进行联机备份,每周进行脱机备份。

【问题1】信息系统维护包括哪些方面的内容?

【问题2】按照维护具体目标,软件维护可分为哪四类?为了适应运行环境变化而对软件进行修改属于哪一类?

【问题3】备份最常用的技术是哪两种?脱机备份方式有哪些优点?

解析: 本题考查的是系统维护的基本知识。

【问题1】系统维护的任务就是要有计划、有组织地对系统进行必要的改动,以保证系统中的各个要素随着环境的变化始终处于最新的、正确的工作状态。信息系统维护的内容可分为5类:

(1) 系统应用程序维护。系统的业务处理过程是通过程序的运行而实现的,一旦程序发生问题或业务发生变化,就必然引起程序的修改和调整,因此系统维护的主要活动是对程序进行维护。

(2) 数据维护。业务处理对数据的需求是不断发生变化的,除了系统中主体业务数据的定期更新外,还有许多数据需要进行不定期的更新,或者随环境、业务的变化而进行调整,数据内容的增加、数据结构的调整、数据备份与恢复等,都是数据维护的工作内容。

(3) 系统代码维护。当系统应用范围扩大和应用环境变化时,系统中的各种代码需要进行一定程度的增加、修改、删除以及设计新的代码。

(4) 硬件设备维护。主要是指对于主机及外设的日常管理和维护,都应由专人负责,定期进行,以保证系统正常有效地运行。

(5) 文档维护。根据应用系统、数据、代码及其他维护的变化,对相应文档进行修改,并对所进行的维护进行记载。

【问题2】系统维护的项目如下。

(1) 硬件维护:对硬件系统的日常维修和故障处理。

(2) 软件维护:在软件交付使用后,为了改正软件当中存在的缺陷、扩充新的功能、满足新的要求、延长软件寿命而进行的修改工作。

（3）设施维护：规范系统监视的流程，IT 人员自发地维护系统运行，主动地为其他部门，乃至外界客户服务。

其中，系统维护的重点是系统应用软件的维护工作，按照软件维护的不同性质划分为 4 种类型，即纠错性维护、适应性维护、完善性维护和预防性维护。根据对各种维护工作分布情况的统计结果，一般纠错性维护占 21%，适应性维护占 25%，完善性维护达到 50%，而预防性维护及其他类型的维护仅占 4%。可见系统维护工作中，半数以上的工作是完善性维护。

【问题 3】本题考查的是维护的具体实现方式之一。

答案：

【问题 1】

信息系统维护的内容可分为 5 类：应用程序维护、应用数据维护、系统代码维护、硬件设备维护和文档维护。

【问题 2】

按照软件维护的不同性质划分为 4 种类型，即纠错性维护、适应性维护、完善性维护和预防性维护。为了适应运行环境的变化而对软件进行修改适应性维护。

【问题 3】

备份最常用的技术有系统灾难恢复和数据远程复制两种。

脱机备份的优点为会生成较少的重做日志，效率高，实现相对简单。

【真题 6】

【说明】 某企业出于发展业务、规范服务质量的考虑，建设了一套信息系统，系统中包括供电系统、计算机若干、打印机若干、应用软件等。为保证系统能够正常运行，该企业还专门成立了一个运行维护部门，负责该系统相关的日常维护管理工作。

根据规定，系统数据每日都进行联机（热）备份，每周进行脱机（冷）备份，其他部件也需要根据各自情况进行定期或不定期维护，每次维护都必须以文档形式进行记录。

在系统运行过程中，曾多次发现了应用程序中的设计错误并已进行了修改。在试用半年后，应用软件中又增加了关于业务量的统计分析功能。

【问题 1】

请问信息系统维护都包括哪些方面？

【问题 2】

影响软件维护难易程度的因素包括软件的可靠性、可测试性、可修改性、可移植性、可使用性、可理解性及程序效率等。要衡量软件的可维护性，应着重从哪三方面考查？

【问题 3】

按照维护的具体目标来划分，软件维护可分为纠错性维护、适应性维护、完善性维护和预防性维护。请问上述的"增加统计分析功能"属于哪种维护？为什么？

解析： 本题考查系统维护的基础知识。对于一个信息系统，在其开发完成并交付给用户使用后，就进入了软件运行维护阶段，此后的工作就是需要保证系统在一段相对长的时期能够正常运行。

系统维护包括应用程序（软件）维护、数据维护、代码维护、硬件设备维护、文档维护等。根据维护活动的不同原因和目标，应用程序维护分为纠错性维护、适应性维护、完善性维护和预防性维护。其中纠错性维护改正软件在功能、性能等方面的缺陷或错误；适应性维护是为了适应运行环境的变化而对软件进行修改；完善性维护是在软件的使用过程中，为满足用户提出新的功能和性能需求而对软件进行的扩充、增强和改进等；预防性维护指为提高软件的可维护性和可靠性等指标，对软件的一部分进行重新开发。

软件的可维护性是衡量软件质量的重要方面，软件是否易于维护直接影响到软件维护成本。在以上 4 种软件维护中，完善性维护的工作量和成本所占比例最高。在影响可维护性的诸因素中，对完善性维护具有重要影响的因素包括软件的可理解性、可修改性和可测试性。

答案：

【问题 1】

信息系统维护包括应用程序维护、数据维护、代码维护、硬件设备维护、文档维护等。

【问题 2】

可理解性、可测试性、可修改性。

【问题 3】

因为"增加统计分析功能"属于软件使用期间提出的新要求，不属于系统原始需求，所以这是完善性维护。

题型点睛

1. 信息系统维护的内容可分为 5 类：

（1）系统应用程序维护。系统的业务处理过程是通过程序的运行而实现的，一旦程序发生问题或业务发生变化，就必然引起程序的修改和调整，因此系统维护的主要活动是对程序进行维护。

（2）数据维护。业务处理对数据的需求是不断发生变化的，除了系统中主体业务数据的定期更新外，还有许多数据需要进行不定期的更新，或者随环境、业务的变化而进行调整，数据内容的增加、数据结构的调整、数据备份与恢复等，都是数据维护的工作内容。

（3）系统代码维护。当系统应用范围扩大和应用环境变化时，系统中的各种代码需要进行一定程度的增加、修改、删除以及设计新的代码。

（4）硬件设备维护。主要是指对于主机及外设的日常管理和维护，都应由专人负责，定期进行，以保证系统正常有效地运行。

（5）文档维护。根据应用系统、数据、代码及其他维护的变化，对相应文档进行修改，并对所进行的维护进行记载。

2. 系统的可维护性对于延长系统的生命周期有决定意义，因此必须考虑如何才能提高系统的可维护性。

（1）建立明确的软件质量目标和优先级，可维护的程序应是可理解的、可靠的、可测试的、可更改的、可移植的、高效率的、可使用的。

（2）使用提高软件质量的技术和工具，模块化是系统开发过程中提高软件质量、降低成本的有效方法之一。

（3）进行明确的质量保证审查，质量保证审查是获得和维持系统各阶段的质量的重要措施。

（4）选择可维护的程序设计语言，程序是维护的对象，要做到程序代码本身正确无误，同时要充分重视代码与文档资料的易读性和易理解性。

（5）系统的文档是对程序总目标、程序各组成部分之间的关系、程序设计策略、程序实现过程的历史数据等的说明和补偿。

3. 根据系统运行的不同阶段可以实施 4 种不同级别的维护。

① 一级维护：最完美支持，配备足够数量的工作人员，他们在接到请求时，能即时对服务请求进行响应，并针对系统运转的情况提出前瞻性的建议。

② 二级维护：提供快速的响应，工作人员在接到请求时，能在 24 小时内对请求进行响应。

③ 三级维护：提供较快的响应，工作人员在接到请求时，能在 72 小时内对请求进行响应。

④ 四级维护：提供一般性的响应，工作人员在接到请求时，能在 10 日内对请求进行响应。

即学即练

【试题 1】 某软件产品在应用初期运行在 Windows 2000 环境中。现因某种原因，该软件需要在

Linux 环境中运行,而且必须完成相同的功能。为适应该需求,软件本身需要进行修改,而所需修改的工作量取决于该软件的_____。

    A. 可复用性　　　　B. 可维护性　　　　C. 可移植性　　　　D. 可扩充性

【试题2】外来人员理解系统的结构、接口、功能和内部过程的难易程度称为_____。

    A. 可测试性　　　　B. 可理解性　　　　C. 可修改性　　　　D. 可维护性

【试题3】国外企业一般通过用_____来间接衡量系统的可维护性。

    A. 系统可测试性　　　　　　　　　　B. 系统可修改性

    C. 系统可理解性　　　　　　　　　　D. 维护过程中各项活动所消耗的时间

TOP97　维护工作的实施

真题分析

【真题1】系统维护项目有软件维护、硬件维护和设施维护等。各项维护重点不同,那么系统维护重点是_____。

    A. 软件维护　　　　B. 硬件维护　　　　C. 设施维护　　　　D. 环境维护

解析: 系统维护项目如下:

① 硬件维护:对硬件系统的日常维修和故障处理。

② 软件维护:在软件交付使用后,为了改正软件当中存在的缺陷、扩充新的功能、满足新的要求、延长软件寿命而进行的修改工作。

③ 设施维护:规范系统监视的流程,IT人员自发地维护系统运行,主动地为其他部分、乃至外界客户服务。系统维护的重点是系统应用软件的维护工作。

答案: A

【真题2】一般的软件开发过程包括需求分析、软件设计、编写代码、软件维护等多个阶段,其中_____是软件生命周期中持续时间最长的阶段。

    A. 需求分析　　　　B. 软件设计　　　　C. 编写代码　　　　D. 软件维护

解析: 软件开发的生命周期包括两方面的内容:项目应包括哪些阶段及这些阶段的顺序如何。一般的软件开发过程包括需求分析、软件设计、编写代码和软件维护等多个阶段,软件维护是软件生命周期中持续时间最长的阶段。在软件开发完成并投入使用后,由于多方面原因,软件不能继续适应用户的要求。要延续软件的使用寿命,就必须对软件进行维护。

答案: D

【真题3】以下关于维护工作的描述中,错误的是_____。

    A. 信息系统的维护工作开始于系统投入使用之际

    B. 只有系统出现故障时或需要扩充功能时才进行维护

    C. 质量保证审查是做好维护工作的重要措施

    D. 软件维护工作需要系统开发文档的支持

解析: 信息系统在完成系统实施、投入运行之后,就进入了系统运行和维护阶段。维护工作是系统正常运行的重要保障。针对系统的不同部分(如设备、硬件、程序和数据等),可以采用多种方式进行维护,如每日检查、定期维护、事后维护或建立预防性维护设施等。质量保证审查对于获取和维持系统各阶段的质量是一项很重要的技术,审查可以检测系统在开发和维护阶段发生的质量变化,也可及时纠正出现的问题,从而延长系统的有效生命周期。

答案: B

【真题4】

【说明】在某行业信息化工程建设中，C 公司(CSAI)已经承接了该行业全国 80% 的工程项目，但该行业某省公司(A 单位)在进行方案选择的时候，有 CSAI 提供的成熟方案、D 公司提供的建设方案等。由于 CSAI 在该行业有很多成熟的应用，A 单位倾向于选择 CSAI 作为中标单位，但由于 A 单位的信息科技领导有比较丰富的信息系统建设经验，自认为某品牌的设备有什么缺点，而某品牌的设备有什么优点，于是要求 CSAI 将方案按照 A 单位领导意图进行修改。CSAI 按照 A 单位的要求，将建设方案中主机设备选型更改为由另外一个厂家生产的小型机服务器，这样，CSAI 如愿以偿地获得了项目建设合同。

CSAI 在与 A 单位签订项目建设合同之后，虽然 CSAI 也组建了项目小组，选派经验丰富的高级工程师负责整个项目的实施，在工程正式实施前，制订了项目进度计划、质量保证计划、成本控制计划。但随着工程项目的展开，以前成熟的网络建设方案、存储方案、安全方案，由于部分设备选型的变更，CSAI 不得不面对设备不熟悉所带来的技术问题，耗费了大量的时间，在一定程度上阻碍了工程的进展。更为严重的问题是，由于小型机主机设备品牌型号的变更，CSAI 为进行软件移植也付出了很大的代价。可是，由于行业应用的特点，功能需求时常在发生变化，A 省的系统虽然投入了运行，但根据行业发展的需要，A 省也必须实现变更后的所有功能需求。但只能照顾到那些使用同一版本的省份，A 省的软件功能的修改维护工作就跟不上，且由于 CSAI 同时维护两个应用软件版本，软件人员时常出现失误使 A 省的应用受到较大的影响。

由于 CSAI 的维护工作跟不上，使 A 省在行业评比中，常常被总公司通报批评，于是，A 单位根据项目建设合同的约束，要求 CSAI 按照承诺的维护条约执行，否则将通过法律途径追究 CSAI 的责任。

【问题 1】(5 分)

请以 200 字内回答，你认为 A 单位的建设方案选择存在哪些问题，请你帮助 A 单位进行项目建设决策。

【问题 2】(5 分)

请以 200 字内回答，作为 CSAI，在此项目的投标中存在哪些问题，你认为 CSAI 还有更好的选择吗？为什么？

【问题 3】(5 分)

请以 300 字内回答，若 CSAI 的维护工作跟不上应用需要，CSAI 是否应当承担法律责任？如果继续按照 A 单位的设备选型，继续与 CSAI 合作，请发表你的看法。

答案：

【问题 1】A 单位在信息系统建设方案选型方面经验不足，应意识到应用软件移植的困难，以及由软件移植所带来的软件系统故障及维护的困难。A 单位若坚持选自己认为好的设备选型，就应当选择与所选定设备型号一致的建设方案的投标单位。如果选择 CSAI，就应当选择与 CSAI 所提供的设备型号一致的，以减少软件移植工作量。

【问题 2】CSAI 最好的策略是选派优秀的资深技术人才与 A 单位的技术主管沟通，说服 A 单位接受 CSAI 的项目建设方案。CSAI 单纯考虑市场占有率是一个失误，应权衡因软件移植所带来的成本增加、质量降低、客户信誉丧失等所造成的损失。

【问题 3】信息应用系统的建设，一般都要约定一定期限的免费维护，但这些免费维护大多都针对运行维护、系统缺陷，即更正型维护，功能增强型维护要视合同具体约定。若是 CSAI 原因而不能保证维护质量的，则 CSAI 应承担法律责任。若是功能增强型维护，又未签订合同约束条款，则 CSAI 可以不承担责任。当然，CSAI 如此做，所带来的后果就是客户信誉的丧失。若在后续工程项目建设中，仍然继续使用以上设备选型，则 CSAI 和 A 单位所遇到的矛盾也将继续，软件移植工作量问题，投资、工程成本和利润问题，信息系统建设质量问题，等等，合同双方都将为此而继续付出较大的代价。

题型点睛

1. 按照维护的具体目标分类，可分为完善性维护、适应性维护、纠错性维护和预防性维护。

- 完善性维护就是在应用软件系统使用期间为不断改善和加强系统的功能和性能,以满足用户日益增长的需求所进行的维护工作。
- 适应性维护是指为了让应用软件系统适应运行环境的变化而进行的维护活动。
- 纠错性维护的目的在于纠正在开发期间未能发现的遗留错误。
- 预防性维护的主要思想是维护人员不应被动地等待用户提出要求才做维护工作,而应该选择那些还有较长使用寿命的部分加以维护。

2. 系统维护的实施形式有 4 种:每日检查、定期维护、预防性维护、事后维护,需要根据实际情况来决定采用哪种实施方式。

即学即练

【试题1】具体影响软件维护的因素主要有三个方面,以下不属于这三个方面的是 _____。

A. 系统的规模　　　　B. 系统的年龄　　　　C. 系统的结构　　　　D. 系统的效益

【试题2】系统维护工作针对_____。

A. 源程序代码　　　　　　　　　　　　　B. 文档

C. 软硬件　　　　　　　　　　　　　　　D. 源程序代码和系统开发过程中的全部开发文档

【试题3】_____是系统维护最重要的内容。

A. 软件维护　　　　B. 硬件维护　　　　C. 程序代码维护　　　　D. 文档维护

本章即学即练答案

序号	答案	序号	答案
TOP95	【试题1】答案:B 【试题2】答案:A	TOP96	【试题1】答案:C 【试题2】答案:B 【试题3】答案:D
TOP97	【试题1】答案:D 【试题2】答案:D 【试题3】答案:A		

第23章　新系统运行及系统转换

真题分析

【真题1】

【说明】某集团公司(行业大型企业)已成功构建了面向整个集团公司的信息系统,并投入使用多年。后来,针对集团公司业务发展又投资构建了新的信息系统。现在需要进行系统转换,即以新系统替换旧系统。

系统转换工作是在现有系统软件、硬件、操作系统、配置设备、网络环境等条件下,使用新系统,并进行系统转换测试和试运行。直接转换方式和逐步转换方式是两种比较重要的系统转换方式。直接转换方式是指在确定新系统运行准确无误后,用新系统直接替换旧系统,中间没有过渡阶段,这种方式适用于规模较小的系统;逐步转换方式(分段转换方式)是指分期分批地进行转换。

在实施系统转换过程中必须进行转换测试和试运行。转换测试的目的主要是全面测试系统所有方面的功能和性能,保证系统所有功能模块都能正确运行;转换到新系统后的试运行,目的是测试系统转换后的运行情况,并确认采用新系统后的效果。

【问题1】

针对该集团公司的信息系统转换,你认为应该采取上述哪种转换方式?为什么?

【问题2】

系统转换工作主体是实施系统转换。实施系统转换前应做哪项工作?实施系统转换后应做哪项工作?

【问题3】

确定转换工具和转换过程、对新系统的性能进行监测、建立系统使用文档三项工作分别属于系统转换工作哪个方面(计划、实施、评估)的工作?

【问题4】

在系统实施转换后,概括地说,进行系统测试应注重哪两个方面的测试?试运行主要包括哪两个方面的工作?

解析:本题主要考查的是新系统运行及系统转换的。

【问题1】

系统转换的方法有4种:直接转换、试点后直接转换、逐步转换、并行转换。

许多新系统的实施不只是简单的功能转换,还是一个全新设计。而且整个系统转换的范围可能是硬件、网络、系统软件、数据库、应用系统的复杂组合,实现新旧系统并行有一定困难。

并行转换的转换风险较小,但投入较大,而且新旧并行的条件较苛刻,要求做到主机的新旧并行:主机系统的新旧并行;网络的新旧并行;终端设备的新旧并行;主机应用系统的新旧并行;终端应用系统的新旧并行;对外接口的新旧并行,操作管理办法的新旧并行。

【问题2】

在真正实施系统转换之前,首先要进行转换测试和运行测试。如果转换测试结果或者运行测试结果不理想,则应当多方面查找其原因并及时解决。负责系统转换的工作人员要特别关注新旧系统的转换时间、方法、并行运行的时间(当采用了并行转换的方式时)、新旧系统的维护、新系统的验证、新旧系统数据一致性、试运行中遇到的重大问题的处理方法、问题响应处理等问题。

系统转换完成后,要对转换后系统的性能进行评估,我们所关心的系统的性能主要是在 CPU、主存、I/O 设备、线路(速度、线数、流率)、工作负载、进度与运行时间区域等方面。

新系统实际地运转起来,从而可以对新系统的各方面性能进行监测,得到实际的数据。分析这些数据,得到对系统的各方面指标评价的结论。最后可以确定是否达到了系统转换的要求,鉴别出有可能进一步改进的领域以及项目的优点和缺点,以便进行改进。

【问题 3】

主要是对系统运行各个阶段的分类,由字面意思即可答题。

【问题 4】

测试应当覆盖整个安装流程和相应系统的功能集成过程,并且要完成关于记录、跟踪和事后重现的工作。每个测试阶段都要有一个完成标记。应当保留系统测试阶段的全部测试报告、所有测试用例及测试结果报告,为今后的系统运行、维护扩充创造条件。此外,转换测试过程所用时间和所需资源可能会与计划中的有差别,也要将这方面的实际情况记录下来。

运行测试包括对系统临时运行方式的测试、评价和对正常运转期间的系统运行进行测试、评价。测试系统的临时运行方式时,可以采用并行运行的方式,即旧系统和新系统同时运行,以便检验新的计算机系统。此时可以通过对比新旧系统的运行方式,来对新系统的运行情况进行评价。当系统已经完成系统转换并正式投入使用时,可以定期测试正常运转期间的系统运行,有助于进行新系统的维护。

答案:

【问题 1】

逐步转换方式

许多新系统的实施不只是简单的功能转换,还是一个全新设计。而且整个系统转换的范围可能是硬件、网络、系统软件、数据库、应用系统的复杂组合,实现新旧系统并行有一定困难。直接转换的风险比较大,而且转换的条件较苛刻。

【问题 2】

在真正实施系统转换之前,首先要进行转换测试和运行测试。

系统转换完成后,要对转换后系统的性能进行评估,主要是在 CPU、主存、I/O 设备、线路、工作负载、进度与运行时间区域等方面的性能评估。

【问题 3】

对新系统的性能进行监测:评估。

确定转换工具和转换过程:实施。

建立系统使用文档三项工作:计划。

【问题 4】

系统测试应当覆盖整个安装流程和相应系统的功能集成过程。

运行测试包括对系统临时运行方式的测试、评价和对正常运转期间的系统运行进行测试、评价。

🕮 题型点睛

1. 在新系统运行以及系统转换之前,为保证工作能够顺利实施,对新系统运行及系统转换的流程实施进行规划是非常必要的,此外还要明确工作中的角色分配和责任划分。在规划阶段要付出辛勤的劳动,方案和进度往往要反复几次才能定型。不过,这样可以减少风险并增加成功的机会。项目组在该阶段中要不断地发现风险并解决新出现的风险。主要的规划内容包括:系统运行计划、系统转换计划。

2. 系统转换计划包括的内容有：系统转换项目、系统转换负责人、系统转换工具、系统转换方法、系统转换时间表（包括预计系统转换测试开始时间和预计系统转换开始时间）、系统转换费用预算、系统转换方案、用户培训、突发事件、后备处理计划等。

即学即练

【试题1】运行计划的内容包括：运行开始的时间、运行周期、_____、运行管理的组织机构、系统数据的管理、运行管理制度、系统运行结果分析等。

    A. 运行环境   B. 运行人员   C. 运行优先级   D. 以上3者

【试题2】系统转换计划必须考虑的内容不包括_____。

    A. 用户及信息服务人员的义务和责任   B. 时间限制

    C. 转换方式   D. 运行成本

TOP99　系统转换

真题分析

【真题1】由于系统转换成功与否非常重要，所以_____和配套制度要在转换之前准备好，以备不时之需。

    A. 转换时间点   B. 具体操作步骤

    C. 转换工作执行计划   D. 技术应急方案

解析：本题考查的是信息系统试运行和转换的基本知识。

由于系统转换成功与否非常重要，所以技术应急方案和配套制度要在转换之前准备好，以备不时之需。

答案：D

题型点睛

系统转换计划可以包括以下几个方面：

(1) 确定转换项目：要转换的项目可以是软件、数据库、文件、网络、服务器、磁盘设备，等等。

(2) 起草作业运行规则：作业运行规则根据单位的业务要求和系统的功能与特性来制定。

(3) 确定转换方法：系统转换的方法有4种，即直接转换、试点后直接转换、逐步转换、并行转换。

(4) 确定转换工具和转换过程：在系统转换之前应当确定转换所用的工具。这种工具包括基本软件、通用软件、专用软件以及其他软件，这几个种类的工具可以同时使用。

(5) 转换工作执行计划：转换工作执行计划是执行系统转换工作的一个具体的行动方面的计划，规定了在一定长度的时间内需要完成的一项一项的工作。

(6) 风险管理计划：一般至少要包括系统环境转换、数据迁移、业务操作的转换、防范意外风险。

(7) 系统转换人员计划：转换工作涉及的人员有转换负责人、系统运行管理负责人、从事转换工作的人员、开发负责人、从事开发的人员、网络工程师和数据库工程师。

即学即练

【试题1】_____是系统转换计划中比较重要的部分，描述了执行系统转换所用的软件过程、设置运行环境的过程、检查执行结果的过程。

    A. 系统转换过程   B. 系统转换工具

    C. 系统转换日志   D. 系统转换规则

【试题 2】系统转换的方法有 4 种：直接转换、试点后直接转换、_____、并行转换。

    A. 分块转换   B. 分段转换

    C. 分块和分段结合转换   D. 逐步转换

本章即学即练答案

序号	答案	序号	答案
TOP98	【试题 1】答案：A 【试题 2】答案：B	TOP99	【试题 1】答案：A 【试题 2】答案：D

第 24 章　信息系统评价

TOP100　信息系统评价概述

👉 真题分析

【真题1】系统评价方法主要有四大类,德尔菲法(Delphi)属于_____。

A. 专家评估法　　　B. 技术经济评估法　　C. 模型评估法　　　D. 系统分析法

解析:系统评价方法可以分为专家评估法、技术经济评估法、模型评估法和系统分析法。

其中,专家评估法又分为德尔菲法、评分法、表决法和检查表法;技术经济评估法可分为净现值法、利润指数法、内部报酬率法和索别尔曼法;模型评估法可分为系统动力学模型、投入产出模型、计盈经济模型、经济控制论模型和成本效益分析;系统分析方法可分为决策分析、风险分析、灵敏度分析、可行性分析和可靠性分析。德尔菲法依据系统的程序,采用匿名发表意见的方式,即专家之间不得互相讨论,不发生横向联系,只能与调查人员发生关系,通过多轮次调查专家对问卷所提问题的看法。因此选择 A。

答案:A

【真题2】表决法属于信息系统评价方法中_____中的一种。

A.专家评估法　　　　B. 技术经济评估法　　C. 模型评估法　　　　D. 系统分析法

解析:解析见真题1。

答案:A

【真题3】信息系统建成后,根据信息系统的特点、系统评价的要求与具体评价指标体系的构成原则,可以从 3 个方面对信息系统进行评价,这些评价一般不包括_____。

A. 技术性能评价　　　　　　　　　　B. 管理效益评价

C. 经济效益评价　　　　　　　　　　D. 社会效益评价

解析:本题考查的是信息系统评价的基本知识。

根据信息系统的特点、系统评价的要求与具体评价指标体系的构成原则,可从技术性能评价、管理效益评价和经济效益评价 3 个方面对信息系统进行评价。不包括社会效益评价。

答案:D

【真题4】

【说明】由于系统性能是基于系统建立的各种架构,架构是各个设计的核心,因此系统性能自然成为一个非常重要的考虑。所以,在原有系统中最大的亮丽之处在于花费大量工作来提高整个系统的性能指标,使得整个系统无论在系统响应速度,还是大数据量并发操作方面都有很杰出的表现。那如何评价系统性能的好坏需要我们给出一些规范性的系统性能定义和指标。

【问题1】(5分)

常用的系统性能指标有:

1. ___(1)___:计算机完成某一任务所花费的时间。该指标和吞吐量成反比,花费时间越短,吞吐量越大。

2. 计算机性能常用的指标：__(2)__、__(3)__。

【问题 2】(5 分)

系统性能评估技术分为三种，分别是分析技术、模拟技术、测量技术。请简要阐述这三个技术的内容。

【问题 3】(5 分)

计算机硬件故障通常是由元器件失效引起的，元器件可靠性分为 3 个阶段：①器件处于不稳定期，失效率较高；②器件进入正常工作期，失效率最低，基本保持常数；③元器件开始老化，失效率又重新提高("浴盆模型")。

因此计算机系统的可靠性指标也相当重要，计算机的可靠性用 __(4)__ 来度量，可维护性用 __(5)__ 来度量，可用性用 __(6)__ 来衡量。

常见的三种计算机可靠性数学模型为：①串联系统可靠性模型；②并联系统可靠性模型；③ __(7)__ 。

答案：

【问题 1】(1)响应时间(Elapsed Time)；(2)MIPS＝指令数/(执行时间×1000000)；(3)MFLOPS＝浮点指令数/(执行时间×1000000)

【问题 2】

1. 分析技术是在一定的假设条件下，计算机系统参数与性能指标参数之间存在着某种函数关系，按其工作负载的驱动条件列出方程，用数学方法求解。其特点是具有理论的严密性，节约人力和物力，可应用于设计中的系统。分析技术主要是利用排队论模型进行分析。

2. 模拟技术首先是对于被评价系统的运行特性建立系统模型，按系统可能有的工作负载特性建立工作负载模型；随后编写模拟程序，模仿被评价系统的运行；设计模拟实验，依照评价目标，选择与目标有关因素，得出实验值，再进行统计、分析。其特点在于可应用于设计中或实际应用中的系统，可与分析技术相结合，构成一个混合系统。分析和模拟技术最后均需要通过测量技术验证。

3. 测量技术是对于已投入使用的系统进行测量，通常采用不同层次的基准测试程序评估。测量技术的评估层次包括：实际应用程序、核心程序、合成测试程序。国际认可的用来测量机器性能的基准测试程序(准确性递减)：①实际的应用程序方法；②核心基准程序方法；③简单基准测试程序；④综合基准测试程序。

【问题 3】

(4) 平均无故障时间 MTTF；(5)平均维修时间 MTTR；(6)MTTF/(MTTF＋MTTR)×100％；(7)混联系统可靠性模型。

🎯 题型点睛

1. 根据信息系统的特点、系统评价的要求与具体评价指标体系的构成原则，可从技术性能评价、管理效益评价和经济效益评价三个方面对信息系统进行评价。

2. 信息系统经济效益评价的方法：投入产出分析法、成本效益分析法、价值工程方法。

📝 即学即练

【试题 1】对信息系统进行评价的根据为_____。

A. 信息系统的特点   B. 系统评价的要求

C. 具体评价指标体系的构成原则   D. 以上三者

【试题 2】一般从三个方面对信息系统进行评价，这三个方面不包括_____。

A. 技术性能评价   B. 管理效益评价

C. 经济效益评价   D. 技术经济评估法

【试题 3】根据信息系统的特点、系统评价的要求及具体评价指标体系的构成原则,可以从三方面进行信息系统评价,下面不属于这三个方面的是_____。

    A. 技术性能评价   B. 管理效益评价

    C. 经济效益评价   D. 系统易用性评价

【试题 4】信息系统经济效益评价的方法主要有成本效益分析法、_____和价值工程方法。

    A. 净现值法   B. 投入产出分析法

    C. 盈亏平衡法   D. 利润指数法

本章即学即练答案

序号	答案	序号	答案
TOP100	【试题 1】答案:D 【试题 2】答案:D 【试题 3】答案:D 【试题 4】答案:B		

模拟试卷一

上午试题

● 以下关于 CPU 的叙述中,错误的是 __(1)__ 。

(1) A. CPU 产生每条指令的操作信号并将操作信号送往相应的部件进行控制

　　 B. 程序控制器 PC 除了存放指令地址,也可以临时存储算术/逻辑运算结果

　　 C. CPU 中的控制器决定计算机运行过程的自动化

　　 D. 指令译码器是 CPU 控制器中的部件

● 以下关于 CISC(Complex Instruction Set Computer,复杂指令集计算机)和 RISC(Reduced Instruction Set Computer,精简指令集计算机)的叙述中,错误的是 __(2)__ 。

(2) A. 在 CISC 中,其复杂指令都采用硬布线逻辑来执行

　　 B. 采用 CISC 技术的 CPU,其芯片设计复杂度更高

　　 C. 在 RISC 中,更适合采用硬布线逻辑执行指令

　　 D. 采用 RISC 技术,指令系统中的指令种类和寻址方式更少

● 以下关于校验码的叙述中,正确的是 __(3)__ 。

(3) A. 海明码利用多组数位的奇偶性来检错和纠错

　　 B. 海明码的码距必须大于等于 1

　　 C. 循环冗余校验码具有很强的检错和纠错能力

　　 D. 循环冗余校验码的码距必定为 1

● 以下关于 Cache 的叙述中,正确的是 __(4)__ 。

(4) A. 在容量确定的情况下,替换算法的时间复杂度是影响 Cache 命中率的关键因素

　　 B. Cache 的设计思想是在合理成本下提高命中率

　　 C. Cache 的设计目标是容量尽可能与主存容量相等

　　 D. CPU 中的 Cache 容量应该大于 CPU 之外的 Cache 容量

● 面向对象开发方法的基本思想是尽可能按照人类认识客观世界的方法来分析和解决问题, __(5)__ 方法不属于面向对象方法。

(5) A. Booch　　　　 B. Coad　　　　 C. OMT　　　　 D. Jackson

● 确定构建软件系统所需要的人数时,无须考虑 __(6)__ 。

(6) A. 系统的市场前景　　　　　　 B. 系统的规模

　　 C. 系统的技术复杂度　　　　　 D. 项目计划

● 一个项目为了修正一个错误而进行了变更。这个变更被修正后,却引起以前可以正确运行的代码出错。 __(7)__ 最可能发现这一问题。

(7) A. 单元测试　　 B. 接受测试　　 C. 回归测试　　 D. 安装测试

● 操作系统是裸机上的第一层软件,其他系统软件(如 __(8)__ 等)和应用软件都是建立在操作系统基础上的。下图①②③分别表示 __(9)__ 。

(8) A. 编译程序、财务软件和数据库管理系统软件

　　 B. 汇编程序、编译程序和 Java 解释器

  C. 编译程序、数据库管理系统软件和汽车防盗程序

  D. 语言处理程序、办公管理软件和气象预报软件

（9）A. 应用软件开发者、最终用户和系统软件开发者

  B. 应用软件开发者、系统软件开发者和最终用户

  C. 最终用户、系统软件开发者和应用软件开发者

  D. 最终用户、应用软件开发者和系统软件开发者

 ● 软件权利人与被许可方签订一份软件使用许可合同。若在该合同约定的时间和地域范围内，软件权利人不得再许可任何第三人以此相同的方法使用该项软件，但软件权利人可以自己使用，则该项许可使用是 （10） 。

（10）A. 独家许可使用   B. 独占许可使用

   C. 普通许可使用   D. 部分许可使用

 ● 软件能力成熟度模型 CMM（Capability Maturity Model）描述和分析了软件过程能力的发展与改进的程度，确立了一个软件过程成熟程度的分级标准。在初始级，软件过程定义几乎处于无章可循的状态，软件产品的成功往往依赖于个人的努力和机遇。在 （11） ，已建立了基本的项目管理过程，可对成本、进度和功能特性进行跟踪。在 （12） ，用于软件管理与工程两方面的软件过程均已文档化、标准化，并形成了整个软件组织的标准软件过程。在已管理级，对软件过程和产品质量有详细的度量标准。在 （13） 通过对来自过程、新概念和新技术等方面的各种有用信息的定量分析，能够不断地、持续地对过程进行改进。

（11）A. 可重复级 B. 已管理级 C. 功能级 D. 成本级

（12）A. 标准级 B. 已定义级 C. 可重复级 D. 优化级

（13）A. 分析级 B. 过程级 C. 优化级 D. 管理级

 ● 使用 PERT 图进行进度安排，不能清晰地描述 （14） ，但可以给出哪些任务完成后才能开始另一些任务。下面 PERT 图所示工程从 A 到 K 的关键路径是 （15） （图中省略了任务的开始和结束时刻）。

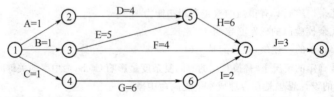

（14）A. 每个任务从何时开始   B. 每个任务到何时结束

   C. 各任务之间的并行情况   D. 各任务之间的依赖关系

（15）A. ABEGHIK B. ABEGHJK C. ACEGHIK D. ACEGHJK

 ● 使用白盒测试方法时，确定测试用例应根据 （16） 和指定的覆盖标准。

（16）A. 程序的内部逻辑   B. 程序结构的复杂性

   C. 使用说明书   D. 程序的功能

 ● 若某整数的 16 位补码为 FFFFH（H 表示十六进制），则该数的十进制值为 （17） 。

（17）A. 0   B. -1 C. $2^{16}-1$ D. $-2^{16}+1$

 ● 若在系统中有若干个互斥资源 R，6 个并发进程，每个进程都需要 2 个资源 R，那么使系统不发生死锁的资源 R 的最少数目为 （18） 。

（18）A. 6   B. 7   C. 9   D. 12

 ● 软件设计时需要遵循抽象、模块化、信息隐蔽和模块独立原则。在划分软件系统模块时，应尽量做到 （19） 。

（19）A. 高内聚高耦合   B. 高内聚低耦合

   C. 低内聚高耦合   D. 低内聚低耦合

● 程序的三种基本控制结构是 __(20)__ 。

(20) A. 过程、子程序和分程序　　　　　B. 顺序、选择和重复

　　　C. 递归、堆栈和队列　　　　　　　D. 调用、返回和跳转

● 栈是一种按"后进先出"原则进行插入和删除操作的数据结构，因此，__(21)__ 必须用栈。

(21) A. 函数或过程进行递归调用及返回处理

　　　B. 将一个元素序列进行逆置

　　　C. 链表结点的申请和释放

　　　D. 可执行程序的装入和卸载

● 两个以上的申请人分别就相同内容的计算机程序的发明创造，先后向国务院专利行政部门提出申请，__(22)__ 可以获得专利申请权。

(22) A. 所有申请人均　　　　　　　　　B. 先申请人

　　　C. 先使用人　　　　　　　　　　　D. 先发明人

● 第三层交换根据 __(23)__ 对数据包进行转发。

(23) A. MAC 地址　　　　　　　　　　　B. IP 地址

　　　C. 端口号　　　　　　　　　　　　D. 应用协议

● HTTPS 采用 __(24)__ 协议实现安全网站访问。

(24) A. SSL　　　　B. IPSec　　　　C. PGP　　　　D. SET

● 以下关于加密算法的叙述中，正确的是 __(25)__ 。

(25) A. DES 算法采用 128 位的密钥进行加密

　　　B. DES 算法采用两个不同的密钥进行加密

　　　C. 三重 DES 算法采用 3 个不同的密钥进行加密

　　　D. 三重 DES 算法采用 2 个不同的密钥进行加密

● 存储管理器是数据库管理系统非常重要的组成部分。下列关于存储管理器的说法，错误的是 __(26)__ 。

(26) A. 存储管理器负责检查用户是否具有数据访问权限

　　　B. 为了提高数据访问效率，存储管理器会将部分内存用于数据缓冲，同时使用一定的算法对内存缓冲区中的数据块进行定期置换

　　　C. 存储管理器会为编译好的查询语句生成执行计划，并根据执行计划访问相关数据

　　　D. 存储管理器以事务方式管理用户对数据的访问，以确保数据库并发访问的正确性

● 已知某高校图书借阅管理系统中包含系、教师、学生、教师编号、系名、书名、图书、学生性别、职称、学生姓名、书价的信息。这些信息中能够被标识为实体集的是 __(27)__ 。

Ⅰ. 系、教师、学生、图书

Ⅱ. 教师编号、系名、书名、学生姓名

Ⅲ. 学生性别、职称、学生姓名、书价

Ⅳ. 图书、教师、书名

(27) A. 仅Ⅰ　　　　B. 仅Ⅰ和Ⅱ　　　　C. 仅Ⅰ、Ⅱ和Ⅳ　　　　D. 全部

● 在数据库应用系统开发的需求调研阶段，需要对用户提出的需求进行分析和整理。此过程不仅需要描述用户提出的具体功能需求，也需要对用户未明确提出的非功能需求进行描述。设在某商场经营管理系统的需求分析阶段整理了下列需求：

Ⅰ. 系统需要支持会员制

Ⅱ. 系统不需要考虑财务核算功能

Ⅲ. 系统应长期稳定运行

Ⅳ. 系统应有销售统计功能

Ⅴ. 系统应保证数据存储安全

上述需求中属于非功能需求的是 __(28)__ 。

(28) A. 仅Ⅲ和Ⅳ   B. 仅Ⅲ和Ⅴ   C. 仅Ⅳ和Ⅴ   D. 仅Ⅰ、Ⅱ和Ⅴ

● 下列关于概念数据模型的说法,错误的是 __(29)__ 。

(29) A. 概念数据模型并不依赖于具体的计算机系统和数据库管理系统

    B. 概念数据模型便于用户理解,是数据库设计人员与用户交流的工具,主要用于数据库设计

    C. 概念数据模型不仅描述了数据的属性特征,而且描述了数据应满足的完整性约束条件

    D. 概念数据模型是现实世界到信息世界的第一层抽象,强调语义表达功能

● 在某信息管理系统中需管理职工的照片信息,由于照片数据量较大,照片信息是否存储在数据库中成为讨论的焦点问题。下列关于照片存储与使用的说法,错误的是 __(30)__ 。

(30) A. 将照片存储在数据库中可能会导致备份时间较长,备份空间占用较多

    B. 将照片存储在文件系统中,在数据库中只存储照片文件的路径信息,可以大幅度降低数据库的数据量

    C. 将照片存储在数据库中虽然会导致数据库的数据量较大,但可以方便地实现多台机器共享照片数据,也可以大幅度提高用户访问照片数据的速度

    D. 与将照片存储在文件系统中相比,将照片存储在数据库中更容易实现人员信息和照片数据的一致性

● A 向 B 发送消息 P,并使用公钥体制进行数字签名。设 E 表示公钥,D 表示私钥,则 B 要保留的证据是 __(31)__ 。基于数论原理的 RSA 算法的安全性建立在 __(32)__ 的基础上。Kerberos 是 MIT 为校园网设计的身份认证系统,该系统利用智能卡产生 __(33)__ 密钥,可以防止窃听者捕获认证信息。为了防止会话劫持,Kerberos 提供了 __(34)__ 机制,另外报文中还加入了 __(35)__ ,用于防止重发攻击(Replay Attack)。

(31) A. EA(P)   B. EB(P)   C. DA(P)   D. DB(P)

(32) A. 大数难以分解因子   B. 大数容易分解因子

    C. 容易获得公钥   D. 私钥容易保密

(33) A. 私有   B. 加密   C. 一次性   D. 会话

(34) A. 连续加密   B. 报文认证   C. 数字签名   D. 密钥分发

(35) A. 伪随机数   B. 时间标记   C. 私有密钥   D. 数字签名

● 在软件开发过程中常用图作为描述工具。如 DFD 就是面向 __(36)__ 分析方法的描述工具。在一套分层 DFD 中,如果某一张图中有 N 个加工(Process),则这张图允许有 __(37)__ 张子图。在一张 DFD 图中,任意两个加工之间 __(38)__ 。在画分层 DFD 时,应注意保持 __(39)__ 之间的平衡。DFD 中,从系统的输入流到系统的输出流的一连串连续变换形成一种信息流,这种信息流可以分为 __(40)__ 两类。

(36) A. 数据结构   B. 数据流

    C. 对象   D. 构件(Component)

(37) A. 0   B. 1   C. 1～N D. 0～N

(38) A. 有且仅有一条数据流

    B. 至少有一条数据流

    C. 可以有一条或多条名字互不相同的数据流

    D. 可以有一条或多条数据流,但允许其中有若干条名字相同的数据流

(39) A. 父图与其子图

    B. 同一父图的所有子图

    C. 不同父图的所有子图

    D. 同一子图的所有直接父图

(40) A. 控制流和变换流   B. 变换流和事务流

    C. 事务流和事件流   D. 事件流和控制流

●关于风险管理的描述不正确的是 __(41)__ 。

(41) A. 风险管理(Risk management)包括风险识别、风险分析、风险评估和风险控制等内容

　　　B. 从风险管理的角度去看,计算机可能是绝对安全

　　　C. 可以通过建立基金来预防风险

　　　D. 风险转移是一种损失控制对策

● 在分布式环境中实现身份认证可以有多种方案,以下选项中最不安全的身份认证方案是 __(42)__ 。

(42) A. 用户发送口令,由通信对方指定共享密钥

　　　B. 用户发送口令,由智能卡产生解秘密钥

　　　C. 用户从 KDC 获得会话密钥

　　　D. 用户从 CA 获得数字证书

● 电子商务交易必须具备抗抵赖性,目的在于防止 __(43)__ 。

(43) A. 一个实体假装成另一个实体

　　　B. 参与此交易的一方否认曾经发生过此次交易

　　　C. 他人对数据进行非授权的修改、破坏

　　　D. 信息从被监视的通信过程中泄漏出去

● 安全的威胁可分为两大类,即主动攻击和被动攻击。通过截取以前的合法记录稍后重新加入一个连接,称为重放攻击。为防止这种情况,可以采用的办法是 __(44)__ 。一个计算机系统被认为是可信任的,主要从其受保护的程度而言的,Windows NT 4.0 以上版本目前具有的安全等级是 __(45)__ 。

(44) A. 加入时间戳　　B. 加密　　　　　C. 认证　　　　　D. 使用密钥

(45) A. D 级　　　　　B. C1 级　　　　　C. C2 级　　　　　D. B 级

● 基于 Web 的客户/服务器应用模式飞速发展的原因是 __(46)__ 。

(46) A. 网络规模越来越大

　　　B. 网络信息量越来越大

　　　C. 浏览器成为跨平台、通用的信息检索工具

　　　D. 网速得到大幅度提高

● 配置 WWW 服务器是 UNIX 操作系统平台的重要工作之一,而 Apache 是目前应用最为广泛的 Web 服务器产品之一, __(47)__ 是 Apache 的主要配置文件。

URL 根目录与服务器本地目录之间的映射关系是通过指令 __(48)__ 设定;指令 ServerAdmin 的作用是 __(49)__ ;而设置 index.html 或 default.html 为目录下默认文档的指令是 __(50)__ ;如果允许以"http://www.xxx.edu.cn/～username"方式访问用户的个人主页,必须通过 __(51)__ 指令设置个人主页文档所在的目录。

(47) A. http　　　　　　　　　　　B. srm.conf

　　　C. access.conf　　　　　　　 D. apache.conf

(48) A. WWWRoot　　　　　　　　 B. ServerRoot

　　　C. ApacheRoot　　　　　　　 D. DocumentRoot

(49) A. 设定该 WWW 服务器的系统管理员账号

　　　B. 设定系统管理员的电子邮件地址

　　　C. 指明服务器运行时的用户账号,服务器进程拥有该账号的所有权限

　　　D. 指定服务器 WWW 管理界面的 URL,包括虚拟目录、监听端口等信息

(50) A. IndexOptions　　　　　　　 B. DirectoryIndex

　　　C. DirectoryDefault　　　　　 D. IndexIgnore

(51) A. VirtualHost　　　　　　　　 B. VirtualDirectory

　　　C. UserHome　　　　　　　　 D. UserDir

● 原型化(Prototyping)方法是一类动态定义需求的方法, __(52)__ 不是原型化方法所具有的特

征。与结构化方法相比,原型化方法更需要 __(53)__ 。衡量原型开发人员能力的重要标准是 __(54)__ 。

(52) A. 提供严格定义的文档　　　　　　B. 加快需求的确定

　　　C. 简化项目管理　　　　　　　　　D. 加强用户参与和决策

(53) A. 熟练的开发人员　　　　　　　　B. 完整的生命周期

　　　C. 较长的开发时间　　　　　　　　D. 明确的需求定义

(54) A. 丰富的编程技巧　　　　　　　　B. 灵活使用开发工具

　　　C. 很强的协调组织能力　　　　　　D. 快速获取需求

● 网络管理系统的实现方式有 __(55)__ 。

(55) A. 1 种　　　　　B. 2 种　　　　　C. 3 种　　　　　D. 4 种

● 密码学的目的是 __(56)__ , __(57)__ 不属于密码学的作用。

(56) A. 研究数据加密　　　　　　　　　B. 研究数据保密

　　　C. 研究数据解密　　　　　　　　　D. 研究信息安全

(57) A. 高度机密性　　B. 鉴别　　　　C. 信息压缩　　　　D. 抵抗性

● RPC 使用 __(58)__ 模式。

(58) A. 客户机/服务器模式　　　　　　 B. 对等模式

　　　C. 浏览器/服务器模式　　　　　　 D. 都不是

● 基于构件的开发(CBD)模型,融合了 __(59)__ 模型的许多特征。该模型本质是演化的,采用迭代方法开发软件。

(59) A. 瀑布　　　　　　　　　　　　　B. 螺旋

　　　C. 喷泉　　　　　　　　　　　　　D. 快速应用开发(RAD)

● 以下关于软件质量度量指标的叙述中,说法正确的是 __(60)__ 。

(60) A. 正确性就是用每千行代码的故障(fault)数来度量

　　　B. 软件完整性是指软件功能与需求符合的程度

　　　C. 软件维护的工作量比开发阶段的工作量小

　　　D. 可用性与用户的操作效率和主观评价有关

● 当使用数据流图对一个工资系统进行建模时, __(61)__ 可以被认定为外部实体。

(61) A. 工资单　　　　　　　　　　　　B. 工资系统源程序

　　　C. 接收工资单的银行　　　　　　　D. 工资数据库

● 测试是保证软件质量的重要手段。根据国家标准 GB 8566—1988《计算机软件开发规范》的规定,应该在 __(62)__ 阶段制定系统测试计划。

(62) A. 需求分析　　　B. 概要设计　　　C. 详细设计　　　D. 系统测试

● 某软件产品在应用初期运行在 Windows 2000 环境中。现因某种原因,该软件需要在 Linux 环境中运行,而且必须完成相同的功能。为适应该需求,软件本身需要进行修改,而所需修改的工作量取决于该软件的 __(63)__ 。

(63) A. 可复用性　　B. 可维护性　　　C. 可移植性　　　D. 可扩充性

● 风险的成本估算完成后,可以针对风险表中的每个风险计算其风险曝光度。某软件小组计划项目中采用 50 个可复用的构件,每个构件平均是 100 LOC,本地每个 LOC 的成本是 13 元人民币。以下是该小组定义的一个项目风险。

① 风险识别:预定要复用的软件构件中只有 50% 将被集成到应用中,剩余功能必须定制开发。

② 风险概率:60%。

③ 该项目风险的风险曝光度是 __(64)__ 。

(64) A. 10 500　　　B. 19 500　　　C. 32 500　　　D. 65 000

● 软件项目管理中可以使用各种图形工具,以下关于各种图形工具的论述中正确的是 __(65)__ 。

(65) A. 流程图直观地描述了工作过程的具体步骤,以及这些步骤之间的时序关系,可以用于控制

工作过程的完成时间

B. PERT 图画出了项目中各个活动之间的时序关系,可用于计算工程项目的关键路径,以便控制项目的进度

C. 因果分析图能表现出软件过程中各种原因和效果之间的关系,并且表现了它们随时间出现的顺序和重要程度,这些数据可用于改进软件过程的性能

D. Gantt 图为整个项目建立了一个时间表,反映了项目中的所有任务之间的依赖关系,以及各个任务的起止日期,这些信息可用于项目的任务调度

● 以下关于面向对象技术的叙述中,说法正确的是 (66) 。

(66) A. 面向对象分析的第 1 步是定义类和对象

B. 面向对象程序设计语言为面向对象用例设计阶段提供支持

C. 构件表示的是物理模块而不是逻辑模块

D. 抽象类的主要特征是没有方法

● 用 UML 建立业务模型是理解企业业务过程的第一步。使用活动图(Activity Diagram)可显示业务工作流的步骤和决策点,以及完成每一个步骤的角色和对象,它强调 (67) 。

(67) A. 上下层次关系   B. 时间和顺序

C. 对象间的迁移   D. 对象间的控制流

● 在 UML 建模过程中,对象行为是对象间为完成某一目的而进行的一系列消息交换。若需要描述跨越多个用例的单个对象的行为,使用 (68) 是最为合适的。

(68) A. 状态图(Statechart Diagram)

B. 交互图(Interactive Diagram)

C. 活动图(Activity Diagram)

D. 协作图(Collaboration Diagram)

● 可以用项目三角形表示项目管理中主要因素之间相互影响的关系, (69) 处于项目三角形的中心,它会影响三角形的每条边,对三条边的任何一条所作的修改都会影响它。

(69) A. 范围   B. 时间   C. 成本   D. 质量

● 若用 ping 命令来测试本机是否安装了 TCP/IP 协议,则正确的命令是 (70) 。

(70) A. ping 127.0.0.0   B. ping 127.0.0.1

C. ping 127.0.1.1   D. ping 127.1.1.1

● (71) is a six bytes OSI layer 2 address which is burned into every networking device that provides its unique identity for point to point communication.

● (72) is a professional organization of individuals in multiple professions which focuses on effort on lower-layer protocols.

● (73) functions with two layers of protocols. It Can connect networks of different speeds and can be adapted to an environment as it expands.

● (74) is the popular LAN developed under the direction of the IEEE 802.5.

● (75) is the popular backbone technology for transmitting information at high speed with a high level of fault tolerance which is developed under the direction of ANSI.

(71) A. The MAC address   B. The IP address

C. The subnet address   D. The virtual address

(72) A. ISO   B. ANSI   C. CCITT   D. IEEE

(73) A. The hub   B. The bridge   C. The router   D. The proxy

(74) A. Ethernet   B. Token Bus   C. Token Ring   D. DQDB

(75) A. X.25   B. ATM   C. FDDI   D. SMDS

下午试题

试题一（15 分）

【说明】

信息系统管理工作主要是优化信息部门的各类管理流程，并保证能够按照一定的服务级别，为业务部门提升高质量、低成本的信息服务。

【问题 1】(6 分)

信息系统管理工作可以按照两个标准分类：(1) 和 (2)。属于第一类的有 (3)，属于第二类的有 (4)。

A. 信息系统
B. 侧重于 IT 部门的管理
C. 设施及设备
D. 网络系统
E. 侧重于业务部门的 IT 支持及日常作业
F. 运作系统
G. 侧重于 IT 基础设施建设

【问题 2】(4 分)

根据第一个分类标准，信息系统管理工作可以分为信息系统、网络系统、运作系统和设施及设备四种，请在下列 A～H 的 8 个选项中选择每种的具体实例（每种 2 个），填入空 (5)～(8) 中：

属于运作系统的是 (5)；属于设施及设备的是 (6)。

属于信息系统的是 (7)；属于网络系统的是 (8)。

A. 入侵监测
B. 办公自动化系统
C. 广域网
D. 备份，恢复系统
E. 数据仓库系统
F. 火灾探测和灭火系统
G. 远程拨号系统
H. 湿度控制系统

【问题 3】(5 分)

根据第二个分类标准，信息系统管理工作可以分为 3 部分，请在下列 A～F 的 6 个选项中选择合适的实例（每部分 2 个），填入空 (9)～(11) 中。

1. 侧重于信息部门的管理，保证能够高质量地为业务部门提供信息服务，例如 (9)；

2. 侧重于业务部门的信息支持及日常作业，从而保证业务部门信息服务的可用性和可持续性，例如 (10)；

3. 侧重于信息基础设施建设，例如 (11)。

A. Web 架构建设
B. 故障管理及用户支持
C. 服务级别管理
D. 日常作业管理
E. 系统安全管理
F. 局域网建设

试题二（15 分）

【说明】

由于系统性能是基于系统建立的各种架构，架构是各个设计的核心，因此系统性能自然成为一个非常重要的考虑。所以，在原有系统中最大的亮丽之处在于花费大量工作来提高整个系统的性能指标，使得整个系统无论在系统响应速度，还是大数据量并发操作方面都有很杰出的表现。那如何评价系统性能的好坏需要我们给出一些规范性的系统性能定义和指标。

【问题 1】(5 分)

常用的系统性能指标有：

1. (1)：计算机完成某一任务所花费的时间。该指标和吞吐量成反比，花费时间越短，吞吐量越大。

2. 计算机性能常用的指标:(2)、(3)。

【问题2】(5分)

系统性能评估技术分为三种,分别是分析技术、模拟技术、测量技术。请简要阐述这三个技术的内容。

【问题3】(5分)

计算机硬件故障通常是由元器件失效引起的,元器件可靠性分为3个阶段:①器件处于不稳定期,失效率较高②器件进入正常工作期,失效率最低,基本保持常数③元器件开始老化,失效率又重新提高("浴盆模型")。

因此计算机系统的可靠性指标也相当重要,计算机的可靠性用(4)来度量,可维护性用(5)来度量,可用性用(6)来衡量。

常见的三种计算机可靠性数学模型为:①串联系统可靠性模型②并联系统可靠性模型③(7)。

试题三(15分)

【说明】

某企业网上销售管理系统的数据库部分关系模式如下所示:

客户(客户号,姓名,性别,地址,邮编)

产品(产品号,名称,库存,单价)

订单(订单号,时间,金额,客户号)

订单明细(订单号.产品号,数量)

关系模式的主要属性及约束如下表所示。

关系名	约束
客户	客户号唯一标识一位客户,客户性别取值为"男"或者"女"
产品	产品号唯一标识一个产品
订单	订单号唯一标识一份订单。一份订单必须仅对应一位客户,一份订单可由一到多条订单明细组成。一位客户可以有多份订单
订单明细	一条订单明细对应一份订单中的一个产品

客户、产品、订单和订单明细关系及部分数据分别如下列各表所示。

客户关系

客户号	姓名	性别	地址	邮编
01	王晓甜	女	南京路2号	200,005
02	林俊杰	男	北京路18号	200,010

产品关系

产品号	名称	库存	单价
01	产品A	20	298.00
02	产品B	50	168.00

订单关系

订单号	时间	金额	客户号
1,001	2,006.02.03	1,268.00	01
1,002	2,006.02.03	298.00	02

订单明细关系

订单号	产品号	数量
1,001	01	2
1,001	02	4
1,002	01	1

【问题1】(5分)

以下是创建部分关系表的SQL语句,请将空缺部分补充完整。

CREATE TABLE 客户(

客户号 CHAR(5)＿＿＿(a)＿＿＿,

姓名 CHAR(30),

性别 CHAR(2)＿＿＿(b)＿＿＿,

地址 CHAR(30),

邮编 CHAR(6));

CREATE TABLE 订单(

订单号 CHAR (4),

时间　CHAR (10),

金额 NUMBER(6 ,2),

客户号 CHAR(5) NOT NULL,

PRIMARY KEY(订单号),

＿＿＿(c)＿＿＿);

【问题2】(5分)

请按题意将下述SQL查询语句的空缺部分补充完整。

按客户购买总额的降序,输出每个客户的客户名和购买总额。

SELECT 客户. 客户名,＿＿＿(d)＿＿＿

FROM 客户,订单

WHERE 客户. 客户号＝订单. 客户号

＿＿＿(e)＿＿＿

＿＿＿(f)＿＿＿,

【问题3】(5分)

当一个订单和对应的订单明细数据入库时,应该减少产品关系中相应的产品库存,为此应该利用数据库管理系统的什么机制实现此功能?请用100字以内的文字简要说明。

试题四(15分)

【说明】

当前,IT部门需要处理的日常事务大大超过了他们的承受能力,他们要跨多个操作系统部署安全补丁和管理多个应用。在运营管理层面上,他们不得不规划和执行操作系统移植、主要应用系统的升级和部署。这些任务在大多数情况下需要跨不同地域和时区在多个硬件平台上完成。如果不对这样的复杂性和持久变更情况进行管理,将导致整体生产力下降,额外的部署管理成本将远远超过软件自身成本。因此,软件分发管理是基础架构管理的重要组成部分,可以提高 IT 维护的自动化水平,实现企业内部软件使用标准化,并且大大减少维护 IT 资源的费用。

技术在飞速发展,企业需要不断升级或部署新的软件来保持业务应用的适应性和有效性。在企业范围内,手工为每个业务系统和桌面系统部署应用和实施安全问题修复已经成为过去。

【问题1】(5分)

软件分发管理的支持工具可以自动完成软件部署的全过程,包括软件打包、分发、安装和配置等,甚至在特定的环境下可以根据不同事件的触发实现软件部署的操作。在相应的管理工具的支持下,软件分发管理可以自动化或半自动化地完成下列软件分发任务。

___(1)___。IT 系统管理人员可将软件包部署至遍布网络系统的目标计算机,对它们执行封装、复制、定位、推荐和跟踪。软件包还可在允许最终用户干预或无需最终用户干预的情况下实现部署,而任何 IT 支持人员均不必亲身前往。

___(2)___。随着 Windows 等操作系统的安全问题越来越受到大家的关注,每隔一段时间微软都要发布修复系统漏洞的补丁,但很多用户仍不能及时使用这些补丁修复系统,在病毒爆发时就有可能造成重大损失。通过结合系统清单和软件分发,安全修补程序管理功能能够显示计算机需要的重要系统和安全升级,然后有效地分发这些升级。并就每台受控计算机所需安全修补程序做出报告,保障了基于 Windows 的台式机、膝上型计算机和服务器安全。

___(3)___。对于 IT 部门来说,手工对分布空间很大的个人计算机进行实际的操作将是烦琐而效率低下的。有了远程诊断工具,可帮助技术支持人员及时准确获得关键的系统信息,这样他们就能花赞较少的时间诊断故障并以远程方式解决问题。

【问题2】(5分)

___(4)___。也被称为文件,通常指的是一些记录的数据和数据媒体,它具有固定不变的形式。可被人和计算机阅读。它和计算机程序共同构成了能完成特定功能的计算机软件(有人把源程序也当作文档的一部分)。___(5)___。在软件开发工作中占有突出的地位和相当大的工作盘。高效率、高质量地开发、分发、管理和维护文档对于转让、变更、修正、扩充和使用文档,对于充分发挥软件产品的效益都有着重要意义。

在整个软件生存期中,各种文档作为半成品或最终成品,会不断地生成、修改或补充。为了最终得到高质量的产品,必须加强对文档的管理。

【问题3】(5分)

个人计算机功能的不断翻新,带动了软件开发行业的发展。___(6)___已经不再是一个难题。然而,这却使专业的软件开发公司面临着一大难题,那就是他们在不断地投下人力、物力、财力的情况下,却必须承受非法盗版带来的损失。于是,不断出台了一些知识产权保护的办法,来保证公司的正常运营。请举例说明。

试题五(15分)

由于信息系统是一个复杂的社会技术系统,它所追求的不仅仅是单一的经济性指标。除了费用、经济效益和财务方面的考虑外,还涉及技术先进性、可靠性、适用性和用户界面友善性等技术性能方面的要求,以及改善员工劳动强度和单位经营环境、改进组织结构及运作方式的管理目标。

多指标综合评价的理论和方法的研究是一个正在发展的领域。有关它在信息系统评价中的应用研究则更有待人们的工作,在这里我们只讨论系统综合评价的框架轮廓和基本方法。

【问题1】(5分)

所谓的信息系统多指标综合评价是指对信息系统所进行的一种全方位的考核或判断,它一般具备三个特征,请简要说明。

【问题2】(5分)

一般说来,信息系统多指标综合评价工作展开不是单一的,而需要包含多方面的内容,请简要说明信息系统多指标综合评价包含的内容。

【问题 3】(5 分)

性能评价时机一般选在项目结束一段时间后,以实际的数据资料为基础,重新衡量信息化建设,为以后相关决策提供借鉴和反馈信息。下面请解释几个常见指标的概念。

(1)事务处理响应时间。

(2)作业周转时间。

(3)吞吐量。

(4)故障恢复时间。

(5)控制台响应时间。

模拟试卷一答案解析

（1）B

❀ 解析：PC 不可以存储算术/逻辑运算结果。

（2）A

❀ 解析：CISC 的指令系统对应的控制信号复杂，大多采用微程序控制器方式。

（3）A

❀ 解析：海明码使用多组数位进行异或运算来检错和纠错。不过，异或也可以当做是奇偶计算，因此 A 可以算是正确的。

B 的错误在于码距不能等于 1。

C 的错误在于 CRC 不具有纠错能力。

取两个相近的码字，如 0 和 1，再随便用个生成多项式（如 101）进行计算，可以看出即使要传输的码字的码距为 1，但整个编码（原数据＋CRC 校验码）的码距必定大于 1。如果码距可以等于 1 的话，那么就意味着 CRC 编码可能无法检查出一位的错误。因此 D 也是错误的。

不过，D 的表达存在不严谨的地方。如果将题目中的"循环冗余校验码"定为整个编码（原数据＋CRC 校验码），则 D 是错误的。如果将题目中的"循环冗余校验码"定为 CRC 校验码，则 D 是正确的。

（4）B

❀ 解析：A、C、D 都明显错误。

（5）D

❀ 解析：Jackson 是面向数据结构的设计方法。

（6）A

❀ 解析：常识。

（7）C

❀ 解析：在软件生命周期中的任何一个阶段，只要软件发生了改变，就可能给该软件带来问题。软件的改变可能是源于发现了错误并做了修改，也有可能是因为在集成或维护阶段加入了新的模块。当软件中所含错误被发现时，如果错误跟踪与管理系统不够完善，就可能会遗漏对这些错误的修改；而开发者对错误理解的不够透彻，也可能导致所做的修改只修正了错误的外在表现，而没有修复错误本身，从而造成修改失败；修改还有可能产生副作用从而导致软件未被修改的部分产生新的问题，使本来工作正常的功能产生错误。同样，在有新代码加入软件的时候，除了新加入的代码中有可能含有错误外，新代码还有可能对原有的代码带来影响。因此，每当软件发生变化时，我们就必须重新测试现有的功能，以便确定修改是否达到了预期的目的，检查修改是否损害了原有的正常功能。同时，还需要补充新的测试用例来测试新的或被修改了的功能。为了验证修改的正确性及其影响就需要进行回归测试。

（8）B （9）D

❀ 解析：常识。

（10）A

❀ 解析：许可贸易实际上是一种许可方用授权的形式向被许可方转让技术使用权同时也让度一定市场的贸易行为。根据其授权程度大小，许可贸易可分为如下五种形式：

（1）独占许可。它是指在合同规定的期限和地域内，被许可方对转让的技术享有独占的使用权，即许可方自己和任何第三方都不得使用该项技术和销售该技术项下的产品。所以这种许可的技术使用费是最高的。

（2）排他许可，又称独家许可；它是指在合同规定的期限和地域内，被许可方和许可方自己都可使用该许可项下的技术和销售该技术项下的产品,但许可方不得再将该项技术转让给第三方。排他许可是仅排除第三方而不排除许可方。

（3）普通许可。它是指在合同规定的期限和地域内,除被许可方该允许使用转让的技术和许可方仍保留对该项技术的使用权之外,许可方还有权再向第三方转让该项技术。普通许可是许可方授予被许可方权限最小的一种授权,其技术使用费也是最低的。

（4）可转让许可,又称分许可。它是指被许可方经许可方允许,在合同规定的地域内,将其被许可所获得的技术使用权全部或部分地转售给第三方。通常只有独占许可或排他许可的被许可方才获得这种可转让许可的授权。

（5）互换许可,又称交叉许可。它是指交易双方或各方以其所拥有的知识产权或专有技术,按各方都同意的条件互惠交换技术的使用权,供对方使用。这种许可多适用于原发明的专利权人与派生发明的专利权人之间。

（11）A、（12）B、（13）C

解析:事实表明,在无规则和混乱的管理条件下,先进的技术和工具并不能发挥应有的作用。人们认识到,改进软件过程的管理是解决上述难题的突破口,不能忽视软件过程的影响。但是各个软件机构的过程成熟度有着较大的差别。为了做出客观、公正的比较,需要建立一种衡量的标准。使用此标准一方面可以评价软件承包机构的质量保证能力,在软件项目评标活动中选择中标机构;另一方面,该标准也必然成为软件机构改进软件质量,加强质量管理以及提高软件产品质量的依据。1987 年美国卡内基·梅隆大学软件工程研究所受国防部资助,提出了软件机构的能力成熟度模型。该模型将软件的成熟度由低到高分为 5 个级别:初始级、可重复级、已定义级、已管理级和优化级。

（14）C、（15）B

解析:关键路径是时间最长的那条路径。

（16）A

解析:白盒法全面了解程序内部逻辑结构、对所有逻辑路径进行测试。白盒法是穷举路径测试。在使用这一方案时,测试者必须检查程序的内部结构,从检查程序的逻辑着手,得出测试数据。

（17）B

解析:负数的补码:符号位为 1,其余位为该数绝对值的原码按位取反;然后整个数加 1。

因此,补码 FFFFH 对应的是 -1。

（18）B

解析:在极端情况下,假设 6 个并发进程都获得了一个资源。要避免死锁,则至少需要再增加一个资源。

（19）B

解析:高内聚强调功能实现尽量在模块内部完成;低耦合则是尽量降低模块之间的联系,减少彼此之间的相互影响。这两者的结合是面向过程编程和系统设计的重要特点。

（20）B

解析:编程常识

（21）A

解析:基本常识。

（22）B

解析:在我国,审批专利遵循的基本原则是"先申请先得"原则,即对于同样的发明创造,谁先申请专利,专利权就授予谁。专利法第九条规定,两个以上的申请人分别就同样的发明创造申请专利的,专利权授予最先申请的。当有两者在同一时间就同样的发明创造提交了专利申请,专利局将分别向各申请人通报有关情况可以将两申请人作为一件申请的共同申请人,或其中一方放弃权利并从另一方得到适当的补偿,或两件申请都不授予专利权。但专利权的的授予只能给一个人。

（23）B

解析:第三层交换本来是应该根据网络层 IP 地址进行转发的。

但第三层交换有一类方案的思想是:在第三层对数据报进行一次路由,然后尽量在第二层交换端到端的数据帧,这就是所谓的"一次路由,随后交换"（Route Once, Switch Thereafter）的策略。3 Com 公司的 FastIP 交换（用于局域网）和 MPOA（Multi-Protocol Over ATM,ATM 上的多协议）属于此类。其中 FastIP 交换使用的是 MAC 地址,MPOA 使用的就不一定是 MAC 地址了。

另外,第三层交换还有一类方案是尽可能地避免路由器对数据报进行逐个处理,可以把网络数据划分成不同的网络流,在进行路由和转发时是以数据报携带的网络流标志为依据。Cisco 公司的 NetFlow 交换（用于局域网）和 TagSwitching 交换(用于广域网)以及 Ipsilon 公司的 IPS-switching 交换就是属于这种技术。

从题目不是很容易揣摩出命题者的意思,在 A 和 B 之间反复权衡,最后还是选 B。

(24) A

✵ **解析**:简单地说,HTTPS 就是经过 SSL 加密后的 HTTP。利用 HTTPS 协议,能在客户端和服务器之间进行防窃听、防篡改及防伪造的通信,实现数据的机密性、完整性、服务器认证和可选的客户端认证。

(25) C(D 也算对)

✵ **解析**:DES 是一个分组加密算法,它以 64 位为分组对数据加密。同时 DES 也是一个对称算法,即加密和解密用的是同一个算法。它的密钥长度是 64 位,但实际有效的密钥只是 56 位,这是因为密钥中每 8 位就有 1 位用作奇偶校验。

DES 的分组长度太短(仅 64 位)、密钥长度更短(仅 56 位),可以通过穷举(也称野蛮攻击)的方法在较短时间内破解。1978 年初,IBM 公司意识到 DES 的密钥太短,于是设计了 3 DES(Triple DES),利用三重加密来有效增加密钥长度,加大解密代价。3 DES 是 DES 算法扩展其密钥长度的一种方法,它需要执行三次常规的 DES 加密,这相当于将加密密钥的长度扩展到 128 位(112 位有效)或 192 位(168 位有效)。

3 DES 有 3 种不同的加密模式(E 代表加密,D 代表解密):

① DES-EEE3,使用 3 个不同的密钥进行三次加密,这相当于将密钥扩展为 192 位。

② DES-EDE3,使用 3 个不同的密钥,分别对数据进行加密、解密、加密操作,这也相当于将密钥扩展为 192 位。

③ DES-EEE2 和 DES-EDE2,与前面模式相同,只是第一次和第三次加密使用同一密钥,这相当于将密钥扩展为 128 位。

A、B 肯定是错的,C 和 D 都有可能。DES-EEE3 和 DES-EDE3 采用了三个不同的密钥,而 DES-EEE2 和 DES-EDE2 采用了两个不同的密钥。建议选择 C、D 的都算对。

(26) C

✵ **解析**:C 项是查询处理器的功能,不是存储管理器功能。

(27) D

✵ **解析**:实体是现实世界中客观存在并可

独立区别于其他对象的一个"事件"或"物体"。4 个选项中所罗列的事物均符合该条件。

(28) B

✵ **解析**:Ⅰ、Ⅱ、Ⅳ 均属于具体的功能需求,Ⅲ 和 Ⅴ 属于非功能需求。

(29) C

✵ **解析**:数据的完整性约束条件的确定是在逻辑设计阶段,因此选 C。

(30) C

✵ **解析**:照片存储到数据库中后,对照片的访问就受到了很大的限制,不能再随意地共享了。

(31) C、(32) A、(33) C、(34) A、(35) B

✵ **解析**:RSA(Rivest-Shamir-Adleman)算法是一种基于大数不可能质因数分解假设的公匙体系。简单地说就是找两个很大的质数,一个公开给世界,一个不告诉任何人。一个称为"公匙",另一个叫"私匙"(Public key & Secret key or Private key)。这两个密匙是互补的,就是说用公匙加密的密文可以用私匙解密,反过来也一样。假设甲要寄信给乙,他们互相知道对方的公匙。甲就用乙的公匙加密邮件寄出,乙收到后就可以用自己的私匙解密出甲的原文。由于没别人知道乙的私匙所以即使是甲本人也无法解密那封信,这就解决了信件保密的问题。另一方面由于每个人都知道乙的公匙,他们都可以给乙发信,那么乙就无法确信是不是甲的来信。认证的问题就出现了,这时候数字签名就有用了。

Kerberos 是在 Internet 上长期被采用的一种安全验证机制,它基于共享密钥的方式。Kerberos 协议定义了一系列客户机/密钥发布中心(Key Distribution Center,KDC)/服务器之间进行的获得和使用 Kerberos 票证的通信过程。

当已被验证的客户机试图访问一个网络服务时,Kerberos 服务(即 KDC)就会向客户端发放一个有效期一般为 8 个小时的对话票证(Session Ticket)。网络服务不需要访问目录中的验证服务,就可以通过对话票证来确认客户端的身份,这种对话的建立过程比 Windows NT 4.0 中的速度要快许多。

Kerberos 加强了 Windows 2000 的安全特性,它体现在更快的网络应用服务验证速度,允许多层次的客户/服务器代理验证和跨域验证建立可传递的信任关系。可传递的信任关系的实现,是因为每个域中的验证服务(KDC)信任都是由同一棵树中其他 KDC 所发放的票证,这就大大简化了大型网络中多域模型的域管理工作。

Kerberos 还具有强化互操作性的优点。在一个多种操作系统的混合环境中,Kerberos 协议提供了通过一个统一的用户数据库为各种计算任务进行用户验证的能力。即使在非 Windows 2000 平台上通过 KDC 验证的用户,比如从 Internet 进入的用户,也可以通过 KDC 域之间的信任关系,获得无缝的 Windows 2000 网络访问。

(36) B、(37) D、(38) C、(39) A、(40) B

❋ **解析**:本题考查数据流图(DFD)的基本知识。

在软件需求分析阶段,用 SA 方法产生了数据流图。数据流图是结构化分析方法的一种分析结果,用来描述数据流从输入到输出的变换过程。数据流图的基本成分有数据流、数据加工、数据存储和源/宿。

一个软件系统,其数据流图往往有多层。如果父图有 N 个加工,则该父图可以有 0~N 张子图,但是每张子图只能对应于一张父图。

在画数据流图时,应注意父图与子图的平衡,即父图中某加工的输入/输出数据流必须与其子图的输入/输出流在数量和名字上相同。

DFD 的信息流大体上可分为两种类型,一种是变换流,另一种是事务流。

(41) B

❋ **解析**:风险管理(Risk Management)包括风险识别、风险分析、风险评估和风险控制等内容。国外许多专家认为,风险管理是信息安全的基础工作和核心任务之一,是最有效的一种措施,是保证信息安全投资回报率优化的科学方法。现代风险管理理论产生于西方资本主义国家,它是为制定有效的经济发展战略和市场竞争策略而创造的一种理论、方法和措施。在讨论风险管理的过程中,重要的是要认可一个最基本的假设:计算机不可能绝对安全。总是有风险存在,无论这种风险是由受到信任的员工欺诈系统造成的,还是火灾摧毁关键资源造成的。风险管理由两个主要的和一个基础的活动构成:风险评估和风险消减是主要活动,而不确定性分析是基础活动。

风险转移是一种损失控制对策,可以通过三种途径来实现:

- 担有风险的财产或活动可以转移给其他人或转移给其他群体。
- 风险本身,不是财产或活动,也可以转移。
- 风险的财务转移使受让人产生了损失风险,受让人撤销这种协议可以被视为风险控制转移的第三种情况。这种协议撤销后,企业对它原先同意的经济赔偿不再负有法律责任。

风险预防的一种措施是建立风险基金。风险基金(Venture Funds)是指由投资专家管理、投向年轻但拥有广阔发展前景、并处于快速成长中的企业的资本。风险基金是准备用于进行风险投资的资金。

(42) B

❋ **解析**:"用户发送口令,由智能卡产生解秘密钥"这种方法不安全,因为密钥在传输过程中可能会被他人窃取,从而造成泄密,因此选项 B 不安全,其余几项都是比较安全的做法。

(43) B

❋ **解析**:电子商务交易必须具备抗抵赖性,目的在于防止参与此交易的一方否认曾经发生过此次交易。

通过身份认证可以确定一个实体的身份,防止一个实体假装成另外一个实体;认证与授权相结合,可以防止他人对数据的修改。

(44) A、(45) C

❋ **解析**:采取加入时间戳的方法可以防止重放攻击;Windows NT 4.0 以上版本目前具有的安全等级是 C2 级。

(46) C

❋ **解析**:本题考查 Web 的相关知识点。

超级文本传输协议(Hypertext Transfer Protocol,HTTP)使服务器和浏览器可以通过 Web 交换数据。它是一种请求/响应协议,即服务器等待并响应客户方请求。Web 浏览器是 Web 的客户端,包括与 Web 服务器建立通信所需的软件及转换,并显示从服务器方返回数据的软件。而基于 Web 的客户/服务器应用模式除了技术成熟、简单易用,最重要的是浏览器已成为通用的信息检索工具。

(47) A、(48) D、(49) B、(50) B、(51) D

❋ **解析**:Apache Web 服务器主要有三个配置文件,位于/usr/local/apache/conf 目录下。这

三个文件是：

　　httpd. conf→主配置文件；

　　srm. conf→添加资源文件；

　　access. conf→设置文件的访问权限。

　　设置主服务器的指令介绍：

　　Port 80

　　这个参数给出了服务程序开启监听的端口号为80。

　　User nobody

　　Group nobody

　　打开服务进程的用户名和用户组名。

　　ServerAdmin root@localhost

　　ServerName localhost

　　设置管理员的邮件地址和此服务器的主机名。

　　DocumentRoot "/home/httpd/html"

　　DirectoryIndex index. html index. htm index. shtml index. cgi

　　UserDir public_html

　　前面两行定义了网页的主目录和首页名称。UserDir给出了用户的绝对路径，也就是说明个人主页存放路径。

　　AccessFileName. htaccess

　　此指令指定了每个目录下的文件权限是由.htaccess决定。当Apache试图读取某一目录下的文件时，它将先查阅".htaccess"文件中所列的访问控制指令，并执行相应的操作。

　　(52) A、(53) B、(54) D

　　✳ **解析**：原型化方法实际上是一种快速确定需求的策略，对用户的需求进行提取、求精，快速建立最终系统工作原型。原型化方法与结构化方法不同，它不追求也不可能要求对需求的严格定义、较长的开发时间和熟练的开发人员，但是该方法要求完整的生命周期。为了加快模型的建立，它需要加强用户的参与和决策，以求尽快将需求确定下来，采用这样一个（与最终系统相比）相对简化的模型就可以简化项目的管理。

　　原型化方法是一种动态设计过程，衡量原型化人员能力的重要标准是其快速获得需求的能力，至于是否有熟练的程序编制调试能力、很强的协调组织能力以及灵活使用工具的能力，都不是最重要的。

　　(55) C

　　✳ **解析**：本题考查的网络管理系统的相关知识点。

　　网络管理系统的结构一般有集中式、分布式和分层式，具体说明如下。

　　集中式体系结构是最常用的一种网络管理模式，它由一个单独的管理者负责整个网络的管理工作。该管理者处理与被管网络单元的代理之间的通信，提供集中式的决策支持和控制，并维护管理数据库。

　　分布式结构与管理域（按照地域、组织和其他方式定义不同的域）的概念相关，系统中使用了一个以上同等级别的管理者。因为它根据每个域设置一个管理者，很适合于多域的大型网络结构。

　　分层结构也应用了在每个管理域中配置管理者的模式。每个域管理者只负责本域的管理，不关心网络内的其他域的情况。所有管理者的管理系统（MoM）位于更高的层次，从各域管理者获取管理信息。与分布式结构不同，域管理者之间并不通信。这种结构能很容易地扩展，并且可以增加一个以上的MoM。可以采用在各个MoM之上建立MoM形成多级分层组合。在这种结构中可以较容易地开发综合应用程序，从多个域（可以是异构的）获取管理信息。

　　(56) B、(57) C

　　✳ **解析**：密码学是以研究数据保密为目的的。答案A和C是密码学研究的两个方面，而密码学是信息安全的一个分支。密码学以研究数据保密为目的，必然要有高度机密性，鉴别是指消息的接收者应该能够确认消息的来源，入侵者不可能伪装成他人；抗抵赖是指发送者时候不可能否认他发送的消息，这两项都是密码学的作用；而信息压缩并不是密码学的作用。

　　(58) A

　　✳ **解析**：本题考查的是RPC的相关知识点。

　　RPC使用的是客户机/服务器模式。在RPC中，发出请求的程序是客户，而提供服务的程序是服务器，即请求程序就是一个客户机，而服务程序就是一个服务器。首先，调用过程发送一个调用信息到服务过程，然后等待应答信息。调用过程包括过程参数，应答信息包括过程结果。在服务器端，过程保持睡眠状态直到调用信息到达。当一个调用信息到达，服务器获得过程参数，计算结果，发送应答信息，然后等待下一个调用信息。最后，调用过程接收应答信息，获得过程结果,然后调用执行继续进行。

(59) B

✳ **解析:** 螺旋模型是演化软件过程模型的一种,最早由Boehm提出,它将原型实现的迭代特征与线性顺序模型中控制的和系统化的方面结合起来,使软件增量版本的快速开发成为可能。在螺旋模型中,软件开发是一系列的增量发布。

面向对象技术为软件工程的基于构件的过程模型提供了技术框架。基于构件的开发模型融合了螺旋模型的许多特征。它本质上是演化型的,要求软件创建迭代方法。

基于构件的开发模型是利用预先包装好的软件构件来构造应用的。统一软件开发(RUP)过程是在产业界提出的一系列基于构件的开发模型的代表。

(60) D

✳ **解析:** 最主要的软件质量度量指标有正确性、可维护性、完整性和可用性。软件的正确性是指软件完成所需功能的程度,尽管这种程度与每千行代码的故障数有关,但不完全等同。

软件完整性是指软件在安全方面抗攻击的能力。

软件维护的工作量比开发阶段的工作量大,通常的估计是,开发阶段的工作量占软件生命期整个工作量的40%,而维护阶段的工作量则占60%,甚至更多。

软件可用性用来度量软件的"用户友好性",可以从①学会操作软件所需的体力和智力,②对系统的使用达到中等效率所需的时间,③当系统由一个中等效率的人使用时测量到的生产率增长值,④用户对系统的主观评价等4个方面来度量可用性。

(61) C

✳ **解析:** 数据流程图(Data Flow Diagam, DFD)也称数据流图,是一种便于用户理解、分析系统数据流程和描述系统逻辑模型的图形工具。它摆脱了系统的物理内容,精确地在逻辑上描述系统的功能、输入/输出和数据存储等,是系统逻辑模型的重要组成部分。

DFD由数据流、加工、数据存储和外部实体4个要素构成。外部实体是指存在于软件系统之外的人员或组织,它指出系统所需数据的发源地和系统所产生数据的归宿点。当使用DFD对一个工资系统进行建模时,接收工资单的银行可以被认定为是一个外部实体,而选项A、B和D的内容都不符合外部实体的定义。

(62) A

✳ **解析:** 根据国家标准GB 8566—1988《计算机软件开发规范》的规定,单元测试是根据详细设计阶段给出的"规格说明书"在编码阶段完成的测试工作;集成测试的计划是在概要设计阶段制订的;系统测试计划应该在需求分析阶段就开始制订,并在设计阶段细化和完善,而不是等系统编码完成后才制订测试计划;而验收测试则检测产品是否符合最终用户的需求。

(63) C

✳ **解析:** 软件的可复用性指软件或软件的部件能被再次用于其他应用中的程度。软件复用性取决于其模块独立性、通用性和数据共享性等。

软件的可维护性是指一个软件模块是否容易修改、更新和扩展,即在不影响系统其他部分的情况下修改现有系统功能中问题或缺陷的能力。

软件的可移植性指将软件系统从一个计算机系统或操作系统移植到另一种计算机系统或操作系统中运行时所需工作量的大小。可移植性取决于系统中硬件设备的特征、软件系统的特点和开发环境,以及系统分析与设计中关于通用性、软件独立性和可扩充性等方面的考虑。

软件的可扩充性指软件的体系结构、数据设计和过程设计的可扩充程度。可扩充性影响着软件的灵活性和可移植性。

由以上分析可知,该软件产品从Windows 2000环境中迁移到Linux环境中运行,为完成相同的功能,软件本身需要进行修改,而所需修改的工作量取决于该软件产品的可移植性。

(64) B

✳ **解析:** 风险曝光度(Risk Exposure, RE)的计算公式为:$RE = P \times C$。其中,P是风险发生的概率,C是风险发生时带来的项目成本。

该软件小组计划采用50个可复用的构件,如果只有50%可能被使用,则25个构件必须从头开发。由于构件平均是100 LOC,每个LOC的成本是13元人民币,则开发构件的整体成本$C = 25 \times 100 \times 13 = 32\,500$元人民币。因此$RE = 0.6 \times 32\,500 = 19\,500$元人民币。

（65）B

✱ 解析：项目管理是在指定时间内用最少的费用开发可接受的系统的管理过程，内容包括确定系统开发范围、计划、人员安排、组织、指导和控制。

对于选项 A 的"流程图"，它表达了系统中各个元素之间的信息流动情况，是进行系统详细设计的工具，因此选项 A 的说法是错误的。

选项 B 的"PERT 图"，是一种图形化的网络模型，描述一个项目中的任务和任务之间的关系。PERT 图用来在任务被调度之前弄清项目任务之间的依赖关系。PERT 图的特点是通过关键路径法进行包括费用在内的资源最优化考虑，压缩关键路径上的工作，在规定的时间以前把它高效率地完成，因此选项 B 的说法是正确的。

选项 C 的"因果分析图"，也称鱼骨图，是一种用于确定、探索和描述问题及其原因和结果的图形工具。可以用因果分析图来迫使团队考虑问题的复杂性，并让他们以一种客观的态度来看待引起问题的原因。因果分析图可以帮助团队来确立引起问题的首要和次要原因，并帮助他们组织产生于头脑风暴会议中的观点，因此选项 C 的说法是错误的。

选项 D 的"Gantt 图"，它和 PERT 图是安排进度时常用的图形描述方法。Gantt 图中横坐标表示时间，纵坐标表示任务，图中的水平线段表示对一个任务的进度安排，线段的起点和终点所对应的横坐标上的时间分别表示该任务的开始时间和结束时间，线段的长度表示完成该任务所需的时间。

Gantt 图能够清晰地描述每个任务从何时开始，到何时结束及各个任务之间的并行关系，但是它不能清晰地反映出各任务之间的依赖关系，难以确定整个项目的关键所在，因此选项 D 的说法是错误的。

（66）C

✱ 解析：由于定义服务、确定附加的系统约束，以及定义类和对象的前提是要确定问题域，因此面向对象分析的第 1 步是确定问题域。

面向对象需求分析阶段、面向对象分析阶段和面向对象用例设计阶段都可以采用建模语言来进行描述，而面向对象程序设计语言主要为面向对象实现阶段提供支持。

UML 中的构件是遵从一组接口并提供一组接口的实现，它是组成系统的一部分，是可替换的。它表示的是物理模块而不是逻辑模块。构件与类处于不同的抽象层次。

对象是数据及其操作的封装体。对象的名字、属性和方法是对象的三要素。对象之间的服务请求可以通过传递消息来实现。所有对象可以分成为各种对象类，每个对象都定义了一组方法。通常每个类都有实例，没有实例的类称之为抽象类。

（67）D

✱ 解析：用 UML 建立业务模型是理解业务过程的第 1 步。使用活动图可表示企业业务的工作流。这种 UML 图显示工作流中的步骤和决策点，以及完成每一步骤的角色和对象。它强调对象间的控制流，是一种特殊的状态图（Statechart Diagram）。

在 UML 模型图中，协作图（Collaboration Diagram）按组织结构对控制流建模，它强调上下层次关系。序列图（Sequence Diagram）用于按时间顺序对控制流建模，它强调的是时间和顺序。

（68）A

✱ 解析：对于选项 A 的状态图（Statechart Diagram），展示了一个特定对象的所有可能状态，以及由于各种事件的发生而引起的状态间的转移。若需要描述跨越多个用例的单个对象的行为，使用它是最合适的。

对于选项 B 的交互图（Interactive Diagram），是序列图（Sequence Diagram）和协作图的统称。它展现了各个对象如何依据某种行为进行相互协作。

对于选项 C 的活动图（Activity Diagram），是一种特殊的状态图，它用于描述需要进行的活动、执行这些活动的顺序及工作流。它强调对象间的控制流。

对于选项 D 的协作图（Collaboration Diagram），描述对象之间动态的交互关系，以及交互对象之间的静态链接关系。它强调收发消息对象的结构组织（上下层次关系）。

（69）D

✱ 解析：项目三角形是指项目管理三角形，3 条边分别是指时间、成本和范围，三者存在密切的关系。质量是项目三角形中的第 4 个关键因素，可以把它看成三角形的重心，具体分析如下。

① 如果调整项目三角形的时间边,在分析项目工期之后,可能发现项目的实际工期超过了原来的预算,此时有多种方法可以调整项目工期的长度。选择的方法受到各种约束条件(如资金、项目范围和项目质量等)的影响。最有效的缩短工期的办法是调整项目关键路径上的任务,具体做法是,缩短一些工作任务的工期、安排一些工作任务同步进行、分配额外资源加速进度或者缩小项目范围。当调整项目工期时,项目成本可能增加,资源可能会被过度分配,而且项目范围也可能发生变化;

② 如果调整项目三角形的资金边,为了降低成本,可以缩小项目范围,这样任务减少,占用的资源也会下降,成本就会降低,同时项目的工期也会缩短;

③ 如果调整项目三角形的范围边,改变项目的范围一定包括改变项目任务的数量和工期。项目范围和质量是密切相关的,在缩小范围的同时,会降低既定的项目质量要求。否则不可能在原来的资源和时间内达成新的目标,所以项目的预期目标限定了相应的资源和时间;

④ 项目三角形的 3 条边中任何一条边发生变化都会影响项目质量,项目质量受 3 条边的约束。例如,如果发现项目工期还有剩余时间,可以通过增加项目任务来扩大范围。有了这种项目范围的扩大,就能够提高项目质量。反之,如果需要降低项目成本,将其控制在项目预算范围之内,就不得不通过减少项目任务或者缩短项目工期来缩小项目范围。随着项目的缩小,就很难保证既定的项目质量了,所以削减项目成本会导致项目质量的降低。

(70) B

❋ 解析:本题考查的是网络管理工具——ping 的使用。

127.0.0.1 是本机地址,因此用 ping 127.0.0.1 来测试本机是否安装了 TCP/IP 协议。

(71) A、(72) D、(73) B、(74) C、(75) C

❋ 解析:MAC 地址就是在媒体接入层上使用的地址,通俗点说就是网卡的物理地址,现在的 MAC 地址一般都采用 6 字节 48 bit(在早期还有 2 字节 16 bit 的 MAC 地址)的形式。

IEEE 是由多个研究底层协议的机构组成的权威组织。

以太网是共享介质的,物理层接收帧,如果地址和自己的地址一致(或者是广播消息),就留下;反之则转发。因此当主机的数量增加时,网络就会变得十分嘈杂,传送效率明显降低。而网桥是工作在数据链路层的设备,它将一个大型的以太网分为几个小网段,可以取得减少通信量的作用。

令牌环网(Token Ring)是一种符合 IEEE 802.5 标准的局域网。监督帧,即令牌,顺序地从一个网站传递到相临的网站上。希望获得网络访问权的网站必须等到令牌到达之后才能传输数据。

光纤分布数据接口(FDDI)是目前成熟的 LAN 技术中传输速率最高的一种。这种传输速率高达 100 Mbit/s 的网络技术所依据的标准是 ANSIX3 T9.5。该网络具有定时令牌协议的特性,支持多种拓扑结构,传输媒体为光纤。使用光纤作为传输媒体具有多种优点:

• 较长的传输距离,相邻站间的最大长度可达 2 km,最大站间距离为 200 km。

• 具有较大的带宽,FDDI 的设计带宽为 100 Mbit/s。

• 具有对电磁和射频干扰抑制能力,在传输过程中不受电磁和射频噪声的影响,也不影响其他设备。

• 光纤可防止传输过程中被分接偷听,也杜绝了辐射波的窃听,因而是最安全的传输媒体。

下午试题参考答案

试题一

✳ **解析：**

本题考点为第16章系统管理规划的知识，包括16.1小节系统管理定义。包括以下方面：

IT系统管理工作可以按照两个标准予以分类：一是按流程类型分类，分为侧重于IT部门的管理、侧重于业务部门的IT支持及日常作业、侧重于IT基础设施建设；二是按系统类型分类，分为信息系统、网络系统、运作系统、设施及设备，其中网络系统作为企业的基础架构，是其他方面的核心支持平台，包括广域网、远程拨号系统等。

解答要点：

【问题1】

系统管理分类：

1) 按系统类型分类：信息系统、网络系统、运作系统、设施及设备。

2) 按流程类型分类：侧重于IT部门的管理、侧重于业务部门的IT支持及日常作业、侧重于IT基础设施建设。

（1）系统类型

（2）流程类型

（3）A、C、D、F

（4）B、E、G

【问题2】

（5）A、D

（6）F、H

（7）B、E

（8）C、G

【问题3】

（9）C、E

（10）B、D

（11）A、F

试题二

✳ **解析：**

本题考点为第24章信息系统评价的知识包括以下方面：

- 信息系统评价概述：信息系统评价的概念和特点、信息系统的技术性能评价、信息系统的管理效益评价、信息系统成本的构成、信息系统经济效益来源、信息系统经济效益评价的方法、信息系统的综合评价。

- 信息系统评价项目：建立评价目标、设置评价项目。

- 评价项目的标准：性能评价标准、运行质量评价标准、系统效益评价标准。

- 系统改进建议。

本题考点为常用的性能指标和性能评估方式，以及建立的评估模型。

解答要点：

【问题1】

（1）响应时间（Elapsed Time）

（2）MIPS = 指令数/（执行时间×1000000）

（3）MFLOPS = 浮点指令数/（执行时间×1000000）

【问题2】

系统性能评估技术：分析技术、模拟技术、测量技术。

1. 分析技术

分析技术是在一定假设条件下，计算机系统参数与性能指标参数之间存在着某种函数关系，按其工作负载的驱动条件列出方程，用数学方法求解。其特点是具有理论的严密性，节约人力和物力，可应用于设计中的系统。分析技术主要是利用排队论模型进行分析。

2. 模拟技术

模拟技术首先是对于被评价系统的运行特性建立系统模型，按系统可能有的工作负载特性建立工作负载模型；随后编写模拟程序，模仿被评价系统的运行；设计模拟实验，依照评价目标，选择与目标有关因素，得出实验值，再进行统计、分析。其特点在于可应用于设计中或实际应用中的系统，可与分析技术相结合，构成一个混合系统。分析和模拟技术最后均需要通过测量技术验证。

3. 测量技术

测量技术则是对于已投入使用的系统进行测量，通常采用不同层次的基准测试程序评估。

测量技术的评估层次包括：实际应用程序、核心程序、合成测试程序。

国际认可的用来测量机器性能的基准测试程序（准确性递减）：①实际的应用程序方法；②核心基准程序方法；③简单基准测试程序；④综合基准测试程序。

【问题3】

（4）平均无故障时间 MTTF

（5）平均维修时间 MTTR

（6）MTTF/（MTTF＋MTTR）×100％

（7）混联系统可靠性模型

试题三

❋ 解析：

本题考点为数据库章节的知识，考生不仅需要对数据库概念熟悉，还需要对知识点理解，一般考题都是将数据库的概念与实际的数据库例子结合。

解答要点：

【问题1】

（a）NOT NULL UNIQUE 或 NOT NULL PRIMARY KEY 或 PRIMARY KEY

（b）CHECK（VALUE IN（'男'，'女'））

（c）FOREIGN KEY （客户号）REFERENCES 客户（客户号）

【问题2】

（d）SUM（金额）AS 总额

（e）GROUP BY 客户. 客户号

（f）ORDERBY 总额 DESC

【问题3】

采用数据库管理系统的触发器机制。对产品关系定义一个触发器，在订单明细中的记录插入或更新之后，该触发器被激活，根据订单明细中订购的产品及数量，减少产品关系中对应产品的库存量。

试题四

❋ 解析：

本题考点为安全管理里面的关于软件安全管理章节的知识。需要对该部分内容熟悉，一般考题类型为填空题和选择项题。

解答要点：

【问题1】

（1）软件部署

（2）安全补丁分发

（3）远程管理和控制

【问题2】

（4）软件文档

（5）软件文档的编制

【问题3】

（6）资源共享

例如公司间购买软件或者外包业务会分别签订"购买，租用软件许可合同"和"软件开发外包合同"等合同用于保障公司的权益。同时，国家也在出台一系列的政策法规来保护版权。例如我国修订并出台了《计算机软件保护条例》用于保护知识产权等。

试题五

❋ 解析：

本题考点为第 24 章信息系统评价的知识包括以下方面：

- 信息系统评价概述：信息系统评价的概念和特点、信息系统的技术性能评价、信息系统的管理效益评价、信息系统成本的构成、信息系统经济效益来源、信息系统经济效益评价的方法、信息系统的综合评价。
- 信息系统评价项目：建立评价目标、设置评价项目。
- 评价项目的标准：性能评价标准、运行质量评价标准、系统效益评价标准。
- 系统改进建议。

本题考点为系统多指标综合评价的特征和主要内容以及常用到的性能评价指标定义。

解答要点：

【问题1】

信息系统多指标综合评价是指对信息系统所进行的一种全方位的考核或判断，它具备以下三个特征：

它的评价包含了多个独立指标。

这些指标分别体现着信息系统的不同方面，通常具有不同的量纲。

综合评价的目的是对信息系统做出整体性的判断，并用一个总体价值评价反映系统的一般水平。

【问题2】

一般说来，信息系统多指标综合评价工作主

要包括三方面的内容：

一是综合评价指标体系及其评价标准的建立，这是整个评价工作的前提；

二是用定性或定量的方法（包括审计的方法）确定各指标的具体数值，即指标评价值；

三是各评价值的综合，包括综合算法和权重的确定、总评价值的计算等。

在确定指标以后，再确定各指标的权重，并用审计结果结合定性分析给各指标打分，最后确定该系统的总分和等级，总结建设该系统的经验教训，并指出下一步的发展方向。

【问题3】

常见指标的名词解释分别如下。

（1）事务处理响应时间。

事务处理响应时间描述的是作业输入系统到系统输出结果所需要的时间周期。而时间周期又与系统的用户数量有密切关系。主要测评事务处理响应时间是否在一个可接受的范围内，事务处理响应是否受负载的影响，事务处理响应时间是否在已定义的性能服务级别内等几方面内容。

（2）作业周转时间。

作业周转时间是常见的一个企业测评指标。在信息系统中，它指的是一个作业到下一个作业所需要的时间。周转时间测量与企业的性质有关。

（3）吞吐量。

系统吞吐量描述的是在给定时间内系统处理的工作量。对于在线事务处理来说，吞吐量是每秒处理多少事务；对于通信网络来说，吞吐量是指每秒传输多少数据包或多少数据位。所以吞吐量的衡量单位是按工作单位（作业、人物、指令）来定义的。性能测评时往往将吞吐量作为主要的度量标准。

（4）故障恢复时间。

一般指平均故障恢复时间，表示信息系统从发生故障到恢复规定功能所需要的时间。但必须说明，随着信息系统规模的增大，修复时间可能会加长。所以修复时间是一个随机变量。

（5）控制台响应时间。

控制台响应时间，指的是控制台响应事务的时间。

除了上面几个测量标准之外，还有许多其他的测量标准，例如利用率、可靠性等。

模拟试卷二

上午试题

● 内存按字节编址，地址从 A4000H 到 CBFFFH，共有 __(1)__ B。若用存储容量为 16 K×8 bit 的存储器芯片构成该内存，至少需要 __(2)__ 片。

(1) A. 80 K   B. 96 K   C. 160 K   D. 192 K

(2) A. 2   B. 6   C. 8   D. 10

● 以下关于 RISC 芯片的描述，正确的是 __(3)__ 。

(3) A. 指令数量较多，采用变长格式设计，支持多种寻址方式

    B. 指令数量较少，采用定长格式设计，支持多种寻址方式

    C. 指令数量较多，采用变长格式设计，采用硬布线逻辑控制为主

    D. 指令数量较少，采用定长格式设计，采用硬布线逻辑控制为主

● 程序查询方式的缺点是 __(4)__ 。

(4) A. 程序长   B. CPU 工作效率低

    C. 外设工作效率低   D. I/O 速度慢

● DMA 方式由 __(5)__ 实现。

(5) A. 软件   B. 硬件   C. 软硬件   D. 固件

● 下列对通道的描述中，错误的是 __(6)__ 。

(6) A. 通道并未分担 CPU 对输入输出操作的控制（分担了 CPU 对输入/输出操作的控制）

    B. 通道减少了外设向 CPU 请求中断的次数

    C. 通道提高了 CPU 的运行效率

    D. 通道实现了 CPU 与外设之间的并行执行

● 以下关于进程的描述，错误的是 __(7)__ 。

(7) A. 进程是动态的概念   B. 进程执行需要处理机

    C. 进程是有生命期的   D. 进程是指令的集合

● 软件开发中的瀑布模型典型地刻画了软件生存周期的阶段划分，与其最适应的软件开发方法是 __(8)__ 。

(8) A. 构件化方法   B. 结构化方法

    C. 面向对象方法   D. 面向方面方法

● 代号 __(9)__ 按中央所属企业或地方企业分别由国务院有关行政主管部门或省、自治区、直辖市政府标准化行政主管部门会同同级有关行政主管部门加以规定，没有强制性和推荐之分。

(9) A. Q/×××   B. DB××   C. QJ   D. GSB×××

● 甲乙两人在同一时间就同样内容的发明创造并都提交了专利申请，专利局将分别向各申请人通报有关情况，并提出多种解决这一问题的办法，不可能采用 __(10)__ 的办法。

(10) A. 两申请人作为同一件申请的共同申请人

    B. 其中一方放弃权力并从另一方获得适当补偿

    C. 两件申请都不授予专利权

D. 两件申请都授予专利权

● 使用软件开发工具有助于提高软件的开发、维护和管理的效率。集成型软件开发环境通常由工具集和环境集成机制组成。这种环境应具有 __(11)__ 。环境集成机制主要有数据集成机制、控制集成机制和界面集成机制。

(11) A. 开放性和可剪裁性　　　　　　　B. 封闭性和可剪裁性

　　　 C. 开放性和不可剪裁性　　　　　　D. 封闭性和不可剪裁性

● 数据压缩的实现与 OSI 中密切相关的层次是 __(12)__ 。

(12) A. 物理层　　　　B. 数据链路层　　　　C. 传输层　　　　D. 表示层

● 网络协议是计算机网络和分布系统中进行互相通信的 __(13)__ 间交换信息时必须遵守的规则的集合。协议的关键成分中 __(14)__ 是数据和控制信息的结构或格式；__(15)__ 是用于协调和进行差错处理的控制信息；定时是对事件实现顺序的详细说明，而网络体系结构则是 __(16)__ 。

(13) A. 相邻层实体　　　　　　　　　　B. 同等层实体

　　　 C. 同一层实体　　　　　　　　　　D. 不同层实体

(14) A. 语义实体　　　B. 语法　　　　C. 服务　　　　　D. 词法

(15) A. 语义　　　　B. 差错控制　　　C. 协议　　　　　D. 协同控制

(16) A. 网络各层及层中协议的集合　　　B. 网络各层协议及其具体描述

　　　 C. 网络层间接口及其具体描述　　　D. 网络各层、层中协议和层间接口的集合

● 在 OSI 参考模型中，物理层的功能是 __(17)__ 等。实体在一次交互作用中传送的信息单元称为 __(18)__ ，它包括 __(19)__ 两部分。上下邻层实体之间的接口称为服务访问点（SAP），网络层的服务访问点也称为 __(20)__ ，通常分为 __(21)__ 两部分。

(17) A. 建立和释放连接

　　　 B. 透明地传输比特流（物理层的单位是比特流）

　　　 C. 在物理实体间传送数据帧

　　　 D. 发送和接收用户数据

(18) A. 接口数据单元　　　　　　　　　B. 服务数据单元

　　　 C. 协议数据单元　　　　　　　　　D. 交互数据单元 A

(19) A. 控制信息和用户数据　　　　　　B. 接口信息和用户数据

　　　 C. 接口信息和控制信息　　　　　　D. 控制信息和校验信息

(20) A. 用户地址　　　B. 网络地址　　　　C. 端口地址　　　　D. 网卡地址

(21) A. 网络号和端口号　　　　　　　　B. 网络号和主机地址

　　　 C. 超网号和子网号　　　　　　　　D. 超网号和端口地址

● 家庭接入 Internet 可以通过光缆入户，即 __(22)__ 方式，也可以通过传统的线缆接入。当使用电话线接入时，有多种模式，对称模式的技术有 __(23)__ 。

(22) A. FTTC　　　　B. FTTH　　　　C. FTTB　　　　D. FTTD

(23) A. HDSL　　　　B. ADSL　　　　C. VDSL　　　　D. RADSL

● 包（package）是 UML 的 __(24)__ 。

(24) A. 结构事物　　　B. 分组事物　　　C. 行为事物　　　D. 注释事物

● 以下关于 TCP/IP 协议的叙述中，说法错误的是 __(25)__ 。

(25) A. ICMP 协议用于控制数据报传送中的差错情况

　　　 B. RIP 协议根据交换的路由信息动态生成路由表

　　　 C. FTP 协议在客户/服务器之间建立起两条连接

　　　 D. RARP 协议根据 IP 地址查询对应的 MAC 地址

● 以下能隔离 ARP 病毒的网络互联设备是 __(26)__ 。

(26) A. 集线器　　　　B. 路由器　　　　C. 网桥　　　　D. 交换机

● 廉价磁盘冗余阵列(RAID)是利用一台磁盘阵列控制器来管理和控制一组磁盘驱动器,组成一个高度可靠的、快速的大容量磁盘系统。以下关于 RAID 的叙述中,不正确的是 (27) 。

(27) A. RAID 采用交叉存取技术,提高了访问速度

B. RAID0 使用磁盘镜像技术,提高了可靠性

C. RAID3 利用一个奇偶校验盘完成容错功能,减少了冗余磁盘数量

D. RAID6 设置了一个专用的、可快速访问的异步校验盘

● 若一个关系模式元组的每个分量是不可分割的数据项,则该关系模式满足 (28) 。

(28) A. 1 NF   B. 2 NF   C. 3 NF   D. BCNF

● 功能完备的网络系统应该提供基本的安全服务功能。其中,用来保证发送信息与接收信息的一致性、防止信息在传输过程中被插入或删除的服务是 (29) 。

(29) A. 数据完整性服务   B. 访问控制服务

C. 认证服务   D. 防抵赖服务

● 数据流程图是需求分析的常用工具,其基本图形符号有 (30) 。

(30) A. 2 个   B. 3 个   C. 4 个   D. 5 个

● 结构化方法简单清晰,易于操作,以下不属于结构化方法特点的是 (31) 。

(31) A. 需要编写大量文档   B. 表现人机界面能力强

C. 需要早期冻结需求   D. 强调分析数据流

● 下列有关软件结构度量的术语中,表示一个模块直接控制的其他模块个数的是 (32) 。

(32) A. 扇出数   B. 扇入数   C. 深度   D. 层数

● 在软件系统详细设计阶段应遵循的原则是 (33) 。

(33) A. 处理过程应具有可理解性   B. 尽快搭建系统原型

C. 减小模块之间的耦合程度   D. 注重程序内部文档的质量

● 为特定的课题选择程序设计语言时,需要考虑多种因素。以下不属于这些因素的是 (34) 。

(34) A. 语言的性能   B. 运算的复杂性

C. 应用的领域   D. 模块间的耦合

● 度量软件质量的指标中,表示软件被校正、修改或完善难易程度的是 (35) 。

(35) A. 易用性   B. 健壮性   C. 可重用性   D. 可维护性

● SQL 语言中,能够完成事务管理、数据库恢复、数据库安全管理等功能的是 (36) 。

(36) A. 数据定义   B. 数据操纵   C. 数据控制   D. 数据查询

● 信息从源结点传输到目的结点的中途被非法截获,攻击者对其进行修改后发送到目的结点,这属于 (37) 攻击类型。

(37) A. 截获   B. 窃听   C. 篡改   D. 伪造

● 一个加密体制或称密码体制,一般由五个部分组成。以下 (38) 不属于这五个部分。

(38) A. 密钥空间   B. 加密算法集   C. 解密算法集   D. 数字签名

● 软件工程的结构化分析方法强调的是分析开发对象的 (39) 。

(39) A. 数据流   B. 控制流   C. 时间限制   D. 进程通信

● DFD 是以下 (40) 阶段经常使用的工具。

(40) A. 需求分析   B. 详细设计   C. 软件测试   D. 软件维护

● 数据字典的实现可以有多种途径,但都具有一些共同的特点。以下 (41) 不属于这些特点。

(41) A. 充分考虑出错处理   B. 容易更新和修改

C. 不重复说明信息   D. 能方便地查阅数据定义

● 耦合是软件结构中各模块之间相互连接的一种度量,以下 (42) 耦合度最高。

(42) A. 公共耦合   B. 内容耦合   C. 控制耦合   D. 数据耦合

● 以下 (43) 是详细设计阶段需要考虑的内容。

(43) A. 模块的处理过程简明易懂　　　　　B. 避免采用复杂的条件语句

　　　 C. 降低模块之间的耦合度　　　　　　D. 增强模块的内聚度

● 关于功能测试和验收测试,以下 ___(44)___ 说法是错误的。

(44) A. 目的相同,都是证实功能的实现　　　B. 验收测试一般在功能测试之后进行

　　　 C. 功能测试的范围和内容更广　　　　D. 功能测试强调要有用户参加

● 以下均属于软件管理的职能,其中 ___(45)___ 包括了对工作量的估算,分配以及具体的进度安排。

(45) A. 组织管理　　 B. 计划管理　　　 C. 人员管理　　　　 D. 资源管理

● 软件系统的文档分为用户文档和系统文档两类。以下 ___(46)___ 属于系统文档。

(46) A. 参考手册　　 B. 安装文档　　　 C. 需求说明　　　　 D. 使用手册

● 具体影响软件维护的因素主要有三个方面,以下不属于这三个方面的是 ___(47)___ 。

(47) A. 系统的规模　　　　　　　　　　　 B. 系统的年龄

　　　 C. 系统的结构　　　　　　　　　　　 D. 系统的效益

● SQL 语言中的视图提高了数据库系统的 ___(48)___ 。

(48) A. 完整性　　　 B. 并发性　　　　 C. 隔离性　　　　 D. 安全性

● 在 SQL 语言中,用于测试列值非空的短语是 ___(49)___ 。

(49) A. IS NOT EMPTY　　　　　　　　　 B. IS NOT NULL

　　　 C. NOT UNIQUE　　　　　　　　　　 D. NOT EXISTS

● 在关系代数运算中,基本运算有并,差,笛卡儿积,选择,投影,其他运算可由这些运算表示。可表示自然连接的基本运算是 ___(50)___

(50) A. 并,选择　　　　　　　　　　　　　 B. 差,笛卡儿积,投影

　　　 C. 笛卡儿积,投影　　　　　　　　　　D. 笛卡儿积,选择,投影

● 关系模式设计理论解决的主要问题是 ___(51)___ 。

(51) A. 提高查询速度

　　　 B. 减少数据操作的复杂性

　　　 C. 解决插入异常,删除异常和数据冗余

　　　 D. 保证数据的安全性和完整性

● 公司中有多个部门和多名职员,每个职员只能属于一个部门,一个部门可以有多个职员,从部门到职员的联系类型是 ___(52)___ 。

(52) A. 多对多　　 B. 一对一　　　　 C. 一对多　　　　 D. 多对一

● 在基本 SQL 语言中,不能实现的是 ___(53)___ 。

(53) A. 定义视图　　 B. 定义基本表　　 C. 定义索引　　　 D. 定义用户界面

● 如果关系模式 R(A,B,C) 上有函数依赖 AB→C 和 A→C,则 R 中存在 ___(54)___ 。

(54) A. 完全依赖　　 B. 部分依赖　　　 C. 传递依赖　　　 D. 多值依赖

● 第(55)～(56)题基于如下的两个关系:

学生关系 R(SNO,SNAME,AGE)

SNO	SNAME	AGE
001	Wang	20
002	Zhang	18
003	Liu	24

选课关系 S(SNO,CNO,GRADE)

SNO	CNO	GRADE
001	c1	90
001	c2	65
002	c1	80

执行 SQL 语句:SELECT * FROM R WHERE sno IN (SELECT sno FROM S WHERE cno= "c1")的结果中的元数和元组数分别应是 ___(55)___。

(55) A. 6,9   B. 3,2   C. 5,3   D. 3,3

● 当删除 R 中某个学生的记录时,要求同时删除该学生的选课信息。则在定义 S 的外键时 应使用的短语是 ___(56)___。

(56) A. ON DELETE CASCADES   B. ON DELETE RESTRICTED

      C. ON UPDATE CASCADES   D. ON UPDATE RESTRICTED

● 信息系统的发展经历了 EDP,TPS,MIS,DSS 等几个阶段,其中将计算机用于财务,物 资等部门业务管理的阶段属于 ___(57)___。

(57) A. EDP   B. TPS   C. MIS   D. DSS

● 运用系统的观点,从全局出发设计企业的计算机信息系统称为 ___(58)___。

(58) A. DSS   B. EDI   C. MIS   D. OIS

● 管理信息系统开发失败的因素很多,一般来说其中最主要的是 ___(59)___。

(59) A. 技术十分复杂且变化太快   B. 社会因素复杂且不易确定

      C. 涉及系统科学等边缘学科   D. 涉及决策模型和数学学科

● 信息系统开发的必要性和可能性研究称为可行性研究,它应在下列 ___(60)___ 阶段进行。

(60) A. 系统规划   B. 系统分析   C. 系统设计   D. 系统实施

● 管理信息系统可分为不同的层次并产生相应的数据,其正确的描述是 ___(61)___。

(61) A. 管理层产生 的数据是企业的基础数据

      B. 战略层产生的数据是企业的基础数据

      C. 操作层产生的数据可直接满足管理的需要

      D. 战略层产生的数据能支持辅助决策

● 按企业职能可将管理信息系统分解为若干个子系统,下列不属于职能分解的子系统是 ___(62)___。

(62) A. 作业子系统   B. 生产子系统

      C. 财务子系统   D. 物资子系统

● 在信息系统开发中需要确定开发策略,其中正确的是 ___(63)___。

(63) A. 系统目标应尽量高   B. 只 能采用一种开发方法

      C. 必须以业务为中心   D. 建立规范的企业业务模型

● 关于 MIS 与 DSS 的正确说法是 ___(64)___。

(64) A. MIS 和 DSS 都处理结构化问题

      B. MIS 和 DSS 都由数据驱动

      C. MIS 和 DSS 都利用企业的基础数据

      D. MIS 和 DSS 都强调管理的效率

● DSS 有许多特点,以下关于 DSS 的论述中错误的是 ___(65)___。

(65) A. DSS 面向决策者,为决策者服务

      B. DSS 在决策过程中代替人的决策

      C. DSS 体现决策过程的动态性

      D. DSS 提倡交互式处理

● 数据仓库是决策支持系统的另一种技术,以下不属于数据仓库数据的特点是 ___(66)___。

(66) A. 面向主题的   B. 集成的

      C. 实时处理的   D. 反映历史变化的

● 办公自动化系统是一类 ___(67)___。

(67) A. 电子数据处理系统   B. 决策支持系统

      C. 人机信息系统   D. 事务处理系统

● 信息系统结构化开发方法有若干基本原则,下列不属于结构化方法基本原则的是 __(68)__ 。

(68) A. 强调系统观点,自上而下进行分析

    B. 强调动态完成需求定义

    C. 强调开发的阶段性,按时间划分阶段

    D. 强调各阶段文档资料的规范和完整

● 以下关于系统开发中初步调查的描述,正确的是 __(69)__ 。

(69) A. 与企业高层领导座谈   B. 搜集详细基础信息

    C. 必须访问操作人员   D. 为系统分析提供详细材料

● 信息系统的功能模型也称为逻辑模型,下列不属于系统逻辑模型的是 __(70)__ 。

(70) A. 总体结构图   B. 数据流程图

    C. 数据概念结构图   D. 模块结构图

● The usual way to ensure reliable delivery is to provide the __(71)__ with some feedback about what is happening at the other end of the line. Typically, the protocol calls for the receiver to send back special __(72)__ frame bearing positive or negative __(73)__ about the incoming frames. If the sender receives a positive acknowledgement about a frame, it knows the the frame has arrived safely. On the other hand, a negative acknowledgement means that something has gone wrong, and the frame must be transmitted again.

An additional complication comes from the possibility that hardware troubles may cause a frame to __(74)__ completely. In this case, the receiver will not react at all, since it has no any reason to react. It should be clear that a protocol in which the sender transmits a frame and then waits for an acknowledgement, positive or negative, will hang forever if a frame is ever lost due to, for example, __(75)__ hardware。

(71) A. receiver   B. controller   C. sender   D. customer

(72) A. data   B. controll   C. request   D. session

(73) A. application   B. connection   C. stream   D. acknowledgement

(74) A. vanish   B. vary   C. appear   D. incline

(75) A. acting   B. working   C. malfunctioning   D. functioning

下午试题

试题一(15 分)

【说明】

IT 资源管理可以为企业的 IT 系统管理提供支持,而 IT 资源管理能否满足要求在很大程度上取决于 IT 基础架构的配置及运行情况的信息。配置管理就是专门负责提供这方面信息的流程。配置管理提供的有关基础架构的配置信息可以为其他服务管理流程提供支持,如故障及问题管理人员需要利用配置管理流程提供的信息进行事故和问题的调查和分析,性能及能力管理需要根据有关配置情况的信息来分析和评价基础架构的服务能力和可用性。

【问题 1】(5 分)

配置管理中,最基本的信息单元是(1)。所有软件、硬件和各种文档,比如变更请求、服务、服务器、环境、设备、网络设施、台式机、移动设备、应用系统、协议、电信服务等都可以被称为(1)。所有有关配置项的信息都被存放在(2)中。需要说明的是,(2)不仅保存了 IT 基础架构中特定组件的配置信息,而且还包括了各配置项相互关系的信息。(2)需要根据变更实施情况进行不断地更新,以保证配置管理中保

存的信息总能反映 IT 基础架构的现时配置情况以及各配置项之间的相互关系。

【问题 2】(5 分)

具体而言,配置管理作为一个控制中心,其主要目标表现在哪 4 个方面?

【问题 3】(5 分)

通过实施配置管理流程,可为客户和服务提供方带来多方面的效益,举例说明。

试题二 (15 分)

【说明】

信息系统权威戈登·戴维斯给信息系统下的定义是:用以收集、赴理、存储、分发信息的相互关联的组件的集合,其作用在于支持组织的决策与控制。

信息系统从概念上来看是由信息源、信息处理器、信息用户和信息管理者等四大部分组成。

信息源是信息的产生地,包括组织内部和外界环境中的信息,这些信息通过信息处理器的传输、加工、存储,为各类管理人员即信息用户提供信息服务,而整个的信息处理活动由信息管理者进行管理和控制,信息管理者与信息用户一起依据管理决策的需求收集信息,并负责进行数据的组织与管理,信息的加工、传输等一系列信息系统的分析、设计与实现,同时在信息系统的正式运行过程中负责系统的运行与协调。

由此可见,信息用户是目标用户,信息系统的一切设计与实现都要围绕信息用户的需求;另一方面,信息管理者由于深谙信息系统的开发规律,则起到了一个明确需求、协调资源和分配资源的角色,显而易见,信息管理者的角色很重要。

【问题 1】(5 分)

从技术角度来看,信息系统是为了支持组织决策和管理而进行信息收集,处理,储存和传递的一组相互关联的部件组成的系统。信息系统包括以下三项活动:

____(1)____。从组织或外部环境中获取或收集原始数据。

____(2)____。将输入的原始数据转换为更有意义的形式。

____(3)____。将处理后形成的信息传递给人或需要此信息的活动。

【问题 2】(5 分)

把输出信息返回到组织内相应成员中,组织成员借助于反馈信息来评测或纠正输入阶段的活动。从以上的一些定义可知如下内容:

信息系统的输入与输出类型明确,即输入是____(4)____,输出是____(5)____。

信息系统____(6)____的信息必定是有用的,即服务于信息系统的目标,它反映了信息系统的功能或目标。

信息系统中,____(7)____意味着转换或变换原始输入数据,使之成为可用的输出信息。处理也意味着计算、比较、变换或为将来使用进行存储。

信息系统中,____(8)____用于调整或改变输入或处理活动的输出,对于管理决定者来说,反馈是进行有效控制的重要手段。

计算机并不是信息系统所固有的。

【问题 3】(5 分)

根据信息服务对象的不同,企业中的信息系统可以分为三类。

1. ____(9)____ 的系统是用来支持业务处理,实现处理自动化的信息系统。

2. ____(10)____ 的系统是辅助企业管理、实现管理自动化的信息系统。

3. ____(11)____ 的系统包括决策支持系统、战略信息系统、管理专家系统。

试题三 (15 分)

【说明】

一般而言,信息系统的开发阶段分为四个阶段:系统分析阶段、系统设计阶段、系统实施阶段、系统运行和维护阶段。

在着手编程之前,首先必须要有一定的时间用来认真考虑以下问题:

——系统所要求解决的问题是什么?

——为解决该问题,系统应干些什么?

——系统应该怎么去干?

在总体规划阶段,通过初步调查和可行性分析,建立了目标系统的目标,已经回答了上的第一个问题。而第二个问题的解决,正是系统分析的任务,第三个问题则由系统设计阶段解决。

【问题1】(5分)

简单来说,系统分析阶段是将目标系统目标具体化为用户需求,再将用户需求转换为系统的逻辑模型,系统的逻辑模型是用户需求明确、详细的表示。

系统设计工作应该___(1)___地进行。首先设计___(2)___,然后再逐层深入,直至进行___(3)___的设计。(2)主要是指在系统分析的基础上,对整个系统的划分(子系统)、设备(包括软、硬设备)的配置、数据的存储规律以及整个系统实现规划等方面进行合理的安排。

【问题2】(5分)

系统设计的主要任务是进行总体设计和详细设计。

总体设计包括___(4)___。

在总体设计基础上,第二步进行的是详细设计,主要有___(5)___以确定每个模块内部的详细执行过程,包括局部数据组织、控制流、每一步的具体加工要求等。

系统设计阶段的结果是___(6)___,它主要由___(7)___、___(8)___和其他详细设计的内容组成。

【问题3】(5分)

当系统分析与系统设计的工作完成以后,开发人员的工作重点就从分析、设计和创造性思考的阶段转入实践阶段。在此期间,将投入大量的人力、物力及占用较长的时间进行物理系统的实施、程序设计、程序和系统调试、人员培训、系统转换、系统管理等一系列工作,这个过程称为___(9)___。

系统实施阶段的目标就是把系统设计的物理模型转换成___(10)___的新系统。系统实施阶段既是成功实现新系统,又是取得用户对新系统信任的关键阶段。

系统实施是一项复杂的工程,信息系统的规模越大,实施阶段的任务越复杂。一般来说,系统实施阶段步骤主要有以下几个方面的工作:___(11)___;___(12)___;___(13)___;___(14)___;___(15)___。

试题四(15分)

【说明】

第一代计算机网络是以单个计算机为中心的远程联机系统。人们把一台计算机的外部设备包括CRT控制器和键盘,无内存,称为终端。第二代计算机网络是以多个主机通过通信线路互联起来,为用户提供服务,兴起于20世纪60年代后期。主机之间不是直接用线路相连,而是接口报文处理机IMP转接后互联的。第三代计算机网络是具有统一的网络体系结构并遵循国际标准的开放式和标准化的网络。第四代计算机网络从20世纪80年代末开始,局域网技术发展成熟,出现光纤及高速网络技术,多媒体,智能网络,整个网络就像一个对用户透明的大的计算机系统,发展为以Internet为代表的互联网。

【问题1】(5分)

网络就是一些结点和链路的集合.它提供两个或多个规定点的连接,以便于在这些点之间建立通信。计算机网络就是相互联接、彼此独立的计算机系统的集合。计算机网络的实现了数据通信、资源共享、集中管理以及分布式处理,为现代社会带来了极大的方便。

计算机网络涉及三个方面的问题:

___(1)___;___(2)___;___(3)___。

只有满足上面条件的网络才能成为计算机网络。用于计算机网络分类的标准很多,如拓扑结构,应用协议等。

【问题2】(5分)

国际标准化组织 ISO 于 1983 年提出了开放式系统互连,即著名的 ISO 7498 国际标准,记为 OSI/RM。在 OSI/RM 中采用了七个层次的体系结构,请列出这七个层次的体系结构。

【问题3】(5分)

TCP/IP 是一组通信协议的代名词,是由一系列协议组成的协议。它本身指两个协议集:TCP 为 ____(4)____,IP 为 ____(5)____。TCP/IP 协议时常见的一种协议,它主要包括以下协议:____(6)____,____(7)____,____(8)____。

试题五(15分)

【说明】

也许随着信息化的进一步发展和全球经济的进一步融合,信息系统也会像计算机硬件行业一样产生各种生产标准,会产生专门对各类系统进行评价的系统,那么用户在选择应用系统的时候就有的放矢了。

针对各种信息系统的情况,从用户实际使用体验的目的出发,建立一套行之有效的质量评价体系和运行监督系统显得非常重要。

【问题1】(5分)

系统运行质量评价是指,从系统实际运行的角度对系统性能和建设质量等进行的分析、评估和审计。系统评价的三大步骤分别为:____(1)____、____(2)____、____(3)____。

【问题2】(5分)

信息系统在投入运行之后要不断对其运行状况进行分析评价,并以此作为系统维护、更新以及进一步开发的依据,大致有如下一些指标。

1. 预定的系统开发目标的完成情况。

2. 运行环境的评价。

3. ____(4)____。

4. ____(5)____。

其中(5)包括的内容有:

系统对用户和业务需求的相对满意程度。

系统的开发过程是否规范。

____(6)____

系统的性能、成本、效益综合比。

系统运行结果的有效性和可行性。

结果是否完整。

信息资源的利用率。

提供信息的质量如何。

____(7)____

【问题3】(5分)

系统效益评价,指的是对系统的经济效益和社会效益等做出评价,可以分为 ____(8)____ 和 ____(9)____。____(10)____ 的评价又称为直接效益的评价;____(11)____ 的评价又称为间接效益的评价。

对系统经济效益的评价采用的是 ____(12)____ 方法,____(13)____ 分析法是较常用的评价方法。

简要叙述 ____(13)____ 分析法的主要步骤。

模拟试卷二答案解析

上午试题参考答案

上午试题参考答案

(1) C、(2) D

✿ 解析: 内存地址从 A4000H 到 CBFFFH 共有 160×1024 B,而内存是按照字节编址的,因此该内存共有 160×1024 B。

现在要用存储容量为 16 K×8 bit 的存储器芯片构成该内存,至少需要(160×1024×8 bit)/(16×1024×8 bit)=10 片。

(3) D

✿ 解析: 本题主要考查 RISC 的主要特点。RISC 的特点是指令数量较少,使用频率接近,定长格式,但支持的寻址方式较少,在实现时通常以硬布线逻辑控制为主。

(4) B

✿ 解析: 程序查询方式主要用软件方式实现,它的缺点是 CPU 工作效率低。

(5) B

✿ 解析: DMA 方式由硬件实现。计算机硬件中设有 DMA 控制器负责 DMA 请求、DMA 处理等工作。

(6) A

✿ 解析: 通道控制方式:CPU 只需发出 I/O 指令,通道完成相应的 I/O 操作,并在操作结束时向 CPU 发出中断信号;同时一个通道还能控制多台外设。

通道的特点:通道分担了 CPU 对输入输出操作的控制;减少了外设对 CPU 请求中断的次数;提高了 CPU 的运行效率;实现了 CPU 与外设之间的并行执行。

(7) D

✿ 解析: 进程是程序的一次执行,它是动态的有生命期的并且需要处理机来执行。

(8) B

✿ 解析: 软件开发中的瀑布模型典型地刻画了软件生存周期的阶段划分,是软件工程中最为常用的软件开发模型,与其最适应的软件开发方法是结构化方法。

(9) A

✿ 解析: 企业标准的编号由企业标准代号、标准发布顺序号和标准发布年代号组成。企业标准的代号由汉语拼音字母大写 Q 加斜线再加企业代号组成,企业代号可用大写拼音字母或阿拉伯数字或两者兼用所组成。企业代号按中央所属企业和地方企业分别由国务院有关行政主管部门或省、自治区、直辖市政府标准化行政主管部门会同同级有关行政主管部门加以规定。企业标准一经制定颁布,即对整个企业具有约束性,是企业法规性文件,没有强制性企业标准和推荐企业标准之分。

(10) D

✿ 解析: 专利的作用日益受到重视,但是一项专利要想得到合理的保护,就必须要按照规定的程序进行申请,以得到法律的确认。专利的申请一般要遵循 4 个原则:书面原则、先申请原则、优先权原则、单一性原则。

(11) A

✿ 解析: 集成型开发环境通常可由工具集和环境集成机制两部分组成。这种环境应具有开放性和可剪裁性。开放性为环境外的工具集成到环境中来提供了方便,可剪裁性可根据不同的应用或不同的用户需求进行剪裁,以形成特定的开发环境。

（12）D

❋ 解析：表示层的主要功能是处理所有与数据表示及运输有关的问题，包括数据转换、数据加密和数据压缩。

（13）B、（14）B、（15）A、（16）D

❋ 解析：本题考查通信协议中的网络协议的基本概念。通信协议是互相共同遵守的一组约定，语法、语义、和计时。计时的目的是为了实现同步。

其中，具体到网络协议，网络协议是计算机网络和分布系统中互相通信的同等层实体间交换信息时必须遵守的规则的集合。

语法是数据和控制信息的结构或格式；语义是用于协调和进行差错处理的控制信息；计时是对事件实现顺序的详细说明，而网络体系结构则是网络各层、层中协议和层间接口的集合。

（17）B、（18）C、（19）A、（20）B、（21）B

❋ 解析：OSI 指开放网际互连，它共分为 7 层结构。分别是：

- 应用层：提供网络访问的用户接口。
- 表示层：进行数据转换。
- 会话层：建立/验证连接。
- 传输层：保证端到端的可靠性连接。
- 网络层：网络寻址、路由、流量控制等。
- 数据链路层：分组建立、传送和接收。
- 物理层：定义通信介质的物理特性。

1. 物理层

物理层是 OSI 的第 1 层，它虽然处于最底层，却是整个开放系统的基础。物理层为设备之间的数据通信提供传输媒体及互连设备，为数据传输提供可靠的环境。

物理层的媒体包括架空明线、平衡电缆、光纤、无线信道等。通信用的互连设备指 DTE 和 DCE 间的互连设备。DTE 既数据终端设备，又称物理设备，如计算机、终端等都包括在内。而 DCE 则是数据通信设备或电路连接设备，如调制解调器等。数据传输通常是经过 DTE—DCE，再经过 DCE—DTE 的路径。互连设备指将 DTE、DCE 连接起来的装置，如各种插头、插座。LAN 中的各种粗、细同轴电缆、T 型接（插）头，接收器，发送器，中继器等都属物理层的媒体和连接器。

物理层的主要功能为：

（1）为数据端设备提供传送数据的通路，数据通路可以是一个物理媒体，也可以是多个物理媒体连接而成。一次完整的数据传输，包括激活物理连接，传送数据，终止物理连接。所谓激活，就是不管有多少物理媒体参与，都要在通信的两个数据终端设备间连接起来，形成一条通路。

（2）传输数据。物理层要形成适合数据传输需要的实体，为数据传送服务。一是要保证数据能在其上正确通过，二是要提供足够的带宽（带宽是指每秒钟内能通过的比特数），以减少信道上的拥塞。传输数据的方式能满足点到点、一点到多点、串行或并行、半双工或全双工、同步或异步传输的需要。完成物理层的一些管理工作。

2. 网络层

网络层的产生也是网络发展的结果。在联机系统和线路交换的环境中，网络层的功能没有太大意义。当数据终端增多时，它们之间有中继设备相连。此时会出现一台终端要求不只是与唯一的一台而是能和多台终端通信的情况，这就是产生了把任意两台数据终端设备的数据链接起来的问题，也就是路由或者叫寻径。另外，当一条物理信道建立之后，被一对用户使用，往往有许多空闲时间被浪费掉。人们自然会希望让多对用户共用一条链路，为解决这一问题就出现了逻辑信道技术和虚拟电路技术。

网络层为建立网络连接和为上层提供服务，应具备以下主要功能：

- 路由选择和中继。
- 激活，终止网络连接。
- 在一条数据链路上复用多条网络连接，多采取分时复用技术。
- 差错检测与恢复。
- 排序、流量控制。
- 服务选择。
- 网络管理。

（22）B、（23）A

❋ 解析：FTTH（Fiber to The Home）意为光纤到户，具体说，FTTH 就是指将光网络单元安装在家庭用户或企业用户处。xDSL 是各种类型 DSL（Digital Subscribe Line）数字用户线路）的总称，包括 ADSL、RADSL、VDSL、SDSL、IDSL 和 HDSL 等。其中 HDSL（High-data-rate Digital Subscriber Line，高速率数字用户线路）技术提供的传输速率是对称的，即为上行和下行通信提供相等的带宽。

（24）B

✹ 解析：UML 的结构事物包括①类、②接口、③协作、④用例、⑤主动类、⑥构件和⑦结点等。

包（package）是 UML 的分组事物。它是一种把元素组织成组的通用机制，是一个构件（component）的抽象化概念。包中可以包含类、接口、构件、结点、协作、用例、图及其他的包等元素。

UML 的行为事物主要包括交互（Interaction）和状态机（state machine）。其中，交互是协作中的一个消息集合，这些消息被类元角色通过关联角色交换。当协作在运行时，受类元角色约束的对象，通过受关联角色约束的连接交换消息实例。可见，作为行为事物，交互是一组对象之间为了完成一项任务（如操作），而进行通信的一系列消息交换的行为。状态机是一个状态和转换的图，作用是描述类元实例对事件接收的响应。状态机可以附属于某个类元（类或用例），还可以附属于协作和方法。

注解（note）是 UML 的注释事物，它是一种附加定义，用于告知被注解对象的性质、特征和用途等。

（25）D

✹ 解析：在 TCP/IP 协议族中，网络层主要有 IP 协议、ICMP 协议、ARP 协议和 RARP 协议等 4 个协议。其中，利用地址转换协议（ARP）可根据 IP 地址查询对应的 MAC 地址。而反向地址转换协议（RARP）则把 MAC 地址转换成对应的 IP 地址。

ICMP 协议用于传送有关通信问题的消息，例如，数据报不能到达目标站、路由器没有足够的缓存空间或路由器向发送主机提供最短路径信息等。ICMP 报文封装在 IP 数据报中传送，因而不保证可靠的提交。

FTP 协议属于 TCP/IP 协议族的应用层协议，利用 FTP 协议进行文件传送时，在客户/服务器之间一般需要建立一条控制连接（使用 TCP 21 端口）和一条数据连接（使用 TCP 20 端口）。

（26）B

✹ 解析：地址解析协议（ARP）是数据链路层协议，但同时对上层（网络层）提供服务，完成将 IP 地址转换成以太网的 MAC 地址的功能。

ARP 工作时，送出一个含有所希望的 IP 地址的以太网广播数据包。当发出 AM 请求时，发送方填好发送方首部和发送方 IP 地址后，还要填写目标 E 地址。当目标机器收到这个 ARP 广播帧时，就会在响应报文中填上自己的 48 位主机地址。由此可以看出 ARP 广播帧最初是以 IP 地址的形式来寻址发送的，所以需要工作在网络层的网络设备路由器来对其进行隔离。可见路由器能完成"隔离冲突域，隔离广播域"的功能。

ARP 协议的基本功能就是通过目标设备的 IP 地址，查询目标设备的 MAC 地址，以保证通信的顺利进行。如果系统 ARP 缓存表被修改不停的通知路由器一系列错误的内网 IP 或者干脆伪造一个假的网关进行欺骗的话，网络就会出现通信中断现象，这就是典型的 ARP 病毒攻击现象。

由于路由器、三层交换机或带三层交换模块的网络设备具有"隔离冲突域，隔离广播域"的特性，因此这些网络互联设备能够隔离 ARP 病毒。

集线器属于物理层的网络互联设备，具有"共享冲突域，共享广播域"的特性。网桥和以太网交换机属于数据链路层的网络互联设备，具有"隔离冲突域，共享广播域"的特性。这些网络互联设备都不能完成隔离 ARP 病毒的功能。99. 使用 IE 浏览器浏览网页时，出于安全方面的考虑，需要禁止执行 Java Script，则可以在 IE 浏览器中设置"（104）"。

（27）B

✹ 解析：廉价磁盘冗余阵列（RAID）级别是指磁盘阵列中硬盘的组合方式，不同级别的 RAID 为用户提供的磁盘阵列在性能上和安全性的表现上也有不同。

（28）A

✹ 解析：关系模式需要满足一定的条件，不同程度的条件称作不同的范式。最低要求的条件是元组的每个分量必须是不可分割的数据项，这称为第一范式，简称 1 NF，是最基本的范式。

（29）A

✹ 解析：访问控制服务用于控制与限定网络用户对主机、应用、数据与网络服务的访问类型；认证服务用来确定网络中信息传送的源结点用户与目的结点用户的身份的真实性，防止出现假冒、伪装等问题；防抵赖服务用来保证源结点用户与目的结点用户不能对已发送和已接受的信息予以否认。

（30）C

❋ 解析：数据流程图的基本图形符号有四个，分别是圆框、方框、箭头和直线。

（31）B

❋ 解析：结构化方法的特点有：①需要书写大量的文档；②在表达人机界面方面的能力较差；③强调分析数据流；④结构化分析方法只描述了一个书面的模型；⑤结构化方法是一种预先严格定义需求的方法，它需要早期"冻结"系统的需求。

（32）A

❋ 解析：扇入数表示有多少模块直接控制一个给定的模块；深度表示从根模块到最低层模块的层数；层数不是软件结构度量的术语。

（33）A

❋ 解析：在软件系统详细设计阶段，不仅要在逻辑上正确地实现每个模块的功能，更重要的是设计的处理过程应尽可能简明易懂。

（34）D

❋ 解析：为特定的课题选择程序设计语言时，需要考虑到的因素有：应用的领域、算法及运算的复杂性、数据结构的复杂性、软件运行的环境、性能和对该语言的熟悉程度。

（35）D

❋ 解析：健壮性是指在硬件发生故障，输入的数据无效或操作错误环境下，系统能做出适当响应的程度；可重用性是指该系统或系统的一部分可以在开发其他应用系统时可以被重复使用的程度。

（36）C

❋ 解析：SQL 语言的数据控制功能有：①数据保护（安全性和完整性控制）；②事务管理（数据库的恢复、并发控制）。

（37）C

❋ 解析：信息的传输过程中，有 4 种攻击：截获（信息中途被截获丢失，不能收到原信息），窃听（信息中途被窃听，可以收到原信息），篡改（信息中途被篡改，结果收到错误信息），伪造（没有传送信息，却有伪造信息传输到目的结点）。由此可见，本题的正确答案为选项 C。

（38）D

❋ 解析：加密体制由 5 部分构成：①全体明文所组成的集合，即明文空间；②全体密文所组成的集合，即密文空间；③全体加密密钥所组成的集合，即加密密钥空间和全体解密密钥所组成的集合，即解密密钥空间共同组成的集合，即密钥空间；④加密密钥所确定的加密算法集或规则表；⑤解密密钥所确定的解密算法集或规则集。可以看出，选项 D"数字签名"不属于这 5 部分，所以为所选答案。

（39）A

❋ 解析：结构化分析方法强调分析开发对象的数据流，对于数据流时间限制和进程间通信等方面的描述不够精确，这是结构化分析方法的特点之一。选项 A 正确。

（40）A

❋ 解析：需求分析常用工具有数据流图（Data Flow Diagram，DFD）和数据字典（Data Dictionary，DD）。所以选项 A 正确。

（41）A

❋ 解析：数据字典的实现可以有三种途径：人工过程，自动化过程和人机混合过程。无论采用哪种途径实现的数据字典都应具有下述特点：①通过名字能方便地查阅数据的定义，选项 D 正确。②没有冗余。③尽量不重复其他部分已说明的信息，选项 C 正确。④能单独处理描述每个名字的信息。⑤书写方法简单方便而且严格，容易更新和修改选项 B 正确。选项 A 不属于这些特点，为所选答案。

（42）B

❋ 解析：耦合的强弱取决于模块间接口的复杂程度，即进入或访问一个模块的点及通过接口的数据。两个模块之间的耦合方式按耦合度从低到高的次序排列如下：非直接耦合（两个模块没有直接联系，任一个都能不依赖于对方而独立工作），数据耦合（一个模块访问另一个模块，相互传递的信息以参数形式给出，并且传递的参数完全是数据元素，而不是控制元素），标记耦合（两个模块都要使用同一个数据结构的一部分，不是采用全程公共数据区共享，而是通过模块接口界面传递数据结构的一部分），控制耦合（一模块把控制数据传递到另一模块，对其功能进行控制），外部耦合（模块受程序的外部环境约束时，就出现较高程度的耦合），公共耦合（两个以上模块共用一个全局数据区时引起的耦合），内容耦合（某个模块直接使用保存在另一模块内部的数据或控制信息，或转入另一模块时引起的耦合)。在本题中,内容耦合的耦合度最高,选项 B 正确。

(43) A

✳ 解析:在总体设计阶段,确定软件系统的总体结构,给出系统中各个模块的功能和接口。在详细设计阶段,需要根据总体设计的结果,考虑如何实现定义的软件系统,直到对系统中的每个模块给出足够详细的过程描述。详细设计的结果,将基本上决定代码的质量。由于在软件的生命周期内,设计测试方案,诊断程序错误,修改和改进程序等工作,都必须先读懂程序,所以,可读性是衡量程序质量的一个重要指标。为了提高程序的可读性,详细设计的任务,就不仅仅是在逻辑上正确实现每个模块的功能,更重要的是设计的处理过程应当尽可能的简明易懂。通过上述分析可知,选项 A 正确。选项 C 和选项 D 都是总体设计阶段考虑的内容,选项 B 是编码阶段的考虑内容。

(44) D

✳ 解析:功能测试和验收测试是既有共同性而又有区别的两类测试。表现在:①功能测试的目的和验收测试的目的是相同的,都是证实功能的实现。②功能测试的范围和内容一般更广于验收测试。③一般验收测试是在功能测试之后进行的。④参与测试的人员组成不同,一般系统功能测试小组由设计人员和质量保证人员组成,而验收小组更强调用户代表和主管部门的人员参加。综上所述,选项 D 的叙述错误,为所选答案。

(45) B

✳ 解析:软件管理也称为项目管理,软件管理的主要职能包括:组织管理(建立必要的组织机构,选择合适的业务和开发人员),人员管理(完备人员组织和管理,明确任务分工,特别是开发人员和测试人员间的分工和配合),资源管理(包括硬件,支持软件,通信和辅助资源的管理),计划管理(包括对整个软件生命周期的计划安排和执行,工作量的估算和分配以及具体进度安排),版本管理(管理在软件生命周期的各个阶段产生一系列的文件,包括报告,数据和程序)。综上所述,计划管理包括了对工作量的估算,分配以及具体的进度安排。选项 B 正确。

(46) C

✳ 解析:软件文档包括用户文档和系统文档。用户文档的目的是使用户了解系统,至少应包括功能描述,安装文档,使用手册,参考手册,操作员指南等。系统文档是从问题定义,需求说明到验收测试计划这样一系列与系统实现有关的文档。由此可知,选项 A,B 和 D 都是用户文档,选项 C 是系统文档。

(47) D

✳ 解析:影响软件维护的因素包括人员因素,技术因素和管理因素,程序自身的因素。具体影响因素如下:①系统的规模。系统规模越大,维护困难越多。②系统的年龄。系统运行时间越长,在维护中结构的多次修改,会造成维护困难。③系统的结构。不合理的程序结构会带来维护困难。选项 D 不属于影响因素。

(48) D

✳ 解析:视图能够对机密数据提供安全保护,有了视图机制,就可以在设计数据库应用系统时,对不同的用户定义不同的视图,使机密数据不出现在不应看到这些数据的用户视图上,这样就由视图的机制自动提供了对机密数据的安全保护功能。所以选项 D 正确。

(49) B

✳ 解析:测试列值非空的短语是 IS NOT NULL。选项 B 正确。

(50) D

✳ 解析:自然连接是一种特殊的等值连接,它要求两个关系中进行比较的分量必须是相同的属性组,并且要在结果中把重复的属性去掉。自然连接使用了笛卡儿积,选择和投影运算,选项 D 正确。

(51) C

✳ 解析:关系模式设计理论解决的主要问题有:数据冗余,更新异常,插入异常和删除异常。所以选项 C 正确。

(52) C

✳ 解析:每个职员只能属于一个部门,一个部门可以有多个职员,那么,部门与职员之间的联系类型是一对多,选项 C 正确。

(53) D

✳ 解析:在基本 SQL 语言中,可以实现定义基本表,定义视图和定义索引,不能实现定义用户界面。所以选项 D 为所选答案。

(54) B

✳ 解析:函数依赖和别的数据依赖一样是

语义范畴的概念。只能根据语义来确定一个函数依赖,不是指关系模式 R 的某个或某些关系满足的约束条件,而是指 R 的一切关系均要满足的约束条件。由题目知 A→C,但 C 不完全依赖于A,还依赖于 AB,据此可知,R 中存在部分依赖,选项 B 正确。

(55) B

✳ **解析**:在二维表中的列(字段),称为属性,属性 的个数称为关系的元数,在二维表中的一行(记录的值),称为一个元组。将题目 SQL 语句拆开来分析,SELECT sno FROM S WHERE cno="c1"语句的结果为:SNO 001 001 002 题目中 SQL 语句相当于 SELECT ＊ FROM R WHERE sno IN(001,002),结果为:

SNOS	NAME	AGE
001	Wang	20
002	Zhang	18

由此可知,元数为 3,元组数为 2,选项 B 正确。

(56) A

✳ **解析**:当关系中的某个属性(或属性组)虽然不是该关系的主键或只是主键的一部分,但却是另一个关系的主键时,称该属性(或属性组)为这个关系的外键。当执行删除操作时,一般只需要检查参照完整性规则。如果是删除被参照关系中的行,检查被删除行在主键属性上的值是否正在被相应的被参照关系的外键引用,若不被引用,可以执行删除操作;若正在被引用,有三种可能的做法:拒绝删除,空值删除和级联删除。本题就是级联删除,级联删除(CASCADES)将参照关系中与被参照关系中要删除元组主键值相同的元组一起删除。受限删除(RESTRICTED)只有参照关系中没有元组与被参照关系中要删除元组主键值相同时才执行删除操作,否则拒绝。置空值删除(SETNULL)删除被参照关系中的元组,同时将参照关系中相应元组的外键值置为空。正确答案为选项 A。

(57) B

✳ **解析**:信息系统的发展过程可以分为四个阶段。(1)第一阶段为数据处理阶段。最初形式是电子数据处理业务(EDP),主要是模拟人的手工劳动,较少涉及管理内容。(2)第二阶段为业务处理阶段。计算机逐步应用于企业的部分业务 管理,如财会,业务等管理,但是还没有涉

及企业全局的,全系统的管理。经过这一阶段的发展,出现了事务处理系统(TPS)。(3)第三阶段为管理信息系统(MIS)阶段。强调企业各局部 系统间的信息联系。以企业管理系统为背景,以基层业务系统为基础,以完成企业总体任务 为目标,提供各级领导从事管理所需的信息。(4)第四阶段为决策支持系统(DSS)阶段,并向综合 DSS,MIS 功能,以办公自动化(OA)技术为支撑的办公信息系统(OIS)方向发展。可见,将计算机应用于财务,物资等部门业务管理的阶段属于第二阶段,选项 B 正确。

(58) C

✳ **解析**:运用系统的观点,从全局出发来设计企业 的计算机信息管理系统是管理信息系统(MIS)的任务。管理信息系统强调企业各局部 系统间 的信息联系。以企业管理系统为背景,以基层业务系统为基础,以完成企业总体任务为目标,提供各级领导从事管理所需的信息。选项 C 正确。

(59) B

✳ **解析**:可行性研究要从技术可行性,经济可行性和社会可行性三个方面入手进行分析。它是对系统作初步调查和分析后,与系统目标分析结合进行的,要在系统分析阶段进行。选项 B 正确。

(60) A

✳ **解析**:结构化生命周期方法将信息系统的开发过程划分为五个首尾相连的阶段,即系统规划阶段,系统分析阶段,系统设计阶段,系统实施阶段,系统运行和维护阶段。可行性研究要从技术可行性,经济可行性和社会可行性三个方面入手进行分析。它是对系统作初步调查和分析后,与系统目标分析结合进行的,十分重要,应该在系统研制,的初期也就是规划阶段进行。选项 A 正确。

(61) D

✳ **解析**:按照应用层次的差别,管理信息系统可划分为:(1)面向基层的操作层的数据处理。操作层所产生的数据是系统的基础数据和原始数据的组成部分。原始数据的完整,准确和真实是系统后续处理的有效性和可靠性的保证。(2)面向中层的战术层的数据管理。中层数据管理的数据来源于基层和其他职能部门以及企业外部,经过汇总,分析后再输送给上级部门或者

其他需要交流信息的部门。中层数据处理主要满足企业各部门进行日常管理的需要。(3)面向高层的战略层的宏观调控。其主要任务是利用企业的内部与生产有关的信息,以及外部与企业和发展有关的信息。由此可见,没有管理层产生的数据一说,所以选项 A 错误;操作层数据是企业的基础数据,而不是战略层产生的数据,所以选项 B 错误;战术层数据可以满足管理的需要,而不是操作层数据,所以选项 C 错误。选项 D 为正确答案。

(62) A

✻ **解析:**一般情况下,管理信息系统是一个复杂的大系统。可以按照企业的组织职能和管理层次将其划分为若干个独立而又密切相关的子系统,即可从横向和纵向两个方面来刻画系统的分解。横向分解就是基于职能的分解,如按企业的职能而不是按照组织机构将系统划分为如下 5 个子系统:①销售子系统,根据计划和市场需求,制定企业的经营计划;②生产子系统,制定生产计划,实现生产调度和生产统计;③财务子系统,制定财务计划,实现会计管理和统计分析;④物资子系统,制定库存计划,实现库存管理和库存会计;⑤员工子系统,制定人事计划,实现档案,劳动和工资管理。其中没有作业子系统,所以选项 A 错误,为所选答案。

(63) D

✻ **解析:**管理信息系统的开发过程仍然遵循信息系统开发的共同规律,但也有其需要特殊考虑的问题,管理信息系统开发策略如下。①设定企业管理信息系统建设科学且务实的目标,不是目标尽量高,可见选项 A 错误。②建立企业管理信息系统的科学且规范的业务模型,所以选项 D 正确。③制定合适的开发策略以保证系统建设的有效运作和成功。④科学的方法论是指导信息系统开发并获得成功的基本保证,并非只能采用一种开发方法,所以选项 B 错误。⑤明确以数据为中心的系统开发策略,掌握系统开发中数据表示的意义及其作用,不是以业务为中心,所以选项 C 错误。综上所述,选项 D 为正确答案。

(64) C

✻ **解析:**MIS 与 DSS 的区别有:①侧重点不同,MIS 侧重于管理,它完成企业日常业务活动中的信息处理业务,提供日常业务管理所需要的

信息;DSS 侧重于决策,它辅助完成企业的决策过程,提供决策所需要的信息;②目标不同,MIS 的目标是提高工作效率和管理水平;DSS 的目标是追求工作的有效性和提高效率,所以选项 D 的说法错误;③解决的问题不同,MIS 主要面向结构化问题的解决,DSS 主要面向半结构化和非结构化问题,所以选项 A 的说法错误;④信息需求的范围不同,MIS 的分析和设计体现系统的全局和总体的信息需求;⑤DSS 的分析和实现更着重于体现决策者的信息需求;⑥驱动模式不同,MIS 是以数据为驱动模式,DSS 是以模型为驱动模式,所以选项 B 的说法错误。选项 C 的说法正确,为所选答案。

(65) B

✻ **解析:**决策支持系统的特性如下:①面向决策者,系统在开发中遵循的需求和操作,是设计系统的依据和原则,系统的收集,存储和输出的一切信息,都是为决策者服务,所以选项 A 正确;②支持对半结构化问题的决策;③辅助决策者,支持决策者进行决策,而不是替代决策者进行决策,所以选项 B 错误;④反映动态的决策过程,不断完善其决策支持能力,选项 C 正确;⑤提倡人机交互式处理,选项 D 正确。综上所述,选项 B 的描述错误。

(66) C

✻ **解析:**数据仓库数据具有 4 个基本特征:面向主题(面向主题进行组织),集成的(从原有的分散数据库数据中抽取出来),相对稳定(数据操作主要是数据查询,一般不进行修改)以及反映历史变化,(数据仓库随时间变化不断增加新的数据内容,不断删去旧的数据内容)。选项 C 不属于数据仓库数据的特点。

(67) C

✻ **解析:**办公信息系统就是将计算机技术,通信技术,系统科学,行为科学应用于传统的数据处理量大而结构又不明确的业务活动的一项综合技术,是由设备(计算机设备,通信设备,办公设备)和办公人员(信息的使用者,设备的使用者,系统的服务者)构成服务于某种目标的人机信息处理系统。它的核心是使用计算机,将多种科学和技术手段应用于办公活动,其目的是尽可能充分利用信息资源,提高工作效率和质量,辅助决策。所以选项 C 正确。

(68) B

❋ 解析：①坚持面向用户的观点。从调查入手，充分理解用户业务活动和信息需求，这是系统设计的主要依据。②深入调查研究。在充分调查与分析的基础上，对系统的需求和约束进行充分的理解，对系统开发的可行性进行论证，制定合理、科学的新系统设计方案，以避免或减少系统开发的盲目性，而不是强调动态完成需求定义，选项B错误。③强调运用系统的观点（即全局的观点）对企业进行自上而下、从粗到细的分析，将系统逐层、逐级地分解，最后进行综合，构成全企业的信息模型。选项正确。④强调按时间顺序，工作内容，将系统开发任务划分工作阶段，如分析阶段、设计阶段、实施阶段以及运行维护阶段等。选项C正确。⑤文档的标准化。强调各阶段文档资料的规范和完整，以便下一阶段工作有所遵循，并便于系统的维护。选项D正确。⑥结构化方法充分估计事物发展变化的因素，运用模块结构方式来组织系统，使系统在灵活性和可变性等方面得以充分体现。

（69）A

❋ 解析：系统初步调查的目的是从整体上了解企业信息系统建设的现状，并结合所提出的系统建设的初步目标来进行可行性分析，为可行性分析报告的形成提供素材（选项D错误）。初步调查的最佳方法是与企业的最高主管进行座谈（选项A正确，选项C错误），了解企业主管对信息系统所设定的目标和系统边界，计划的资金投入和对工期的要求等。初步调查主要是收集有关宏观信息（选项B错误），并了解企业不同位置和不同部门的人对新信息系统建设的态度。应先拟好调查提纲，并事先约定，会议应由企业主管部门安排并指定出席人员。

（70）D

❋ 解析：逻辑模型是信息系统的功能模型，主要描述系统的总体构成，子系统划分和子系统的功能模块，还包括各子系统的业务流程和数据流程以及相关的数据定义和结构。数据流程图、数据字典、数据概念结构图和基本处理说明构成了信息系统中有关数据和处理的整体内容，并建立起企业信息处理的相应逻辑模型。"模块结构图"不属于逻辑模型，所以选项D错误。

（71）C、（72）B、（73）D、（74）A、（75）C

❋ 解析：

大致意思是：通信双方之间需要某种方式传递信息，以表示发给对方的数据是否正确收到。在发送过程中，数据可能错误，也可能因为各种各样的原因（例如硬件故障）导致接收方无法收到，造成发送方等待超时。

下午试题参考答案

试题一

❋ 解析：

本题考点为配置管理的知识，配置管理数据库需要根据变更实施情况进行不断的更新，以保证配置管理中保存的信息总能反映IT基础架构的现时配置情况以及各配置项之间的相互关系。配置管理作为一个控制中心，主要目标表现在4个方面：计量所有IT资产、为其他IT系统管理流程提供准确信息、作为故障管理等的基础以及验证基础架构记录的正确性并纠正发现的错误。

解答要点：

【问题1】

（1）配置项（Configuration Item，CI）

（2）配置管理数据库（CMDB）

【问题2】

具体而言，配置管理作为一个控制中心，其主要目标表现如下：

（1）计量所有IT资产。

（2）为其他IT系统管理流程提供准确信息。

（3）作为故障管理、变更管理和新系统转换等的基础。

（4）验证基础架构记录的正确性并纠正发现的错误。

【问题3】

通过实施配置管理流程，可为客户和服务提供方带来的效益有

（1）有效管理IT组件。

（2）提供高质量的IT服务。

（3）更好地遵守法规。

（4）帮助制定财务和费用计划。

试题二

✳ 解析：

本题考点为信息系统的知识，包括信息系统特有的组成部分和结构，以及从不同的角度出发对信息系统的分类，包括从服务对象角度以及从技术角度等等。

解答要点：

【问题1】

（1）输入活动

（2）处理活动

（3）输出活动

【问题2】

（4）数据，（5）信息

（6）输出，（7）处理，（8）反馈

【问题3】

（9）面向作业处理的系统

（10）面向管理控制的系统

（11）面向决策计划的系统

试题三

✳ 解析：

本题考点为第10章信息系统开发和第12章信息系统分析的知识。

本题考查的是信息系统中硬件结构与开发过程的基本知识。信息系统结构的结构可以分为层次结构、功能结构、软件结构和硬件结构。其中硬件结构又可分为集中式、分布集中式和分布式。第四个选项不是硬件结构分类中的类别。题中图所示为硬件结构中的分布集中式。信息系统的开发阶段一般可以划分为系统分析阶段、系统设计阶段、系统实施阶段、系统运行和维护阶段。而系统规格说明书是系统分析阶段的最后结果，它通过一组图表和文字说明描述了目标系统的逻辑模型。

解答要点：

【问题1】

（1）自顶向下；

（2）总体设计；

（3）每一个模块。

【问题2】

（4）系统模块结构设计和计算机物理系统

的配置方案设计。

（5）过程设计；

（6）系统设计说明书；

（7）模块结构图；

（8）模块说明书。

【问题3】

（9）系统实施；

（10）可实际运行；

（11）物理系统的实施；

（12）程序设计；

（13）系统调试；

（14）人员培训；

（15）系统切换。

试题四

✳ 解析：

本题考点为计算机网络方面的知识。包括计算机网络互联的各种必要条件以及通信中介、国际化标准组织的层次结构以及各个层次的主要内容、计算机网络设计的各种协议（传输控制协议、互连网络协议、远程登录协议（Telnet）、文件传输协议（FTP）、简单邮件传输协议（SMTP））。

解答要点：

【问题1】

（1）至少两台计算机互联；（2）通信设备与线路介质；（3）网络软件，通信协议和NOS。

【问题2】

国际标准化组织ISO的七个层次分别为物理层，数据链路层，网络层，传输层，会话层，表示层，应用层。

OSI/RM模型的概念比较抽象，它并没有规定具体的实现方法和措施，更未对网络的性能提出具体的要求，它只是一个为制定标准用的概念性框架。

【问题3】

（4）传输控制协议；

（5）互连网络协议；

（6）远程登录协议（Telnet）；

（7）文件传输协议（FTP）；

（8）简单邮件传输协议（SMTP）。

试题五

✳ 解析：

本题考点为信息系统评价的知识。包括以下几个方面的内容：

信息系统评价概述：信息系统评价的概念和特点、信息系统的技术性能评价、信息系统的管理效益评价、信息系统成本的构成、信息系统经济效益来源、信息系统经济效益评价的方法、信息系统的综合评价。

信息系统评价项目：建立评价目标、设置评价项目。

评价项目的标准：性能评价标准、运行质量评价标准、系统效益评价标准。

系统改进建议。

解答要点：

【问题 1】

（1）先根据评价的目标和目的设置评价指标体系，对不同的系统评价目的应建立不同的评价指标体系；

（2）然后根据评价指标体系确定采用的评价方法，围绕确定的评价指标对系统进行评价；

（3）最后给出评价结论。

【问题 2】

（4）系统运行使用性评价；

（5）系统的质量评价；

（6）系统功能的先进性、有效性和完备性；

（7）系统实用性。

【问题 3】

（8）经济效益评价；

（9）社会效益评价；

（10）经济效益；

（11）社会效益；

（12）定量方法；

（13）成本-效益。

成本-效益分析法就是用系统所消耗的各种资源与收获的收益做比较。主要步骤有：

明确企业管理信息化的成本和收益的组成；

将成本和收益量化，计算货币价值；

通过一定技术经济分析模型或公式，计算有用的指标；

比较成本和收益的平衡关系，做出经济效益评价的结论。